Photoshop CS2 和 CorelDRAW 现代商业实战

苗 壮 王 珂 李 峰 等编著

電子工業出版社
PUBLISHING HOUSE OF ELECTRONICS INDUSTRY
北京·BEIJING

内 容 简 介

Photoshop 和 CorelDRAW 是平面设计行业中应用最为广泛的设计软件。这两种软件在图形图像处理和矢量图的绘制方面各有所长，是广大平面设计人员的得力助手。

作者根据自己的从业经验，结合平面设计行业的实际情况，使用平面设计行业较为常用的设计表现形式，为读者讲解怎样使用 Photoshop CS2 和 CorelDRAW X3 相结合来完成各种平面设计工作，以及相关的软件的应用方法。

本书实例的安排本着由浅入深、循序渐进的原则；实例均取材于实际的平面设计作品，实用性较强，视觉效果好；实例的选择具有典型性，能够体现相关工具的功能及特点；各实例的制作步骤拆分合理，读者能够很轻松地通过这些实例掌握 Photoshop CS2 和 CorelDRAW X3 的应用，并熟练掌握相关的平面设计表现形式。

图书在版编目(CIP)数据

Photoshop CS2 和 CorelDRAW 现代商业实战 / 苗壮等编著．—北京：电子工业出版社，2007.1

ISBN 7-121-03487-5

Ⅰ.P... Ⅱ.苗... Ⅲ.图形软件，Photoshop CS2、CorelDRAW Ⅳ.TP391.41

中国版本图书馆 CIP 数据核字（2006）第 137071 号

责任编辑：祁玉芹

印　　刷：北京市天竺颖华印刷厂

装　　订：三河市金马印装有限公司

出版发行：电子工业出版社出版

北京市海淀区万寿路 173 信箱　邮编：100036

开　　本：787×1092　1/16　印张：20.5　字数：463 千字

印　　次：2007 年 1 月第 1 次印刷

印　　数：6000 册　　定价：36.00 元（含光盘 1 张）

凡所购买电子工业出版社图书有缺损问题，请向购买书店调换。若书店售缺，请与本社发行部联系，联系电话：（010）68279077；邮购电话：（010）88254888。

质量投诉请发邮件至 zlts@phei.com.cn，盗版侵权举报请发邮件至 dbqq@phei.com.cn。

服务热线：（010）88258888。

前　言

当今社会的发展，以及人们生活水平和审美水平的提高，促进了广告业的发展，各种广告以赏心悦目的形式出现在我们的周围，影响着我们的生活。

平面广告几乎是人们接触最多的广告形式。我们日常见到的各种户外广告、印刷品广告、包装设计甚至网页设计都属于平面广告的范畴。随着各种辅助设计软件的普及，广大平面设计师有了更得力的助手。相对于以前的工作环境，现在的平面设计师能够更为快速、高效地完成各种设计工作。对各种软件的熟练应用，使“只有想不到，没有做不到”成为可能。一些看上去非常精美绚丽的平面广告，可以借助各种软件很轻松地完成。

提起Photoshop和CorelDRAW，各位读者一定不会感到陌生。这两种软件是平面设计行业使用最为广泛的辅助设计软件。Photoshop 擅长于对图形图像进行处理，CorelDRAW擅长于矢量图的绘制，在其各自的应用领域，都有着不可取代的地位。经过多年的发展，Photoshop推出了Photoshop CS2的版本，CorelDRAW升级到了CorelDRAW X3的版本。相对于以前的版本，这两种软件的界面更加人性化，功能更多、更强大，兼容性也变得越来越强。但任何一种软件都不是万能的，Photoshop和CorelDRAW也有各其力不能及的领域。Photoshop的矢量绘制非常麻烦，而CorelDRAW对图像处理的能力也较弱，所以，平面广告设计人员往往会将两个软件结合应用，取长补短，以达到最好的效果。

本书是一本将Photoshop CS2和CorelDRAW X3进行综合应用，来完成平面设计作品的实例型教程类书籍。作者有多年的平面广告设计经验，在实例结构的安排上，不是以工具的应用为基础，而是根据不同的平面设计表现形式来安排；不是只注重某个软件某一方面的应用，而是以软件之间交互式应用为主，更注意软件之间的配合，一种软件的某些操作，可能是为了使其导出到另一个软件中时更易操作。这样进行安排，一方面有利于读者了解软件的实际使用方法；另一方面，也可以使读者不断进行主动思维，更牢固地掌握相关知识，不会被条条框框所束缚。本书结合现代商业中常见的表现形式，运用Photoshop CS2和CorelDRAW X3这两种软件，综合各自的优势，将理论与实践相结合，以循序渐进的讲解方式，向读者阐述关于平面的现代商业美术设计的知识。

为了便于读者学习，本书在结构的安排上本着由浅入深、循序渐进的原则。最初的实例是一些较为简单、易于实现的实例，如字体设计、POP广告等。这些实例对基础知识的讲解非常细致，便于读者快速上手，随着内容的不断深入，会逐渐涉及到杂志广告、包装设计等较为复杂的内容，所使用的工具会更复杂，也要求读者有更高的技术和整体把握能力。这部分实例对基础知识的讲解较简略，更注重为读者讲解一些经验性的知识和相关的设计知识。这样，不管是初次接触相关软件的初级用户，还是对软件有一定了解的中高级用户，都能够找到适合自己的学习方法。

本书由苗壮、王珂和李峰主持编写。此外，参加编写的还有陈志红、张丽、黄塔进、陈艳玲、薛峰、李江涛、徐鸿雁、吕浩、罗星美、刘延霞、董旭孔、徐静、陈志浩和张秋涛等。由于水平有限，书中难免有疏漏和不足之处，恳请广大读者及专家提出宝贵意见。

我们的 E-mail 地址：qiyuqin@phei.com.cn，电话：（010）68253127（祁玉芹）。

编者

2006 年 11 月

目录

第 1 章 制作特效字体

第 2 章 POP 广告设计

第 3 章 DM 广告设计

第 4 章 制作杂志广告(1)

第 5 章 制作杂志广告(2)

第 6 章 设计 CD 包装

第 7 章　海报

第 8 章　工业造型

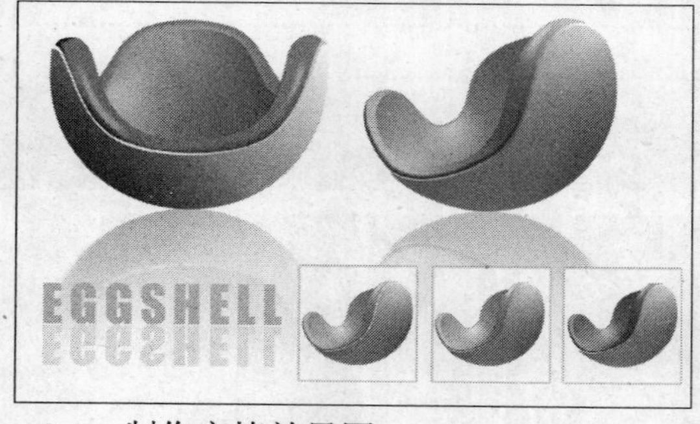

第1章 制作特效字体

本章重点：

1. 特效字体的制作方法
2. CorelDRAW X3 基础绘制和编辑工具的应用
3. Photoshop CS2 图层和样式的使用

在设计行业，经常会用到一些特殊的字体。平面设计作品中的文字，起着画龙点睛的作用，一个构思新颖、造型优美的字体设计不单纯地起到文字说明的作用，还可以丰富设计作品的内容，增强作品的吸引力。相对于其他类型的平面广告形式，特效字体的制作较为简单，但会用到许多软件中常用的工具。在本书的第一章中，将指导读者制作几个特效字体类的实例。通过本章练习，读者可以了解 Photoshop CS2 和 CorelDRAW X3 中基础工具的应用。本章包括 3 个实例练习，一个是名为 fly 的手机游戏画面，使用了类似水晶效果的字体；第 2 个实例为一本杂志的插图，使用了木质感的立体字效；第 3 个实例为一款网络游戏的题标。通过这 3 个实例，可以使读者了解几种平面设计领域常用的特效字体的制作方法。

1.1 手机游戏画面

该游戏画面使用了较为卡通的形象，考虑到手机这种特殊的载体，以及游戏的性质，字体和图案都使用了纯度较高的色彩，图形也设计得较为活泼可爱。图 1-1 所示为本章练习完成后的效果。

图 1-1 手机游戏画面

1.1.1 在 CorelDRAW X3 中绘制基础图形

在 Photoshop CS2 中可以使用路径工具绘制图形，但相比较而言，CorelDRAW X3 中的图形绘制和编辑工具更易操作，因此，首先将在 CorelDRAW X3 中绘制基础图形。

1. 启动 CorelDRAW X3。在界面左侧的工具箱中单击“矩形工具”按钮，按住 Ctrl 键，在视图中拖动鼠标，在合适位置停止。这时，在视图中会出现一个正方形。

提示

按住 Ctrl 键拖动鼠标，会创建正方形。

2. 选择新绘制的正方形，在属性栏内的（宽度）和（高度）参数栏中均输入

120，生成的正方形如图 1-2 所示。

3 选择新绘制的正方形。在 “填充工具”下拉按钮中选择“填充颜色对话框”按钮，打开“标准填充”对话框。在 C 参数栏中输入 45，M 参数栏中输入 0，在 Y 参数栏中输入 10，在 K 参数栏中输入 0，如图 1-3 所示。单击“确定”按钮，将正方形填充。

图 1-2　绘制正方形

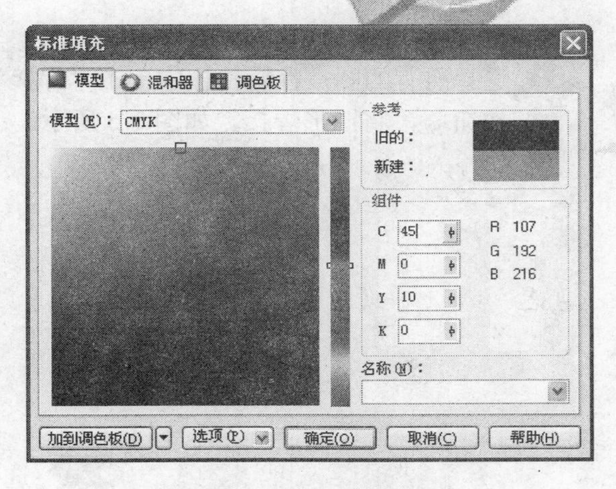

图 1-3　“标准填充”对话框

4 选择新绘制的正方形，右击视图右侧调色板内的⊠，取消轮廓线。

选择图形后，左键单击调色板内的⊠，将取消填充；右键单击⊠，将取消轮廓线。左键单击调色板内的任意一种颜色，将会以该种颜色填充图形对象，右键单击任意一种颜色，将会以该种颜色填充图形轮廓线。

5 在工具箱中单击“椭圆工具”按钮，通过拖动鼠标的方法，绘制如图 1-4 所示的圆。

图 1-4　绘制圆

这些圆用于绘制云彩，形状不规则，所以读者可以根据自己的习惯随意绘制。

提示 在 CorelDRAW X3 中，通常使用两种方法来同时选择多个图形：一种为按下左键不放拖动鼠标，拖出一个选择框，完全在该范围内的所有图形将被选择；另一种为按住 Shift 键，逐一单击所要选择的图形。

6 选择所有的圆，在属性栏中单击“焊接”按钮，将图形焊接，如图 1-5 所示。

图 1-5　焊接图形

7 选择新绘制的云彩。右击视图右侧调色板内的白色块，将其填充为白色，如图 1-6 所示。

8 选择云彩和正方形，在属性栏中单击“相交”按钮，使两个图形相交。然后选择云彩，按 Delete 键，将其删除。

图 1-6　填充图形

9 在被删除云彩与正方形交叠的地方单击，可以发现一个新的图形，将其填充为白色，如图 1-7 所示。

图 1-7　填充图形

10 在工具箱中单击“椭圆工具”按钮，绘制如图 1-8 所示的圆。

图 1-8　绘制圆形

图 1-9　焊接图形

11 选择所有的圆，在属性栏中单击“焊接”按钮，将图形焊接，然后将其填充为浅灰色，并取消其轮廓线，如图 1-9 所示。

12 选择新绘制的图形，按 Shift+D 组合键，将该图形复制，填充为白色，并放置于如图 1-10 所示的位置。

图 1-10　复制图形

13 使用同样的方法，在如图 1-11 所示的位置绘制一朵云彩。将其填充为白色，并取消其轮廓线。

图 1-11　绘制云彩

14 在工具箱中单击“椭圆工具”按钮。按住 Ctrl 键，绘制一个正圆。选择新绘制的正圆，在属性栏内的 （宽度）和 （高度）参数栏内均输入 50，正圆如图 1-12 所示。

图 1-12　绘制圆

提示

按住 Ctrl 键拖动鼠标，可以创建正圆。

15 在界面左侧的工具箱中单击“矩形工具”按钮 ，在视图中绘制一个矩形。选择新绘制的矩形，在属性栏中的 （宽度）参数栏中输入 47，在 （高度）参数栏中输入 15，在页面顶部的属性栏中的 4 个“边角圆滑度”参数栏内均输入 40，结果如图 1-13 所示。

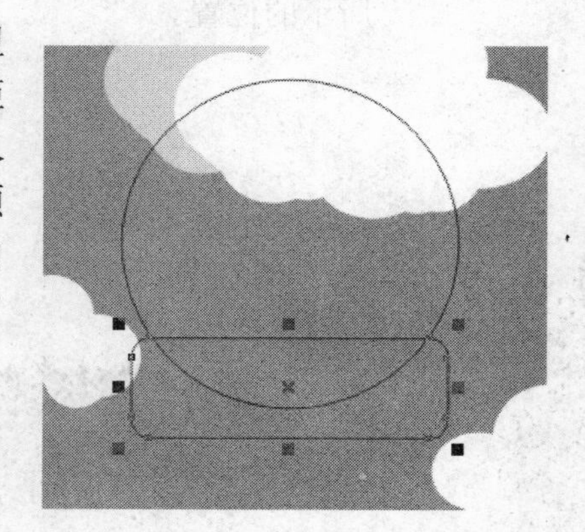

图 1-13　绘制圆角矩形

16 选择新绘制的圆形和圆角矩形，在属性栏中单击“对齐和属性”按钮，打开“对齐与分布”对话框。在该对话框中选择横排的“中”复选框，单击“应用”按钮，使这两个图形沿垂直中心对齐，如图 1-14 所示。然后单击“关闭”按钮，退出该对话框。

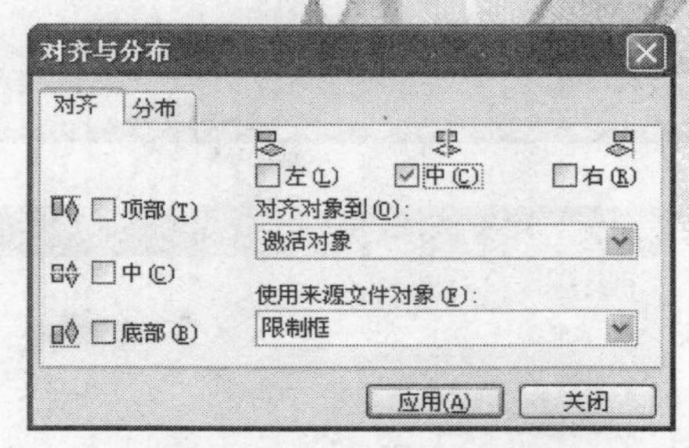

图 1-14 “对齐与分布”对话框

图 1-15 填充图形

17 选择新绘制的圆形和圆角矩形，在属性栏中单击“焊接”按钮，将图形焊接。然后将焊接后的图形填充为（C：0，M：40，Y：70，K：0）的橘黄色，并取消其轮廓线，如图 1-15 所示。

18 选择背景和所有的云彩图案。选择“文件”/“导出”命令，打开“导出”对话框。在“保存在”下拉列表框中选择一个路径，在“文件名”文本框中输入“水晶字体背景”，在“保存类型”下拉列表框中选择“PSD-Adobe Photoshop”选项，选择“只是选定的”复选框，如图 1-16 所示。

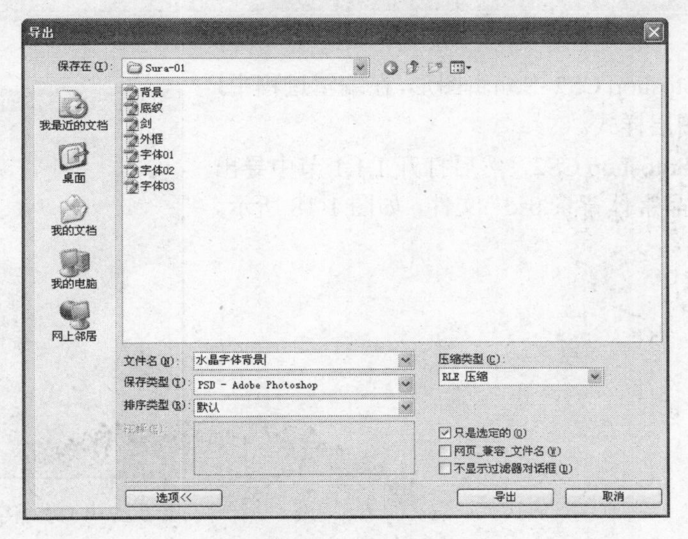

图 1-16 “导出”对话框

由于选择了“只是选定的”复选框，所以只有被选择的图形能够出现在被导出的 PSD 文件中。

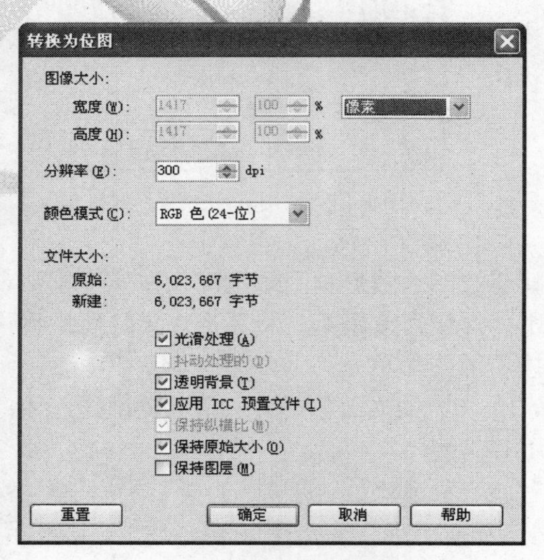

图 1-17 “转换为位图”对话框

19 单击“导出”按钮，进入“转换为位图”对话框。在该对话框中选择“透明背景”和“保持原始大小”复选框，如图 1-17 所示。然后单击“确定”按钮，退出该对话框，将图形导出。

20 选择步骤 17 中焊接产生的图形，在菜单栏中选择“文件”/“导出”命令，打开“导出”对话框。在“保存在”下拉列表框中选择一个路径，在“文件名”文本框中输入“水晶字体底纹”，在“保存类型”下拉列表框中选择“PSD-Adobe Photoshop”选项，选择“只是选定的”复选框，单击“导出”按钮。

21 单击“导出”按钮后，进入“转换为位图”对话框。在该对话框中选择“透明背景”和“保持原始大小”复选框。然后单击“确定”按钮，退出该对话框，将图形导出。

1.1.2 在 Photoshop CS2 中编辑图形

接下来在 Photoshop CS2 中编辑图形，在编辑过程中，主要应用了各种图层样式。

1 启动 Photoshop CS2，然后打开 1.1.1 节中导出的“水晶字体背景.psd”文件，如图 1-18 所示。

图 1-18 “水晶字体背景.psd”文件

2 选择"图像"/"调整"/"色相/饱和度"命令，打开"色相/饱和度"对话框。在该对话框中的"饱和度"和"明度"参数栏内均输入 30，如图 1-19 所示。单击"好"按钮退出该对话框。

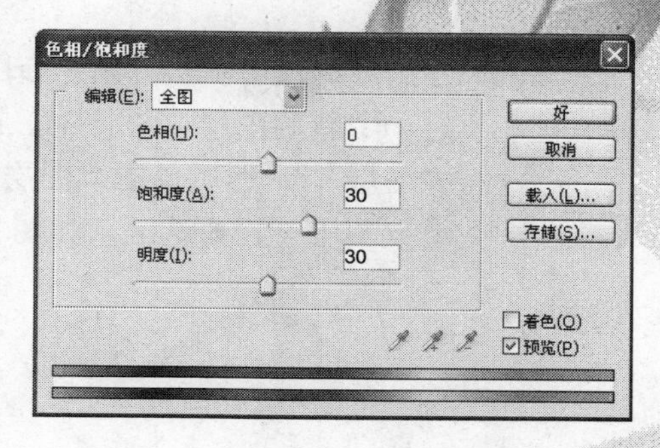

图 1-19　"色相/饱和度"对话框

3 打开 1.1.1 节中导出的"水晶字体底纹.psd"文件，如图 1-20 所示。

图 1-20　"水晶字体底纹.psd"文件

4 按 Ctrl+A 组合键，全选图片，然后按 Ctrl+C 组合键，复制图片。切换到"水晶字体背景.psd"文件，按 Ctrl+V 组合键，将复制的图片粘贴到该文件中，结果如图 1-21 所示。在图层调板会出现一个新图层"图层 2"。

图 1-21　粘贴图形

5 在图层调板中单击“创建新图层”按钮，创建一个新的图层“图层 3”。在图层调板中选择“图层 3”，然后单击“图层 2”前的缩略图，将该图层设置为选区，如图 1-22 所示。

图 1-22 将图层设置为选区

6 选择“选择”/“修改”/“扩展”命令，打开“扩展选区”对话框。在“扩展量”参数栏中输入 20，如图 1-23 所示。

图 1-23 “扩展选区”对话框

7 单击“好”按钮，退出该对话框，选区被扩展，如图 1-24 所示。

图 1-24 扩展选区

8 在图层调板中选择“图层 3”，在工具箱中单击“设置前景色”色块，打开“拾色器”对话框。在 R 参数栏中输入 255，在 G 参数栏中输入 150，在 B 参数栏中输入 25，将其设置为橘黄色，如图 1-25 所示，单击“好”按钮，退出该对话框。

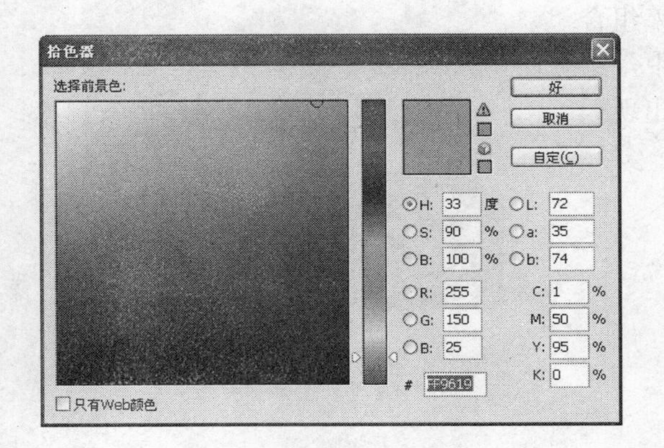

图 1-25 “拾色器”对话框

9 在工具箱中单击“矩形选择工具”按钮，右击选区，在弹出的快捷菜单中选择“填充”命令，打开“填充”对话框。参照图1-26所示设置参数。然后单击“好”按钮，将选区填充。

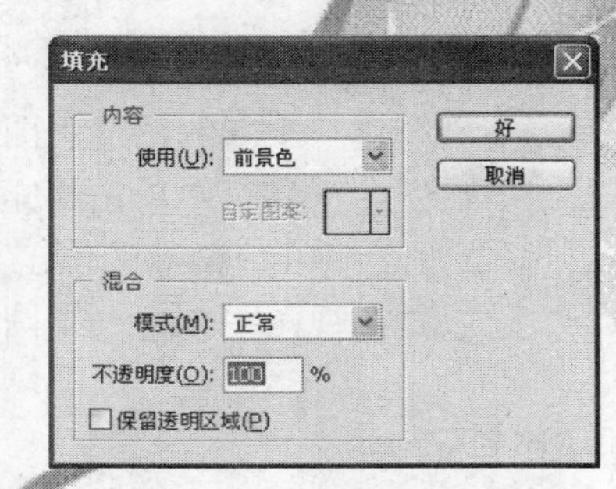

图1-26 “填充”对话框

10 在图层调板中单击“创建新图层”按钮，创建一个新的图层“图层4”。然后选择该图层，单击“图层2”前的缩略图，将该层设置为选区。

11 在工具箱中单击“矩形选框工具”按钮，右击选区，在弹出的快捷菜单中选择“描边”命令，打开“描边”对话框。在“宽度”参数栏中输入7，将颜色显示窗内的颜色设置为柠檬黄色，如图1-27所示。

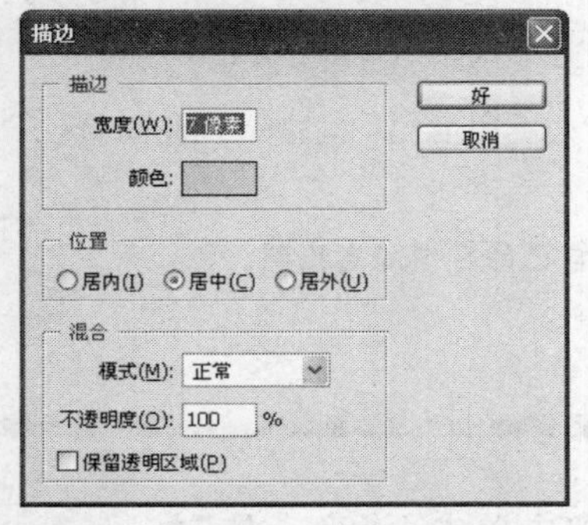

图1-27 “描边”对话框

12 单击“好”按钮，退出该对话框。然后按Ctrl+D组合键取消选区，效果如图1-28所示。

图1-28 描边图像

13 在工具箱中单击“移动工具”按钮，向左侧移动“图层4”，如图1-29所示。

图1-29 移动后的效果

14 在图层调板中单击“创建新图层”按钮，创建一个新的图层“图层 5”。然后选择该图层。

15 在工具箱中单击“矩形选框工具”下拉按钮组中的“椭圆选框工具”按钮，按住 Shift 键，在视图中创建一个圆形选区，如图 1-30 所示。

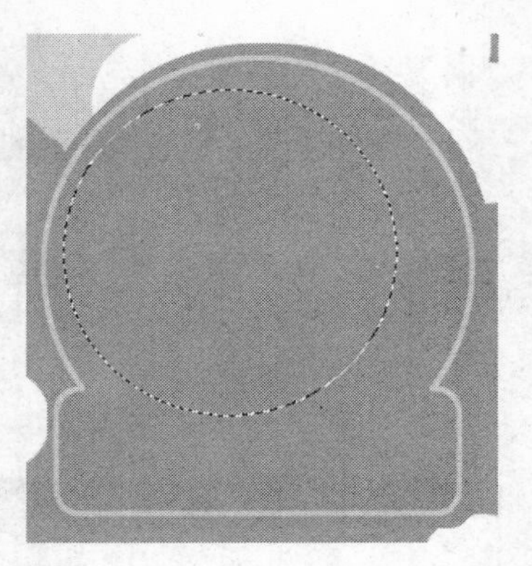

图 1-30　创建一个圆形选区

提示　**这些圆用于绘制云彩，形状不规则，所以读者可以根据自己的习惯随意绘制。**

16 在工具箱中单击“渐变工具”按钮，在选项栏中单击“径向渐变”按钮，然后在视图上方属性栏内单击“点按可编辑渐变”按钮，打开“渐变编辑器”对话框，如图 1-31 所示。

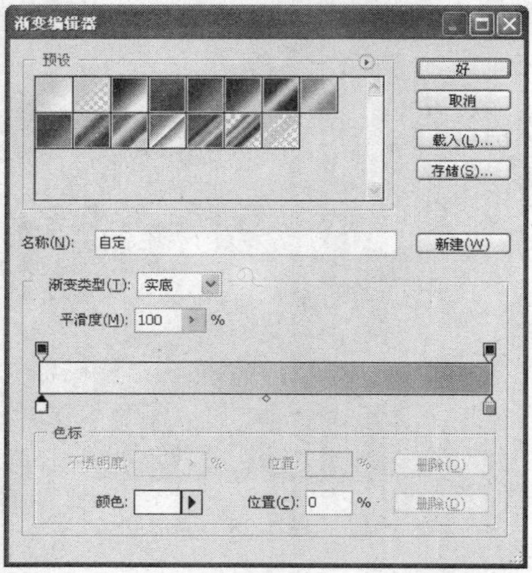

图 1-31　“渐变编辑器”对话框

17 单击色带下部的色标，“渐变编辑器”对话框内的“颜色”显示窗处于可编辑状态。该显示窗决定当前选择色标的颜色，将左侧的色标设置为白色，右侧色标设置为（R：85，G：185，B：240）的蓝色。单击“好”按钮，退出该对话框。

18 参照图 1-32 左图所示在选区内拖动鼠标，将选区填充，填充后的效果如图 1-32 右图所示。

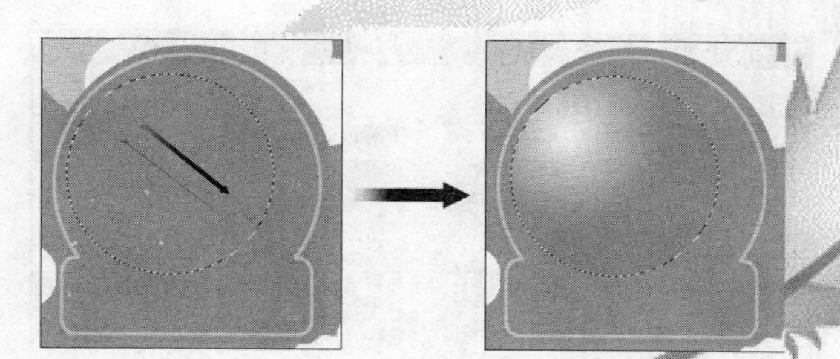

图 1-32　渐变填充选区

19 在工具箱中单击“矩形选框工具”按钮 ，右击选区，在弹出的快捷菜单中选择“描边”命令，打开“描边”对话框。在“宽度”参数栏中输入 10，将颜色显示窗内的颜色设置为柠檬黄色，如图 1-33 所示。单击“好”按钮，退出该对话框，然后按 Ctrl+D 组合键取消选区。

图 1-33　描边选区

20 在工具箱中单击“设置前景色”色块，打开“拾色器”对话框。在 R 参数栏中输入 45，在 G 参数栏中输入 180，在 B 参数栏中输入 255，将其设置为蓝色。

21 在工具箱中单击“横排文字”工具 T，在属性栏中会出现文字的属性设置。在“字体”下拉列表框中选择 Swis721 Blk BT 选项，使用该字体。在“字体尺寸”输入 48，然后在如图 1-34 所示的位置输入“fly”，这时在图层调板中会出现 fly 图层。

图 1-34　输入文字

22 在图层调板中选择“fly”图层，在面板底部单击“添加图层样式”按钮 ，在弹出的菜单中选择“投影”命令，进入“图层样式”对话框中的“投影”面板。将“混合模式”下拉列表框右侧颜色显示窗内的颜色设置为深蓝色，在“不透明度”参数栏中输入 75，在“角度”参数栏中输入 120，在“距离”参数栏中输入 5，在“扩展”参数栏中输入 0，在“大小”参数栏中输入 15，如图 1-35 所示。

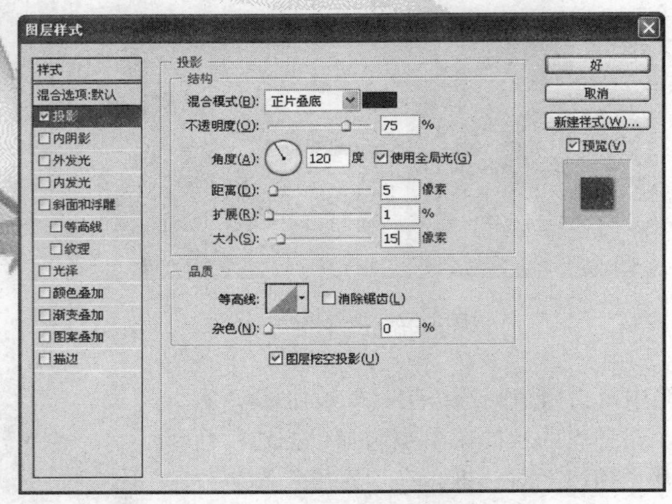

图 1-35 “投影”面板

23 在“图层样式”对话框左侧单击“斜面和浮雕”选项，进入“斜面和浮雕”面板。在“样式”下拉列表框中选择“内斜面”选项，在“方法”下拉列表框中选择“平滑”选项，在“深度”参数栏中输入 200，在“大小”参数栏中输入 15，在“软化”参数栏中输入 10，在“角度”参数栏中输入 120，在“高度”参数栏中输入 40，在“高光模式”下拉列表框中选择“滤色”选项，在“不透明度”参数栏中输入 95，在“暗调模式”下拉列表框中选择“滤色”选项，将其右侧颜色显示窗内的颜色设置为浅灰色，在“不透明度”参数栏中输入 30，如图 1-36 所示。

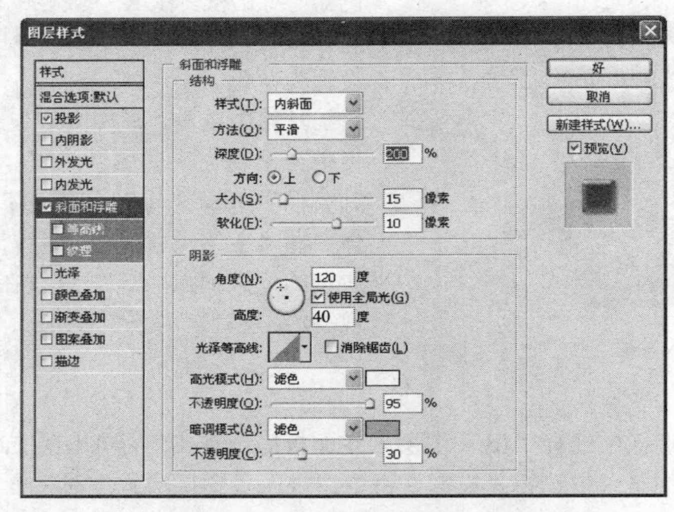

图 1-36 “斜面和浮雕”面板

24 在“图层样式”对话框左侧单击“描边”选项，进入“图层样式”对话框中的“描边”面板。在“大小”参数栏中输入 4，将“颜色”显示窗内的颜色设置为（R：10，G：125，B：195）的蓝色，如图 1-37 所示。单击“好”按钮，退出“图层样式”对话框。

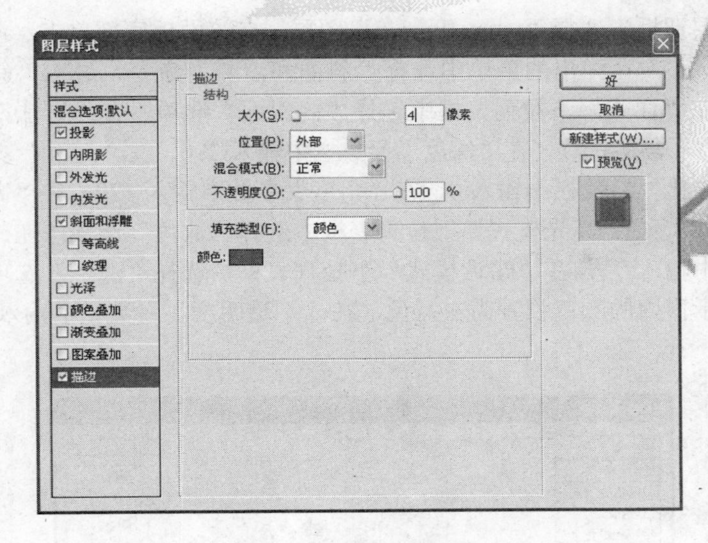

图 1-37　“描边”面板

25 此时字体效果如图 1-38 所示。

图 1-38　字体效果

26 在工具箱中单击“设置前景色”色块，打开“拾色器”对话框。在 R 参数栏中输入 5，在 G 参数栏中输入 125，在 B 参数栏中输入 255，将其设置为蓝色。在工具箱中单击“横排文字”工具 T，在属性栏内会出现文字的属性设置。在“字体”下拉列表框中选择 Futura XBlk BT 选项，使用该字体。在“字体尺寸”下拉列表框中输入 15。然后在如图 1-39 所示的位置输入“www.fly.com”，这时在图层调板中会出现“www.fly.com”图层。

图 1-39　输入网址

27 在图层调板中选择“www.fly.com”图层。在该面板底部单击“添加图层样式”按钮，在弹出的菜单中选择“斜面和浮雕”命令，进入“斜面和浮雕”面板。在“样式”下拉列表框中选择“内斜面”选项，在“方法”下拉列表框中选择“平滑”选项，在“深度”参数栏中输入 290，在“大小”参数栏中输入 5，在“软化”参数栏中输入 0，在“角度”参数中输入 120，在“高度”参数栏中输入 30，在“高光模式”下拉列表框中选择“滤色”选项，在“不透明度”参数栏中输入 75，在“暗调模式”下拉列表框中选择“滤色”选项，将其右侧颜色显示窗内的颜色设置为灰蓝色，在“不透明度”参数栏中输入 75，如图 1-40 所示。

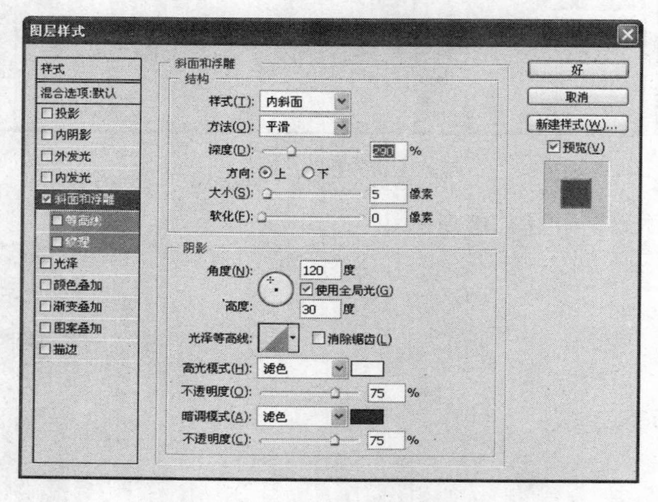

图 1-40 “斜面和浮雕”面板

28 在“图层样式”对话框左侧单击“描边”选项，进入“图层样式”对话框中的“描边”面板，在“大小”参数栏中输入 6，将“颜色”显示窗内的颜色设置为白色，如图 1-41 所示。单击“好”按钮，退出“图层样式”对话框。

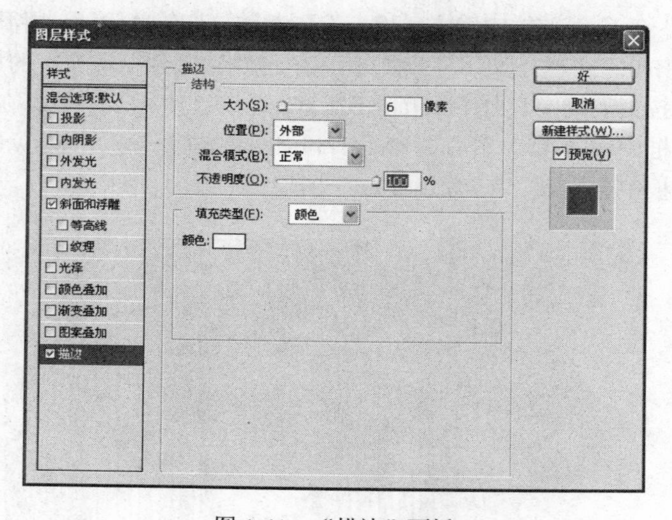

图 1-41 “描边”面板

29 此时的字体效果如图 1-42 所示。

图 1-42　字体效果

30 在工具箱中单击“裁切”按钮，参照图 1-43 所示裁切画面。

图 1-43　裁切画面

图 1-44　水晶字体效果

31 “裁切”后的效果如图 1-44 所示。现在本节练习就全部完成了，如果在设置过程中遇到了什么问题，可以打开本书光盘中附带的文件“Sura-1/水晶字体.psd”，这是本练习完成后的文件。

1.2　绘制杂志插图

下面将指导读者绘制木质感的立体字效。在本章中除了有木质感字效外，还有流淌液体效果的字效，图 1-45 所示为本节练习完成后的效果。

图 1-45　杂志插图

1.2.1　在 CorelDRAW X3 中绘制字体效果和木板

CorelDRAW X3 中的交互式立体化工具能够实现图形简单的三维立体效果，在本章中，将利用该工具实现文字的立体化效果。

1. 启动 CorelDRAW X3，在工具箱中单击“文本工具”按钮字，在视图中输入“WOOD”。选择该文字，在界面顶部的属性栏中的“字体列表”下拉列表框中选择 Futura XBlk BT 选项。设置其字体为 Futura XBlk BT。在“字体大小列表”下拉列表框中选择 72，设置字体尺寸为 72，设置字体颜色为黑色，如图 1-46 所示。

WOOD

图 1-46　输入文字

2. 选择输入的文字，在属性栏中单击“文本格式”按钮F，打开“格式化文本”对话框。在该对话框中的“字符”参数栏中输入-10，如图 1-47 所示，缩小字符间距。

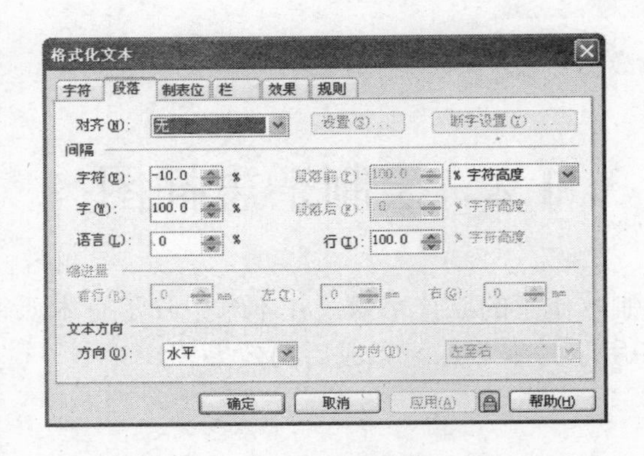

图 1-47　“格式化文本”对话框

3 在工具箱中单击“交互式封套”按钮，为文字添加一个封套，如图 1-48 所示。

图 1-48　为文字添加封套

4 选择封套除了 4 个角的节点之外的所有节点，按 Delete 键，将其删除，如图 1-49 所示。

图 1-49　删除封套节点

5 拖动节点，将封套编辑为如图 1-50 所示的形状。

图 1-50　编辑封套

6 选择文字，按 Ctrl+D 组合键，将字体复制，将复制的字体填充为浅灰色，并取消其轮廓线。

7 在工具箱中单击“交互式立体化”按钮，参照图 1-51 所示设置文字的立体化效果。

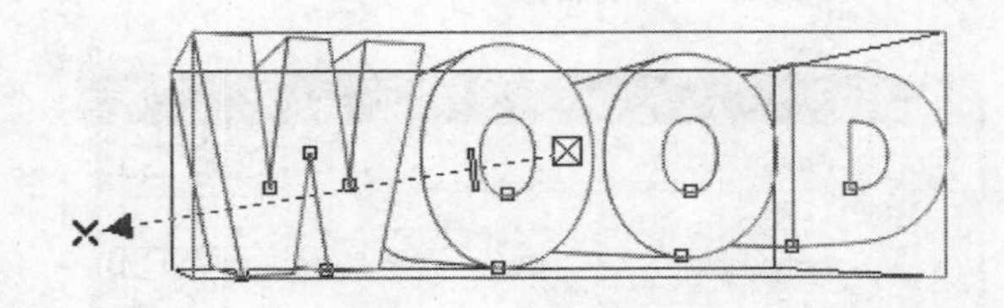

图 1-51　设置文字的立体化效果

8 确定“交互式立体化”按钮仍处于被选择状态，在属性栏中单击“照明”按钮，打开“照明”调板。单击光源 1 按钮，将其放置于如图 1-52 所示的位置。

9 单击光源 2 按钮，在“强度”参数栏中输入 50，并将其放置于如图 1-53 所示的位置。

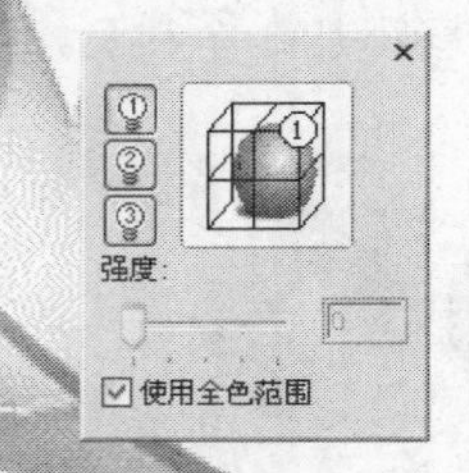

图 1-52　设置 1 号光源

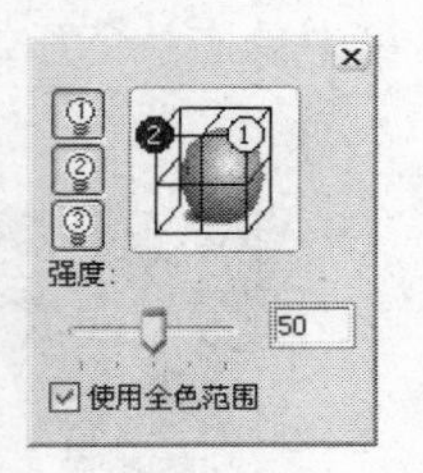

图 1-53　设置 2 号光源

10 此时，立体字效果如图 1-54 所示。

图 1-54　立体字效果

11 右击立体字效，在弹出的快捷菜单中选择“拆分”按钮，将字体拆分。

12 将立体字效导出为 PSD 格式的文件，并将其命名为“立体字效”。

13 将 WOOD 文字导出为 PSD 格式的文件，并将其命名为“木字体”。

1.2.2　在 Photoshop CS2 中编辑字体效果

接下来，需要在 Photoshop CS2 中编辑字体效果。在编辑过程中，主要使用了通道和色彩编辑工具。

1 启动 Photoshop CS2。选择“文件”/“新建”命令，打开“新建”对话框。在“名称”文本框中输入“木质字体”，在“宽度”和“高度”参数栏中均输入 1000，设置单位为“像素”，在“分辨率”参数栏中输入 150，在“颜色模式”下拉列表框中选择 RGB 选项，设置背景颜色为白色，如图 1-55 所示。单击“好”按钮，退出该对话框，创建一个新的文件。

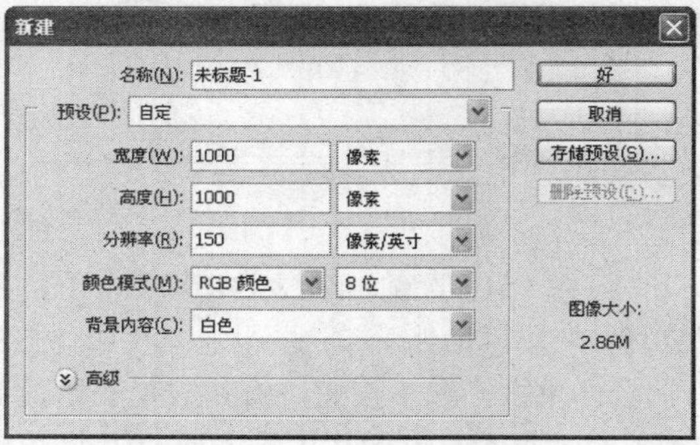

图 1-55　“新建”对话框

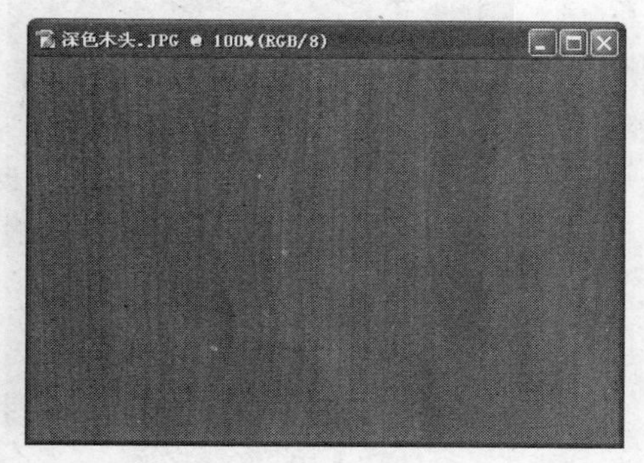

图 1-56 “深色木头.jpg”文件

2 从本书附带的光盘中打开“Sura-1/深色木头.jpg”文件，如图 1-56 所示。

3 按 Ctrl+A 组合键，全选图片，然后按 Ctrl+C 组合键，复制图片。切换到“木质字体.psd”文件，按 Ctrl+V 组合键，将复制的图片粘贴到该文件中。图层调板中会增加“图层 1”图层。

4 按 Ctrl+T 组合键，这时在“图层 1”图层外围会出现一个范围框，编辑该范围框，使“图层 1”图层布满整个画面，如图 1-57 所示。然后双击鼠标，确定图像形状。

图 1-57 使“图层 1”图层布满整个画面

5 打开 1.2.1 节中保存的立体字效文件，或从本书附带的光盘中打开“Sura-1/立体字效.jpg”文件，如图 1-58 所示。

图 1-58 “立体字效.jpg”文件

6 按 Ctrl+A 组合键，全选图片，然后按 Ctrl+C 组合键，复制图片。切换到“木质字体.psd”文件，按 Ctrl+V 组合键，将复制的图片粘贴到该文件中。图层调板中会增加“图层 2”图层。

7 按 Ctrl+T 组合键，这时在“图层 2”图层外围会出现一个范围框，编辑该范围框，如图 1-59 所示。然后双击鼠标，确定图像形状。

图 1-59 编辑图像

图 1-60 “浅色木头.jpg”文件

8 从本书附带的光盘中打开“Sura-1/浅色木头.jpg”文件，如图 1-60 所示。

9 按 Ctrl+A 组合键，全选图片，然后按 Ctrl+C 组合键，复制图片。切换到“木质字体.psd”文件，按 Ctrl+V 组合键，将复制的图片粘贴到该文件中。图层调板中会增加“图层 3”图层。

10 按 Ctrl+T 组合键，这时在“图层 3”图层外围会出现一个范围框，编辑该范围框，如图 1-61 所示。然后双击鼠标，确定图像形状。

图 1-61 编辑图层

图 1-62 删除选区

11 在图层调板中选择“图层 3”图层，然后单击“图层 2”图层前的缩略图，将该层设置为选区，然后按 Ctrl+Shift+I 组合键，反选选区，然后按 Delete 键，删除选区，如图 1-62 所示。

12 在图层调板中选择“图层 2”图层，单击“图层 2”图层前的缩略图，将该层设置为选区。按 Ctrl+C 组合键，将选区复制。

13 进入通道调板，在该面板下部单击“创建新通道”按钮，创建一个新的通道——Alpha1。按 Ctrl+V 组合键，将复制的选区粘贴，如图 1-63 所示。

图 1-63　将复制的选区粘贴

14 单击 Alpha1 通道前的缩略图，然后按 Ctrl+Shift+I 组合键，反选选区。进入图层调板，选择“图层 3”图层，在菜单栏中选择“图像”/“调整”/“亮度/对比度”命令，打开“亮度/对比度”对话框。在该对话框中的“亮度”参数栏中输入−90，如图 1-64 所示。单击“好”按钮退出该对话框。

技巧

利用通道，可以将 CorelDRAW X3 设置的立体字效的明暗关系进行编辑，但同时保留了木材的纹理，使其更为真实可信。

图 1-64　调整图层亮度

15 在图层调板中选择“图层 3”图层，在该面板底部单击“添加图层样式”按钮，在弹出的菜单中选择“投影”命令，进入“图层样式”对话框中的“投影”面板。在“不透明度”参数栏中输入 50，在“角度”参数栏中输入 120，在“距离”参数栏中输入 0，在“扩展”参数栏中输入 5，在“大小”参数栏中输入 35，如图 1-65 所示，单击“好”按钮退出该对话框。

16 打开 1.2.1 节中保存的 WOOD 字体文件，或从本书附带的光盘中打开“Sura-1/木字体.jpg”文件，如图 1-66 所示。

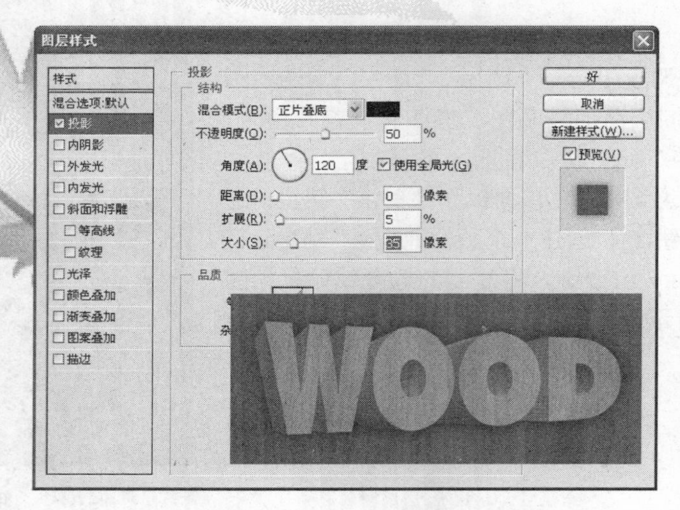

图 1-65　设置投影效果

图 1-66　“木字体.jpg”文件

17 按 Ctrl+A 组合键，全选图片，然后按 Ctrl+C 组合键，复制图片。切换到“木质字体.psd”文件，按 Ctrl+V 组合键，将复制的图片粘贴到该文件中，图层调板中会增加“图层 4”图层。将“图层 4”图层缩放，并放置于如图 1-67 所示的位置。

图 1-67　编辑图层

18 从本书附带的光盘中打开“Sura-1/浅色木头.jpg”文件。按 Ctrl+A 组合键，全选图片，然后按 Ctrl+C 组合键，复制图片。切换到“木质字体.psd”文件，按 Ctrl+V 组合键，将复制的图片粘贴到该文件中。图层调板中会增加“图层 5”图层。按 Ctrl+T 组合键，这时在“图层 5”图层外围会出现一个范围框。编辑该范围框，如图 1-68 所示，然后双击鼠标，确定图像形状。

图 1-68　调整粘贴的图层

19 在图层调板中选择“图层5”图层，然后单击“图层4”前的缩略图，将该图层设置为选区。然后按 Ctrl+Shift+I 组合键，反选选区。然后按 Delete 键删除选区，如图 1-69 所示。

图 1-69　删除选区

20 选择“图层5”图层，在该面板底部单击“添加图层样式”按钮，在弹出的菜单中选择“斜面和浮雕”命令，进入“斜面和浮雕”面板。在“样式”下拉列表框中选择“内斜面”选项，在“方法”下拉列表框中选择“平滑”选项，在“深度”参数栏中输入90，在“大小”参数栏中输入10，在“软化”参数栏中输入0，在“角度”参数栏中输入120，在“高度”参数栏中输入30，在“高光模式”下拉列表框中选择“滤色”选项，在“不透明度”参数栏中输入75，在“暗调模式”下拉列表框中选择“滤色”选项并将其右侧颜色显示窗内的颜色设置为棕黄色，在“不透明度”参数栏中输入75。单击“好”按钮退出该对话框，字体效果如图 1-70 所示。

图 1-70　字体效果

21 进入图层调板，将“图层3”图层拖动到图层调板底部的“创建新图层”按钮的位置，如图 1-71 所示，将该图层复制。复制的图层名称为“图层3副本”。

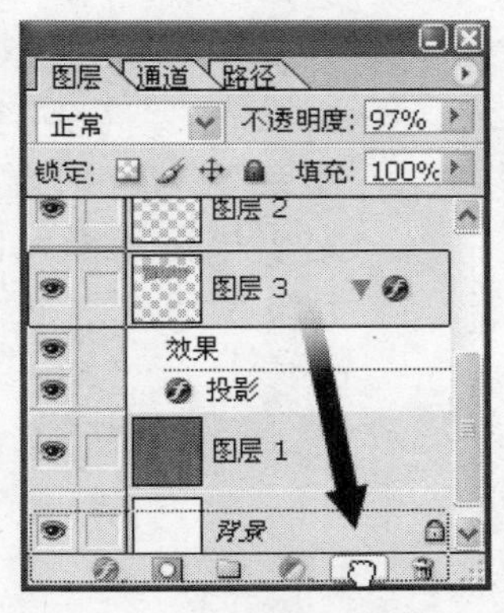

图 1-71　创建“图层3副本”图层

22 选择“图层 3”，选择“编辑”/“变换”/“垂直翻转”命令，将“图层 3”垂直翻转，并移动至如图 1-72 所示的位置。

图 1-72　垂直翻转图层

图 1-73　编辑图层外型

23 按 Ctrl+T 组合键，按住 Ctrl 键不放拖动封套节点，将“图层 3”编辑为如图 1-73 所示的形状。

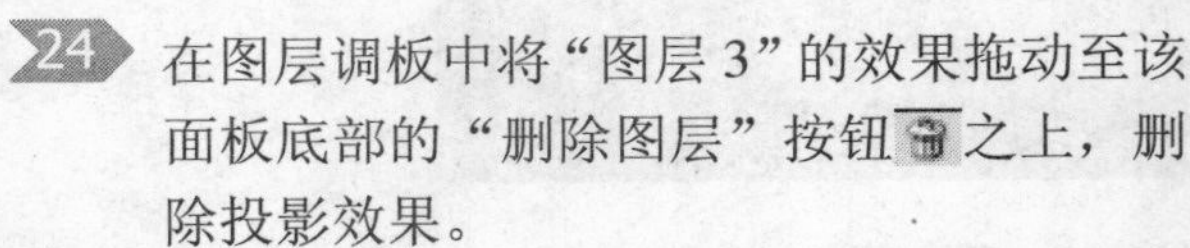

提示

按住 Ctrl 键不放拖动封套节点，可单独编辑封套节点，而非整条边。

24 在图层调板中将“图层 3”的效果拖动至该面板底部的“删除图层”按钮之上，删除投影效果。

25 选择“图像”/“调整”/“亮度/对比度”命令，打开“亮度/对比度”对话框。在该对话框中的“亮度”参数栏中输入-30，在“对比度”参数栏中输入-10，单击“好”按钮退出该对话框，图像处理后的效果如图 1-74 所示。

图 1-74　编辑图层亮度对比度

26 在工具箱激活“以快速蒙版模式编辑”按钮，进入快速蒙版模式。

27 在工具箱的"油漆桶工具"按钮下的下拉按钮组选择"渐变工具"按钮，在属性栏内激活"线性渐变"按钮，在如图 1-75 所示的位置由上至下拖动鼠标，进行渐变填充。

图 1-75　渐变填充

图 1-76　设置选区

28 在工具箱中激活"以标准模式编辑"按钮，进入标准编辑模式，出现如图 1-76 所示的选区。

29 按 Delete 键，删除选区内容。然后按 Ctrl+D 组合键，取消选区，图像处理后的效果如图 1-77 所示。

30 从本书附带的光盘中打开"Sura-1/深色木头.jpg"文件。按 Ctrl+A 组合键全选图片，然后按 Ctrl+C 组合键，复制图片。切换到"木质字体.psd"文件，按 Ctrl+V 组合键，将复制的图片粘贴到该文件中。图层调板中会增加"图层 6"图层。

图 1-77　删除选区内容

31 选择“图层 5”图层，选择“编辑”/“变换”/“旋转 90 度（逆时针）”命令，将该图层逆时针旋转 90º，如图 1-78 所示。

图 1-78　旋转 90º

图 1-79　编辑图层

32 按 Ctrl+T 组合键，将“图层 6”编辑为如图 1-79 所示的形态。

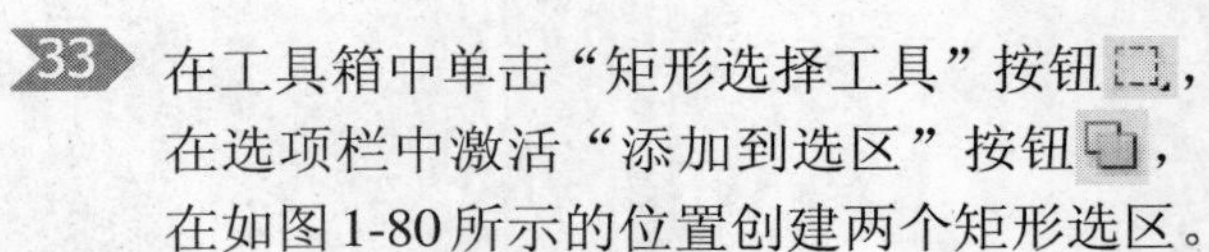

33 在工具箱中单击“矩形选择工具”按钮，在选项栏中激活“添加到选区”按钮，在如图 1-80 所示的位置创建两个矩形选区。

34 按 Ctrl+Shift+I 组合键，反选选区，然后按 Delete 键，删除选区内容。

图 1-80　创建矩形选区

35 在图层调板中选择“图层 6”图层。在该面板底部单击“添加图层样式”按钮，在弹出的菜单中选择“投影”命令，进入“图层样式”对话框的“投影”面板。在“不透明度”参数栏中输入 75，在“角度”参数栏中输入 120，在“距离”参数栏中输入 5，在“扩展”参数栏中输入 8，在“大小”参数栏中输入 15，效果如图 1-81 所示。

图 1-81　投影效果

36 在“图层样式”对话框左侧单击“斜面和浮雕”选项，进入“斜面和浮雕”面板。在“样式”下拉列表框中选择“内斜面”选项，在“方法”下拉列表框中选择“平滑”选项，在“深度”参数栏中输入100，在“大小”参数栏中输入5，在“软化”参数栏中输入0，在“角度”参数栏中输入120，在“高度”参数栏中输入30，单击“好”按钮退出该对话框，字体效果如图1-82所示。

图1-82　设置斜面和浮雕效果

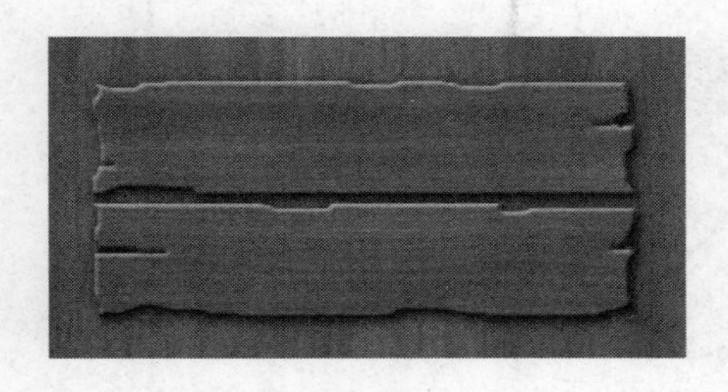

图1-83　编辑图层

37 在工具箱中单击“橡皮擦工具”按钮，将“图层6”图层编辑为如图1-83所示的形态。

38 在工具箱中单击“设置前景色”色块，这时会打开“拾色器”对话框，将前景色设置为白色。在工具箱中单击“横排文字”工具 T，在属性栏内会出现文字的属性设置。在“字体”下拉列表框中选择Lithograph选项，使用该字体；在“字体尺寸”下拉列表框中输入45，然后在如图1-84所示的位置输入“OIL PAINT”，这时在图层调板会出现OIL PAINT图层。

图1-84　输入文字

39 进入图层调板，按住鼠标左键，将“OIL PAINT”图层拖动至图层调板底部的“创建新图层”按钮的位置，将该图层复制，复制的图层为“OIL PAINT副本”层。

40 右击“OIL PAINT”图层，在弹出的快捷菜单中选择“栅格化图层”命令，将该层栅格化。然后选择“滤镜”/“液化”命令，进入“液化”对话框，如图1-85所示。

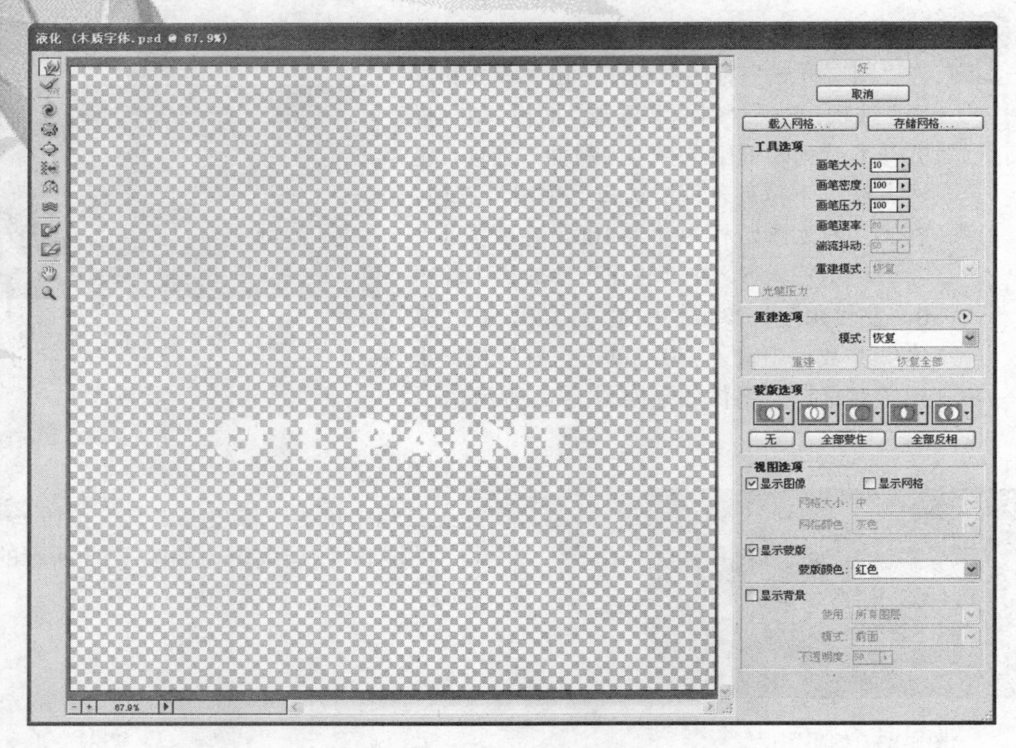

图 1-85 “液化”对话框

41 使用“向前变形”工具将“OIL PAINT”图层编辑为如图 1-86 所示的形态，然后单击“好”按钮，退出该对话框。

图 1-86 编辑字体

42 在图层调板将“OIL PAINT”图层的不透明度值设置为 70。将“OIL PAINT”图层复制，复制的图层为“OIL PAINT 副本 2”。将“OIL PAINT 副本 2”图层放置于“图层 6”之下。

43 选择“OIL PAINT”图层，然后单击“图层 6”前的缩略图，将该层设置为选区。然后按 Ctrl+Shift+I 组合键，反选选区，按 Delete 键删除选区内容，效果如图 1-87 所示。

图 1-87 删除选区

44 现在本练习就全部完成了，完成后的效果如图 1-88 所示。如果在制作过程中遇到了什么问题，可以打开本书附带光盘中的文件“Sura-1/木质字体.psd”，这是本练习完成后的文件。

图 1-88 杂志插图

1.3 绘制网络游戏题标

本例绘制网络游戏题标。该网络游戏取材于欧洲中世纪的传说，名字叫《白银骑士》。为了与游戏风格相吻合，题标的制作较为精细复杂，并使用了金属、铸造金属、石头、布料等多种质感的图形表现。通过本节练习，可以使读者了解复杂字效的制作方法。由于整个实例的制作过程较为复杂，所以本例将分为在 CorelDRAW X3 中绘制基本图形和在 Photoshop CS2 中编辑字体两大部分来进行。图 1-89 为完成后的题标效果。

图 1-89 《白银骑士》题标

1.3.1 在 CorelDRAW X3 中绘制基本图形

相对于 Photoshop CS2 中的路径编辑工具，CorelDRAW X3 在图形绘制方面有着更强的优势。在本小节中，将指导读者绘制题标的轮廓、底面和剑的图形。

1 启动 CorelDRAW X3，创建一个新的 A4 绘图页面。

2 在工具箱中单击“贝塞尔工具”按钮，在工作区中绘制如图 1-90 所示的图形，并将其填充为深红色。

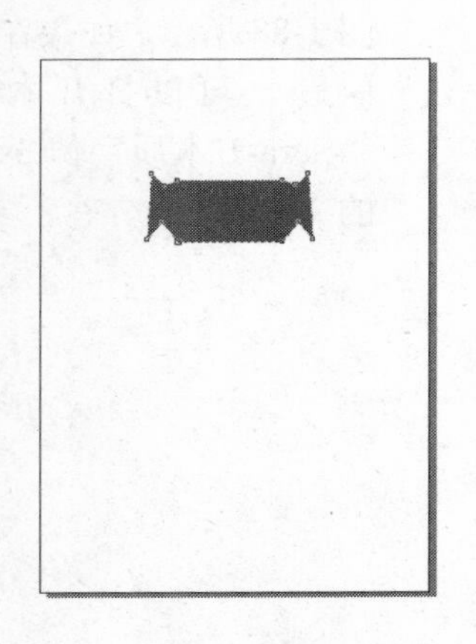
图 1-90　绘制图形

3 在工具箱中单击“形状工具”按钮，框选图形的所有节点，右击任意节点，在弹出的快捷菜单中选择“曲线”命令，将节点设置为曲线。然后对节点进行编辑，编辑后的效果如图 1-91 所示。

图 1-91　编辑图形

4 在工具箱中单击“交互式轮廓线工具”按钮，向图形内部调整新绘制的图形的轮廓线。在顶部的属性栏的“轮廓图步数”参数栏中输入 1，在轮廓图偏移参数栏中输入 0.5，轮廓线效果如图 1-92 所示。

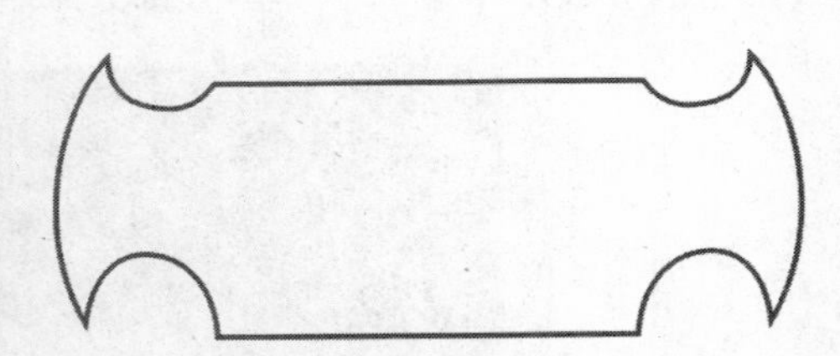
图 1-92　设置图形轮廓

5 右击设置轮廓后的图形，在弹出的快捷菜单中选择“拆分”命令，将图形拆分。

6 选择轮廓外层的图形。在工具箱中单击“交互式轮廓线工具”按钮，向图形外部调整图形的轮廓线。在顶部的属性栏的“轮廓图步数”参数栏中输入 1，在轮廓图偏移参数栏中输入 0.5，轮廓线效果如图 1-93 所示。

图 1-93　设置图形轮廓线

7 右击设置轮廓后的图形，在弹出的快捷菜单中选择“拆分”命令，将图形拆分。

8 选择顶层和最底层的图形，在顶部的属性栏中单击“后减前”按钮，将图形裁剪，如图 1-94 所示。

图 1-94　裁剪图形

9 选择最顶部的图形，按 Shift+PageDown 组合键，使其处于最底层。然后将顶部图形填充为灰色，并取消所有图形的轮廓线，效果如图 1-95 所示。

图 1-95　取消圆形轮廓线后的效果

10 使用“贝塞尔工具”在如图 1-96 所示的位置绘制一把剑，并将剑的不同部分填充为不同的颜色。

11 将红色的背景图形导出为 PSD 格式的文件，将其命名为“织物背景”。

12 将修剪生成的轮廓导出为 PSD 格式的文件，将其命名为“金属轮廓”。

13 将所有组成剑的图形导出为 PSD 格式的文件，将其命名为“剑”。

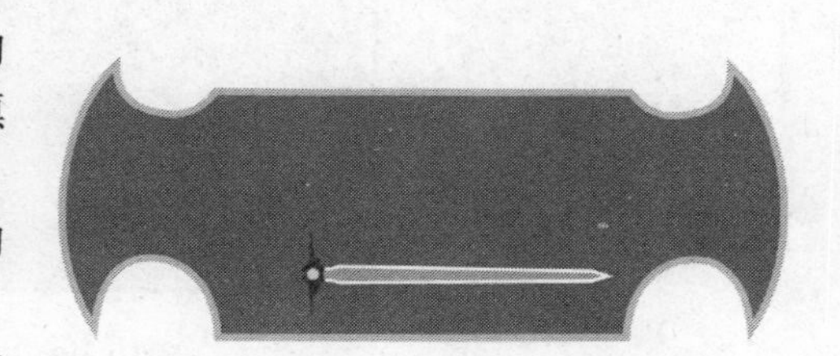

图 1-96　绘制一把剑

1.3.2　在 Photoshop CS2 中编辑字体

接下来需要在 Photoshop CS2 中对图形和字体进行编辑。

1.　制作背景图案

1 启动 Photoshop CS2。选择“文件”/“新建”命令，打开“新建”对话框。在“名称”文本框中输入“金属字体”，在“宽度”参数栏中输入 1476，在“高度”参数栏中输入 807，设置单位为“像素”，在“分辨率”参数栏中输入 150，在“颜色模式”下拉列表框中选择“RGB”选项，设置背景颜色为白色，单击“好”按钮，退出该对话框，创建一个新的文件。

2 从本书附带的光盘中打开“Sura-1/石材质.jpg”文件，如图 1-97 所示。

图 1-97 “石材质.jpg”文件

3 按 Ctrl+A 组合键，全选图片，然后按 Ctrl+C 组合键，复制图片。切换到“金属字体.psd”文件，按 Ctrl+V 组合键，将复制的图片粘贴到该文件中。图层调板中会增加“图层 1”图层。

4 从本书附带的光盘中打开“Sura-1/织物背景.jpg”文件，如图 1-98 所示。

图 1-98 “织物背景.jpg”文件

5 按 Ctrl+A 组合键，全选图片，然后按 Ctrl+C 组合键，复制图片。切换到“金属字体.psd”文件，按 Ctrl+V 组合键，将复制的图片粘贴到该文件中。图层调板中会增加“图层 2”图层。将“图层 2”图层移动至如图 1-99 所示的位置。

图 1-99 移动“图层 2”图层

图 1-100 “织物.jpg”文件

6 从本书附带的光盘中打开“Sura-1/织物.jpg”文件，如图 1-100 所示。

7 按 Ctrl+A 组合键，全选图片，然后按 Ctrl+C 组合键，复制图片。切换到“金属字体.psd”文件，按 Ctrl+V 组合键，将复制的图片粘贴到该文件中。图层调板中会增加“图层 3”图层。将“图层 3”图层移动并缩放，如图 1-101 所示。

图 1-101 编辑“图层 3”图层

8 选择“图层 3”图层，选择“图像”/“调整”/“亮度/对比度”命令，打开“亮度/对比度”对话框。在该对话框中的“亮度”参数栏中输入-20，单击“好”按钮退出该对话框。图像处理后的效果如图 1-102 所示。

图 1-102 调整图层亮度

9 在图层调板中选择“图层 3”图层，然后单击“图层 2”前的缩略图，将该图层设置为选区。按 Ctrl+Shift+I 组合键，反选选区，然后按 Delete 键，删除选区内容，如图 1-103 所示。

图 1-103 编辑“图层 3”图层

10 在图层调板中选择“图层 3”图层。在该面板底部单击“添加图层样式”按钮 ，在弹出的菜单中选择“投影”命令，进入“图层样式”对话框中的“投影”面板。在“不透明度”参数栏中输入 75，在“角度”参数栏中输入 155，在“距离”参数栏中输入 0，在“扩展”参数栏中输入 15，在“大小”参数栏中输入 45，单击“好”按钮退出该对话框。

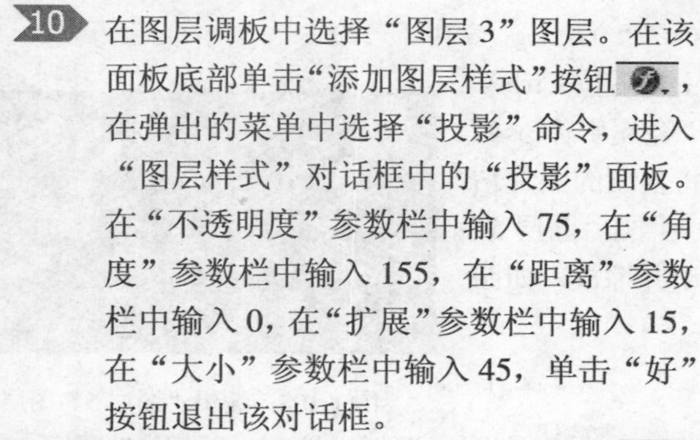

11 在“图层样式”对话框中选择“内投影”选项，进入“内投影”面板。在“不透明度”参数栏中输入 40，在“角度”参数栏中输入 155，在“距离”参数栏中输入 0，在“扩展”参数栏中输入 20，在“大小”参数栏中输入 150，单击“好”按钮退出该对话框。图层效果如图 1-104 所示。

图 1-104 编辑图层样式

12 从本书附带的光盘中打开“Sura-1/金属轮廓.jpg”文件，如图 1-105 所示。

图 1-105　“金属轮廓.jpg”文件

13 按 Ctrl+A 组合键，全选图片，然后按 Ctrl+C 组合键，复制图片。切换到“金属字体.psd”文件，按 Ctrl+V 组合键，将复制的图片粘贴到该文件中。图层调板中会增加“图层 4”图层，将“图层 4”图层移动至如图 1-106 所示的位置。

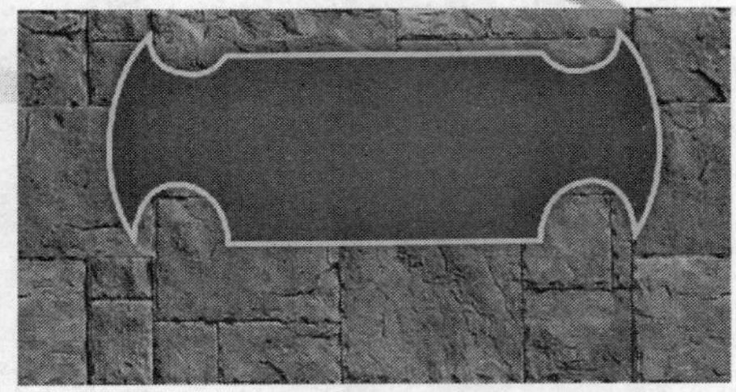

图 1-106 移动“图层 4”图层

14 从本书附带的光盘中打开“Sura-1/金属.jpg”文件，如图 1-107 所示。

图 1-107　“金属.jpg”文件

15 按 Ctrl+A 组合键，全选图片，然后按 Ctrl+C 组合键，复制图片。切换到“金属字体.psd”文件，按 Ctrl+V 组合键，将复制的图片粘贴到该文件中。图层调板中会增加“图层 5”图层，将“图层 5”图层移动并缩放，如图 1-108 所示。

图 1-108　编辑“图层 5”图层

16 在图层调板中选择“图层 5”图层，然后单击“图层 4”前的缩略图，将该图层设置为选区。按 Ctrl+Shift+I 组合键，反选选区，然后按 Delete 键，删除选区内容，如图 1-109 所示。

图 1-109　删除选区内容

17 在图层调板中选择“图层 5”图层。在该面板底部单击“添加图层样式”按钮，在弹出的菜单中选择“投影”命令，进入“图层样式”对话框中的“投影”面板。在“不透明度”参数栏中输入 40，在“角度”参数栏中输入 155，在“距离”参数栏中输入 5，在“扩展”参数栏中输入 20，在“大小”参数栏中输入 45，单击“好”按钮退出该对话框。

18 在“图层样式”对话框左侧单击“斜面和浮雕”选项，进入“斜面和浮雕”面板。在“样式”下拉列表框中选择“内斜面”选项，在“方法”下拉列表框中选择“雕刻清晰”选项，在“深度”参数栏中输入 250，在“大小”参数栏中输入 40，在“软化”参数栏中输入 0，在“角度”参数栏中输入 155，在“高度”参数栏中输入 50，单击“好”按钮退出该对话框。图层效果如图 1-110 所示。现在背景图案就制作完成了。

图 1-110　设置图层浮雕效果

2. 制作剑的效果

1 从本书附带的光盘中打开“Sura-1/剑.jpg”文件，如图 1-111 所示。

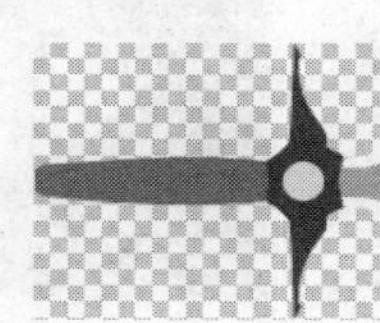

图 1-111　“剑.jpg”文件

2 按 Ctrl+A 组合键，全选图片，然后按 Ctrl+C 组合键，复制图片。切换到“金属字体.psd”文件，按 Ctrl+V 组合键，将复制的图片粘贴到该文件中。图层调板中会增加“图层 6”图层。将“图层 6”图层移动至如图 1-112 所示的位置。

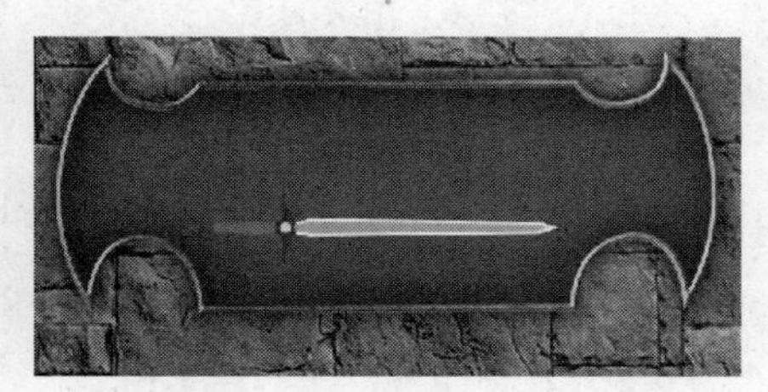

图 1-112　移动“图层 6”图层

3 从本书附带的光盘中打开“Sura-1/皮革.jpg”文件，如图 1-113 所示。

图 1-113　“皮革.jpg”文件

4 按 Ctrl+A 组合键，全选图片，然后按 Ctrl+C 组合键，复制图片。切换到“金属字体.psd”文件，按 Ctrl+V 组合键，将复制的图片粘贴到该文件中。图层调板中会增加“图层 7”图层，将“图层 7”图层移动并缩放，如图 1-114 所示。

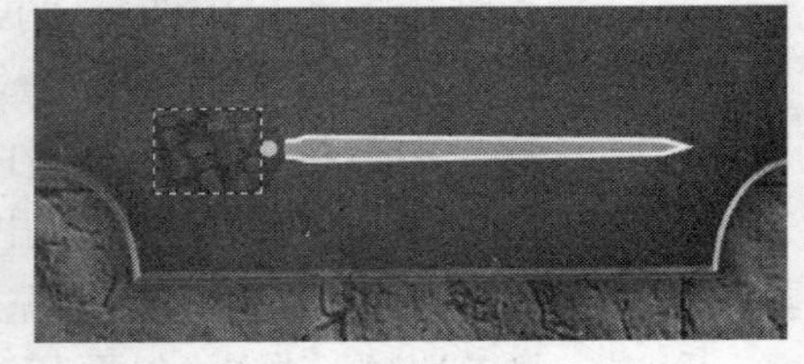

图 1-114 移动“图层 7”图层

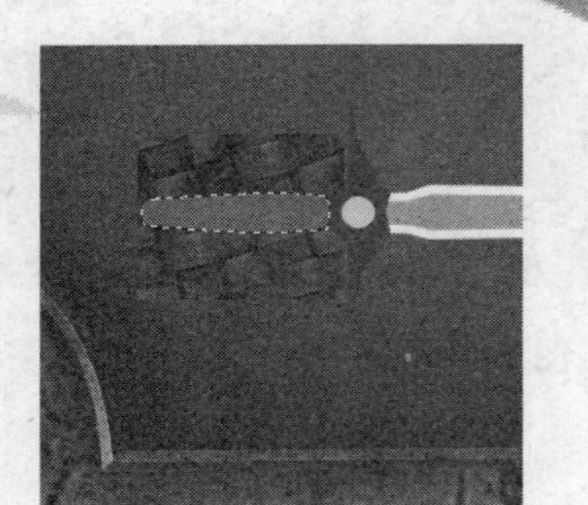

图 1-115 设置选区

5 将“图层 7”图层放置于“图层 6”图层的底部。

6 选择“图层 6”图层。在工具箱中单击“魔棒工具”按钮，然后单击“图层 6”图层剑柄的位置，形成一个选区，如图 1-115 所示。

7 在图层调板中选择“图层 7”图层，按 Ctrl+Shift+I 组合键，反选选区，然后按 Delete 键，删除选区内容。将“图层 7”图层放置于“图层 6”图层的上方，如图 1-116 所示。

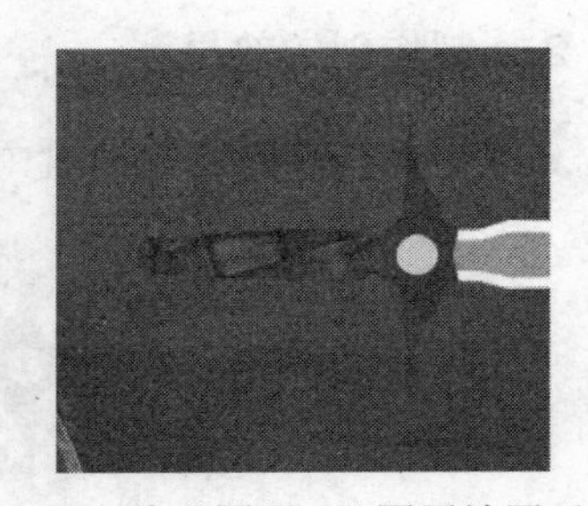

图 1-116 将“图层 7”图层放置于“图层 6”图层的上方

8 在图层调板中选择“图层 7”图层。在该面板底部单击“添加图层样式”按钮，在弹出的菜单中选择“投影”命令，进入“图层样式”对话框中的“投影”面板，在“不透明度”参数栏中输入 75，在“角度”参数栏中输入 155，在“距离”参数栏中输入 0，在“扩展”参数栏中输入 10，在“大小”参数栏中输入 10，单击“好”按钮退出该对话框。

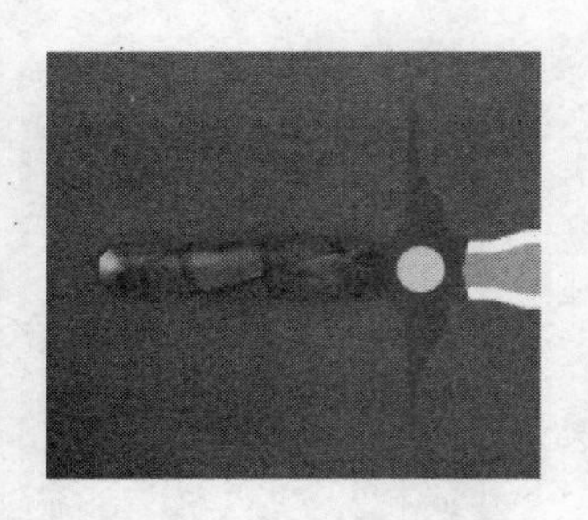

图 1-117 剑柄效果

9 在“图层样式”对话框左侧单击“斜面和浮雕”选项，进入“斜面和浮雕”面板。在“样式”下拉列表框中选择“内斜面”选项，在“方法”下拉列表框中选择“平滑”选项，在“深度”参数栏中输入 100，在“大小”参数栏中输入 100，在“软化”参数栏中输入 0，在“角度”参数栏中输入 155，在“高度”参数栏中输入 55，单击“好”按钮退出该对话框。图层效果如图 1-117 所示。

10 从本书附带的光盘中打开“Sura-1/金属.jpg”文件。按 Ctrl+A 组合键，全选图片，然后按 Ctrl+C 组合键，复制图片。切换到“金属字体.psd”文件，在图层调板中选择“图层 5”图层，按 Ctrl+V 组合键，将复制的图片粘贴到该文件中。图层调板中会增加“图层 8”图层，如图 1-118 所示。

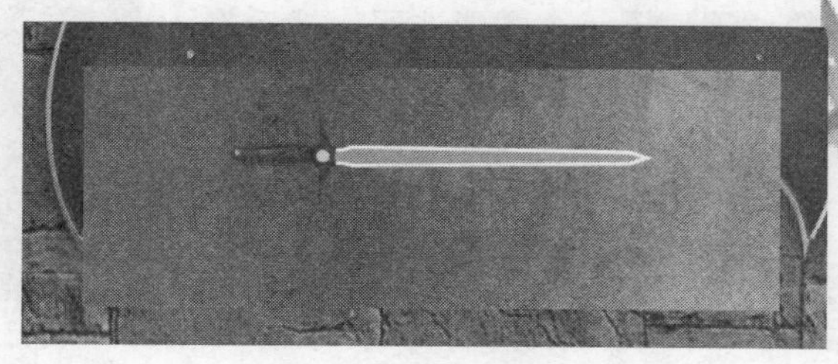

图 1-118　粘贴图层

11 选择“图层 6”图层。在工具箱中单击“魔棒工具”按钮，然后单击“图层 6”图层剑锷的位置，形成一个选区，如图 1-119 所示。

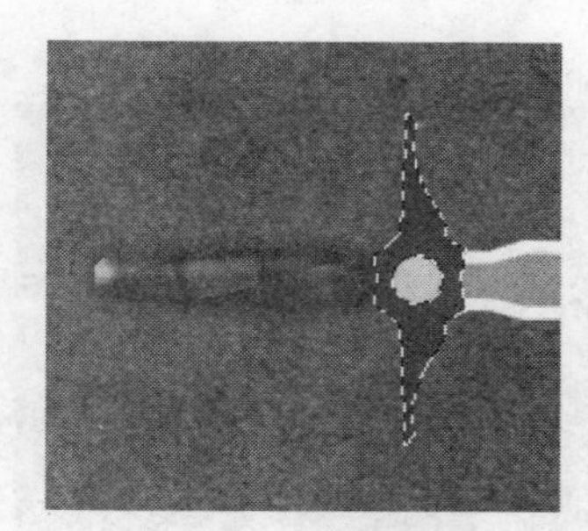

图 1-119　设置选区

12 在图层调板中选择“图层 8”图层。按 Ctrl+Shift+I 组合键，反选选区，然后按 Delete 键，删除选区内容。将“图层 8”图层放置于“图层 6”的上方，如图 1-120 所示。

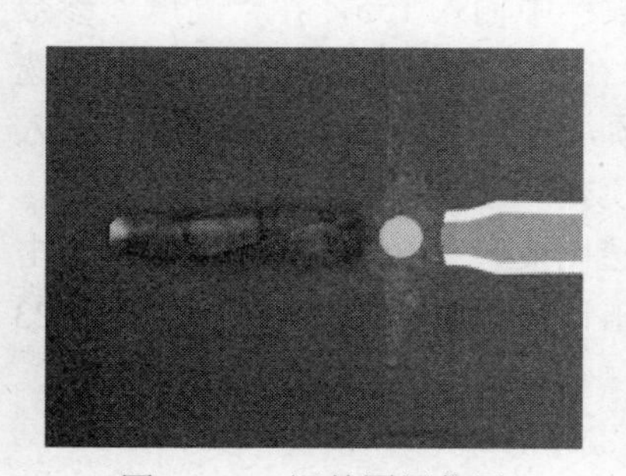

图 1-120　调整图层位置

13 在图层调板中选择“图层 8”图层。在该面板底部单击“添加图层样式”按钮，在弹出的菜单中选择“投影”命令，进入“图层样式”对话框中的“投影”面板，在“不透明度”参数栏中输入 75，在“角度”参数栏中输入 155，在“距离”参数栏中输入 0，在“扩展”参数栏中输入 10，在“大小”参数栏中输入 10，单击“好”按钮退出该对话框。

14 在“图层样式”对话框左侧单击“斜面和浮雕”选项，进入“斜面和浮雕”面板。在“样式”下拉列表框中选择“内斜面”选项，在“方法”下拉列表框中选择“雕刻清晰”选项，在“深度”参数栏中输入 170，在“大小”参数栏中输入 5，在“软化”参数栏中输入 0，在“角度”参数栏中输入 155，在“高度”参数栏中输入 55，单击“好”按钮退出该对话框。图层效果如图 1-121 所示。

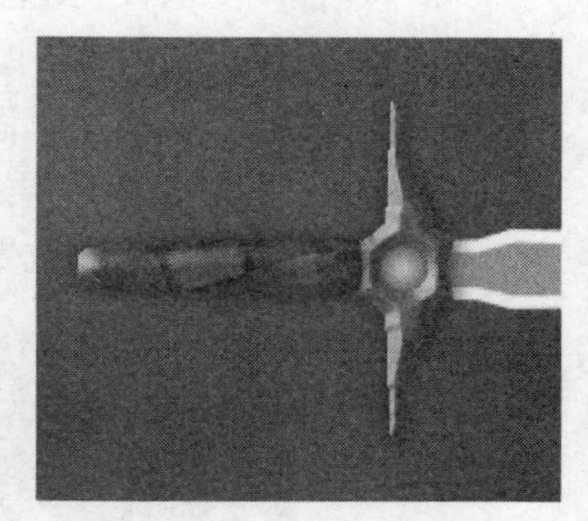

图 1-121　编辑图层样式

15 在图层调板中单击 "创建新图层" 按钮，创建一个新的图层——"图层 9"，在工具箱中单击"椭圆选框工具"按钮，按住 Ctrl 键，在如图 1-22 所示的位置设置一个圆形选区，然后将其填充为红色。

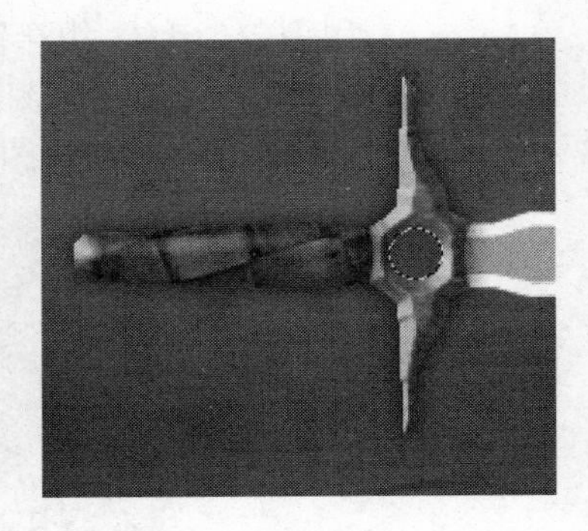

图 1-122　填充选区

16 在图层调板中选择"图层 9"层。在该面板底部单击"添加图层样式"按钮 ，在弹出的菜单中选择"斜面和浮雕"命令，进入"斜面和浮雕"面板，在"样式"下拉列表框中选择"内斜面"选项，在"方法"下拉列表框中选择"平滑"选项，在"深度"参数栏中输入 160，在"大小"参数栏中输入 10，在"软化"参数栏中输入 0，在"角度"参数栏中输入 155，在"高度"参数栏中输入 55，在"高光模式"下拉列表框中选择"滤色"选项，在"不透明度"参数栏中输入 75，在"暗调模式"下拉列表框中选择"滤色"选项，在"不透明度"参数栏中输入 75，单击"好"按钮退出该对话框。图层效果如图 1-123 所示。

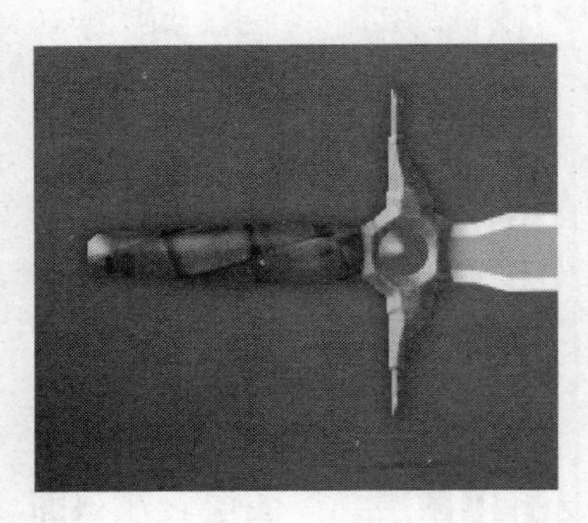

图 1-123　设置图层样式

17 从本书附带的光盘中打开"Sura-1/金属.jpg"文件。按 Ctrl+A 组合键，全选图片，然后按 Ctrl+C 组合键，复制图片。切换到"金属字体.psd"文件，在图层调板中选择"图层 5"图层，按 Ctrl+V 组合键，将复制的图片粘贴到该文件中。图层调板中会增加"图层 10"图层。

18 选择"图层 6"图层，在工具箱中单击"魔棒工具"按钮 ，然后单击"图层 6"图层剑刃外部的位置，形成一个选区，如图 1-124 所示。

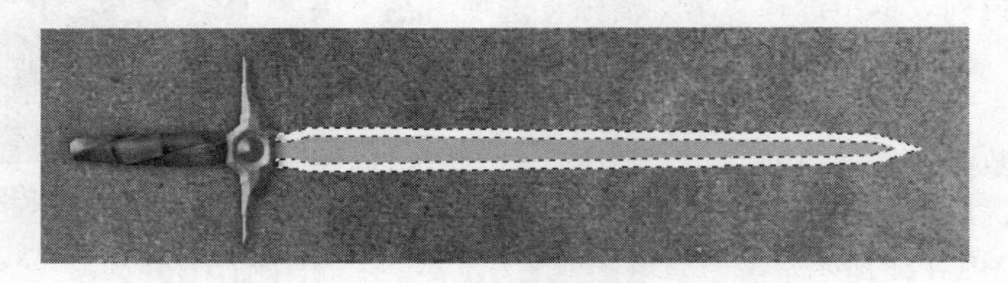

图 1-124　创建选区

19 在图层调板中选择“图层 10”图层。按 Ctrl+Shift+I 组合键，反选选区，然后按 Delete 键，删除选区内容。将“图层 10”图层放置于“图层 6”图层的上方，如图 1-125 所示。

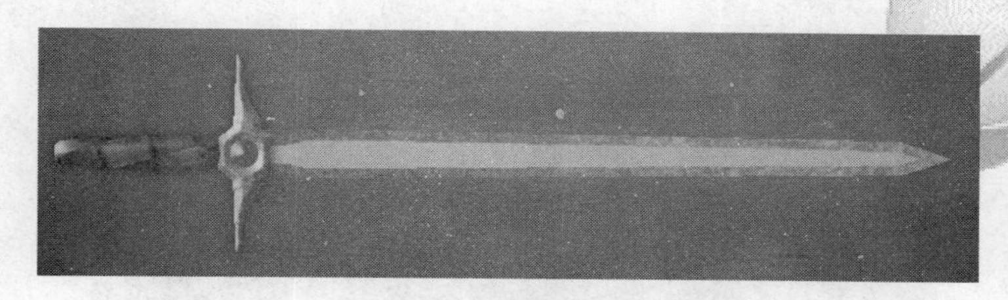

图 1-125　调整图层位置

20 在图层调板中选择“图层 10”图层。在该面板底部单击“添加图层样式”按钮，在弹出的菜单中选择“投影”命令，进入“图层样式”对话框中的“投影”面板。在“不透明度”参数栏中输入 75，在“角度”参数栏中输入 155，在“距离”参数栏中输入 0，在“扩展”参数栏中输入 10，在“大小”参数栏中输入 10，单击“好”按钮退出该对话框。

21 在“图层样式”对话框左侧单击“斜面和浮雕”选项，进入“斜面和浮雕”面板。在“样式”下拉列表框中选择“内斜面”选项，在“方法”下拉列表框中选择“雕刻清晰”选项，在“深度”参数栏中输入 170，在“大小”参数栏中输入 5，在“软化”参数栏中输入 0，在“角度”参数栏中输入 155，在“高度”参数栏中输入 55，单击“好”按钮退出该对话框。图层效果如图 1-126 所示。

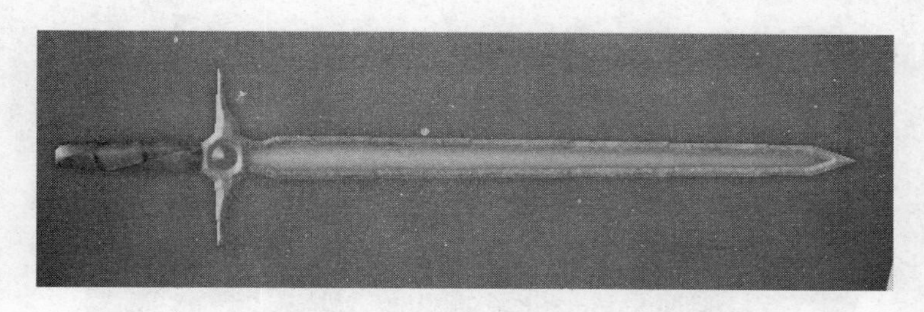

图 1-126　制作剑刃效果

22 从本书附带的光盘中打开“Sura-1/金属.jpg”文件。按 Ctrl+A 组合键，全选图片，然后按 Ctrl+C 组合键，复制图片。切换到“金属字体.psd”文件，在图层调板中选择“图层 5”图层，按 Ctrl+V 组合键，将复制的图片粘贴到该文件中。图层调板中会增加“图层 11”层。

23 选择“图层 6”图层。在工具箱中单击“魔棒工具”按钮，然后单击“图层 6”图层剑刃内部的位置，形成一个选区，如图 1-127 所示。

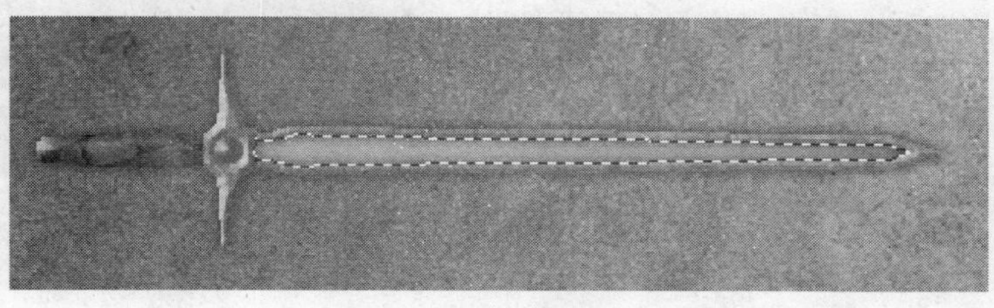

图 1-127　创建选区

24 在图层调板中选择“图层 11”图层。按 Ctrl+Shift+I 组合键，反选选区，然后按 Delete 键，删除选区内容，将“图层 11”图层放置于“图层 10”图层的上方，如图 1-128 所示。

图 1-128 将“图层 11”图层放置于“图层 10”图层的上方

25 在图层调板中选择“图层 11”图层。在该面板底部单击“添加图层样式”按钮，在弹出的菜单中选择“斜面和浮雕”命令，进入“斜面和浮雕”面板，在“样式”下拉列表框中选择“内斜面”选项，在“方法”下拉列表框中选择“雕刻清晰”选项，在“深度”参数栏中输入 400，在“大小”参数栏中输入 40，在“软化”参数栏中输入 0，在“角度”参数栏中输入 155，在“高度”参数栏中输入 55。

26 在“图层样式”对话框左侧单击“描边”选项，进入“描边”面板。在“文字”参数栏中输入 1，将“颜色”显示窗内的颜色设置为黑色，单击“好”按钮退出该对话框。图层效果如图 1-129 所示。现在剑的设置就全部完成了。

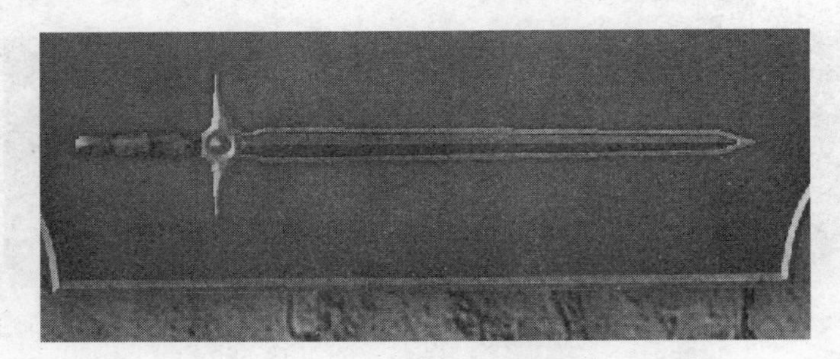

图 1-129 剑的效果

3. 制作字体效果

1 在工具箱中单击“横排文字”工具，在属性栏内会出现文字的属性设置。在“字体”下拉列表框中选择“华文新魏”选项，在“字体尺寸”下拉列表框中输入 60，然后在如图 1-130 所示的位置输入文字“白银骑士”。这时在图层调板中会出现“白银骑士”图层。

图 1-130 输入文字

2 现在文字的间距略小，需要对其进行调整。在工具箱中单击“横排文字”工具 T，选择“白银骑士”，在属性栏中单击“切换字符和段落调板”按钮，进入“字符”调板。在“字符间距”下拉列表框中选择350，扩大字符间距，如图1-131所示。

图1-131 扩大字符间距

3 从本书附带的光盘中打开“Sura-1/金属.jpg”文件。按Ctrl+A组合键，全选图片，然后按Ctrl+C组合键，复制图片。切换到“金属字体.psd”文件，在图层调板中选择“白银骑士”图层，按Ctrl+V组合键，将复制的图片粘贴到该文件中。图层调板中会增加“图层12”图层。将“图层12”图层移动至如图1-132所示的位置。

图1-132 移动图层

4 在图层调板中选择“图层12”图层。然后单击“白银骑士”前的缩略图，将该图层设置为选区。

5 按Ctrl+Shift+I组合键，反选选区，然后按Delete键，删除选区内容，如图1-133所示。

图1-133 删除选区

6 在图层调板中选择“图层12”图层。在该面板底部单击“添加图层样式”按钮，在弹出的菜单中选择“投影”命令，进入“图层样式”对话框中的“投影”面板。在“不透明度”参数栏中输入75，在“角度”参数栏中输入155，在“距离”参数栏中输入2，在“扩展”参数栏中输入5，在“大小”参数栏中输入5，单击“好”按钮退出该对话框。

7 在“图层样式”对话框左侧单击“斜面和浮雕”选项，进入“斜面和浮雕”面板。在“样式”下拉列表框中选择“内斜面”选项，在“方法”下拉列表框中选择“雕刻清晰”选项，在“深度”参数栏中输入170，在“大小”参数栏中输入5，在“软化”参数栏中输入0，在“角度”参数栏中输入155，在“高度”

参数栏中输入 55，在“暗调模式”下拉列表框中选择“正常”选项，单击“好”按钮退出该对话框。图层效果如图 1-134 所示。

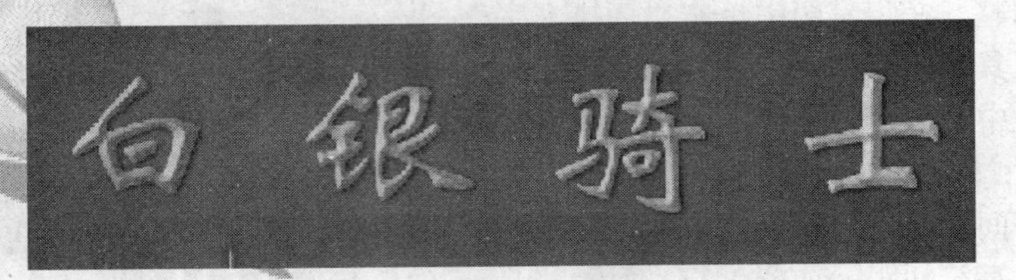

图 1-134　设置字体特效

8 选择“白银骑士”层，在图层调板底部单击“创建新图层”按钮，创建一个新图层“图层 13”图层。

9 选择“图层 13”图层，然后单击“白银骑士”前的缩略图，将该层设置为选区。

10 在菜单栏中选择“选择”/“修改”/“扩展”命令，打开“扩展选区”对话框。在该对话框中的“扩展量”参数栏中输入 5，然后单击“好”按钮，退出该对话框，此时出现如图 1-135 所示的选区。

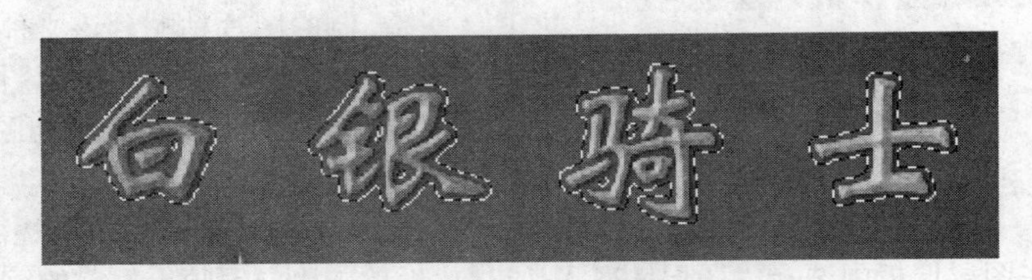

图 1-135　设置选区

11 将选区填充为橙黄色，如图 1-136 所示。

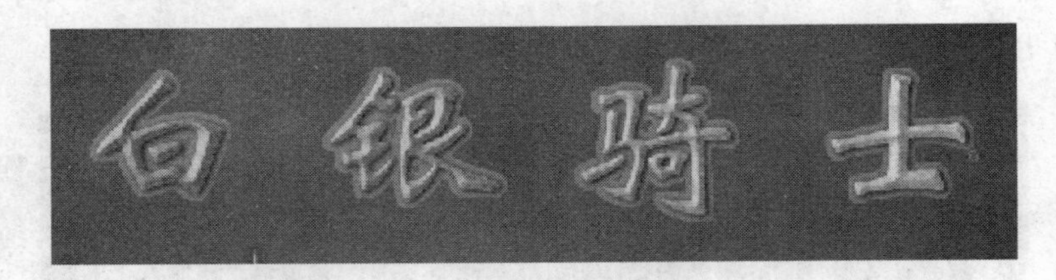

图 1-136　填充选区

12 在图层调板中选择“图层 13”图层。在该面板底部单击“添加图层样式”按钮，在弹出的菜单中选择“投影”命令，进入“图层样式”对话框中的“投影”面板。在“不透明度”参数栏中输入 75，在“角度”参数栏中输入 155，在“距离”参数栏中输入 0，在“扩展”参数栏中输入 10，在“大小”参数栏中输入 10，单击“好”按钮退出该对话框。

7 在“图层样式”对话框左侧单击“斜面和浮雕”选项，进入“斜面和浮雕”面板。在“样式”下拉列表框中选择“内斜面”选项，在“方法”下拉列表框中选择“雕刻清晰”选项，在“深度”参数栏中输入 450，在“大小”参数栏中输入 5，在“软化”参数栏中输入 0，在“角度”参数栏中输入 155，在“高度”参数栏中输入 55，单击“好”按钮退出该对话框。图层效果如图 1-137 所示。

图 1-137　设置图层浮雕效果

8 在工具箱中单击“设置前景色”色块，打开“拾色器”对话框，将前景色设置为白色。在工具箱中单击“横排文字”工具T，在属性栏内会出现文字的属性设置。在“字体”下拉列表框中选择 Dutch801 XBd BT 选项，在“字体尺寸”下拉列表框中输入 45，然后在如图 1-138 所示的位置输入文字“KNIGHT”，这时在图层调板中会出现“KNIGHT”图层。

图 1-138　输入文字

9 在工具箱中单击“横排文字”工具T，选择“KNIGHT”图层，在属性栏中单击“切换字符和段落调板”按钮，进入字符调板，在“字符间距”下拉列表框中选择 120，扩大字符间距，如图 1-139 所示。

图 1-139　调整字符间距

10 单击“KNIGHT”前的图标，隐藏该图层。

11 单击“KNIGHT”前的缩略图，将该层设置为选区。在图层调板底部单击“创建新的填充或调整”按钮，在弹出的快捷菜单中选择“亮度/对比度”命令，打开“亮度/对比度”对话框。在该对话框中的“亮度”参数栏中输入-20，单击“好”按钮退出该对话框，这时在图层调板会出现“亮度/对比度 1”层，效果如图 1-140 所示。

图 1-140　调整亮度

12 在图层调板中选择“亮度/对比度 1”层。在该面板底部单击“添加图层样式”按钮 ，在弹出的菜单中选择“内投影”命令，进入“图层样式”对话框中的“内投影”面板。在“不透明度”参数栏中输入 50，在“距离”参数栏中输入 3，在“扩展”参数栏中输入 5，在“大小”参数栏中输入 5，单击“好”按钮退出该对话框。图层效果如图 1-141 所示。

图 1-141　设置内投影效果

13 在图层调板创建一个新的图层“图层 14”。在该图层中绘制如图 1-142 所示的三个矩形。

图 1-142　绘制矩形

14 选择“图层 14”图层。在工具箱中单击“设置前景色”色块，这时会打开“拾色器”对话框，将前景色设置为白色。在工具箱中单击“横排文字”工具 T，在属性栏内会出现文字的属性设置。在“字体”下拉列表框中选择 Dutch801 XBd BT 选项，在“字体尺寸”下拉列表框中输入 45，然后在如图 1-143 所示的位置输入文字“EIDOLON”，这时在图层调板会出现“EIDOLON”图层。

图 1-143　输入文字

15 按 Ctrl+T 组合键，调整 EIDOLON 图层的大小，如图 1-144 所示。

图 1-144 编辑 EIDOLON 层比例

16 右击“EIDOLON”图层，在弹出的快捷菜单中选择“栅格化图层”命令，将图层栅格化。

17 单击图层调板右上角的按钮，在弹出的菜单中选择“向下合并”按钮，将该图层与“图层 14”图层合并，合并后的图层为“图层 14”。

18 将“图层 14”图层复制，复制后的图层为“图层 14 副本”图层。将“图层 14 副本”图层隐藏。

19 选择“图层 14”图层。在图层调板左上角的“图层混合模式”下拉列表框中选择“叠加”选项，使该层为叠加混合模式，如图 1-145 所示。

图 1-145 编辑图层混合模式

20 在工具箱中单击“橡皮擦工具”按钮，将“图层 14”图层编辑为如图 1-146 所示的形态。

图 1-146 编辑图层

21 选择“图层 14”图层。在图层调板右上角的不透明度参数栏中输入 60，设置该图层的不透明度为 60%，如图 1-147 所示。

图 1-147　设置图层的不透明度

22 显示“图层 14 副本”图层。在工具箱中单击“橡皮擦工具”按钮，将“图层 14 副本”图层编辑为如图 1-148 所示的形态。

图 1-148　编辑图层

23 选择“图层 14 副本”图层。在图层调板右上角的不透明度参数栏中输入 60，设置该图层的不透明度为 60%，如图 1-149 所示。

图 1-149　调整图层的透明度

24 现在本练习就全部完成了，完成后的效果如图 1-150 所示。如果在设置过程中遇到了什么问题，可以打开本书附带光盘中的文件“Sura-1/金属字体.psd”，这是本练习完成后的文件。

图 1-150　《白银骑士》题标

第2章 POP广告设计

本章重点：

1. POP广告设计相关知识
2. Photoshop CS2图层工具的应用

POP 广告是促销的最终环节，一般出现在商场、超市中产品的旁边，起到指引、注释、增强销售场景气氛的作用。这一章将带领读者一起领略 POP 广告设计的魅力。在本章中，将指导读者制作两个 POP 广告，一个是餐饮店 POP 广告，另一个是音乐会宣传 POP 广告。通过这两个广告，读者可以了解 POP 广告设计的具体操作方法以及相关工具的应用方法。

2.1 餐饮店 POP 广告

首先制作餐饮店的 POP 广告，效果如图 2-1 所示。广告的目的就是通过文字、颜色、造型等手段，告知人们餐厅新增加的餐饮类别。

图 2-1　餐饮店 POP 广告示例

2.1.1　制作中式盘子图像

1　启动 Photoshop CS2。选择“文件”/“新建”命令，打开“新建”对话框，参照图 2-2 所示新建空白文档。

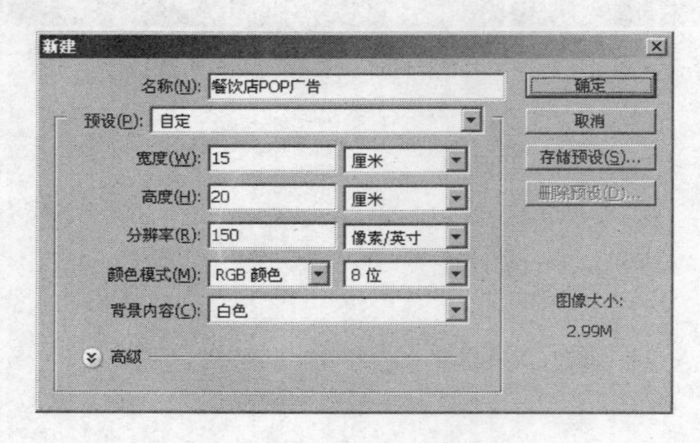

图 2-2　“新建”对话框

2 选择工具箱中的“椭圆工具”按钮，然后在工具选项栏中单击选择“路径”按钮，如图 2-3 所示。

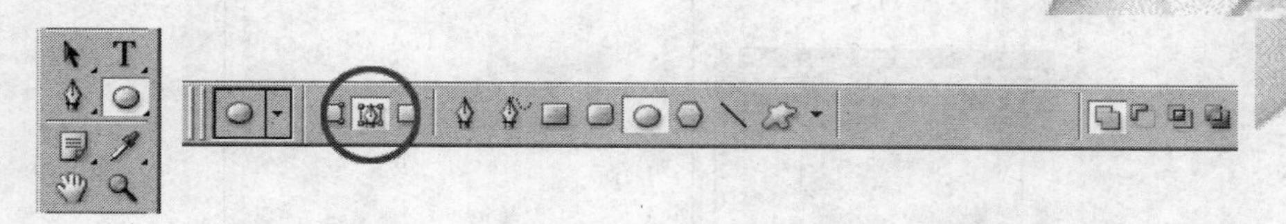

图 2-3　设置工具选项栏

3 在路径调板中，单击“创建新路径”按钮，新建“路径 1”，如图 2-4 所示。

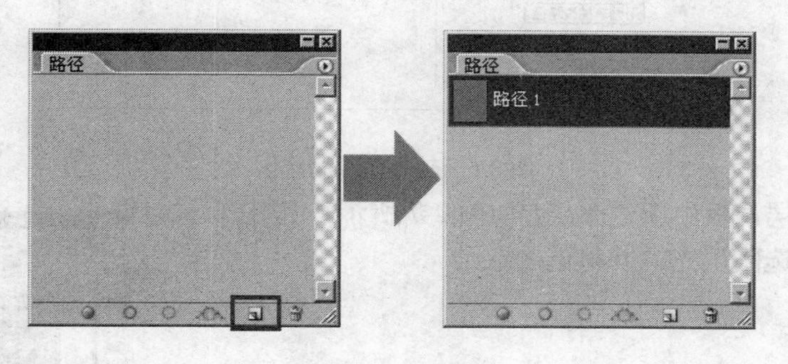

图 2-4　新建“路径 1”

4 按住 Shift 键不放，使用“椭圆工具”按钮在文档中绘制正圆路径，如图 2-5 所示。

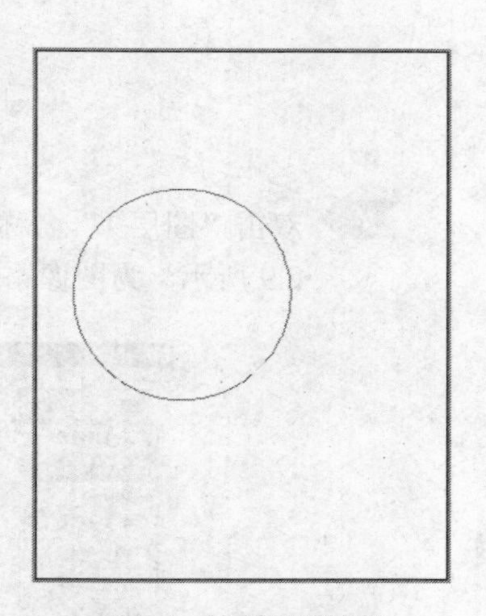

图 2-5　绘制圆形路径

5 在路径调板中单击“用画笔描边路径”按钮，将路径转化为选区，如图 2-6 所示。

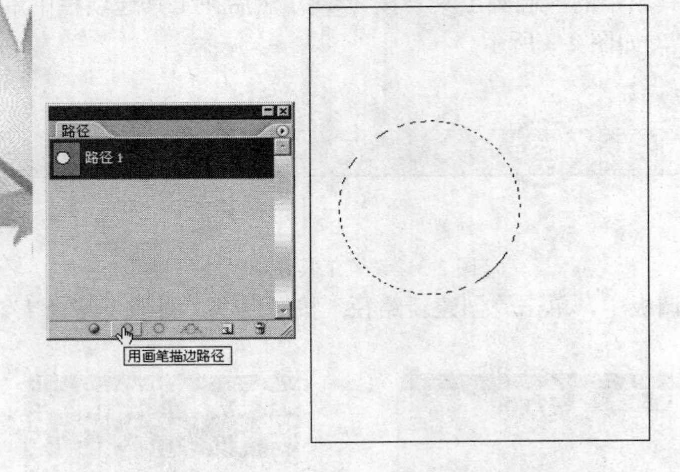

图 2-6　转换路径为选区

6 在图层调板中新建图层，如图 2-7 所示。使用白色将选区填充，并将选区取消。

图 2-7　填充图层

7 双击“图层 1”名称右侧的空白处，打开“图层样式”对话框，参照图 2-8、图 2.9 所示，为图像添加图层效果。添加后的效果如图 2-10 所示。

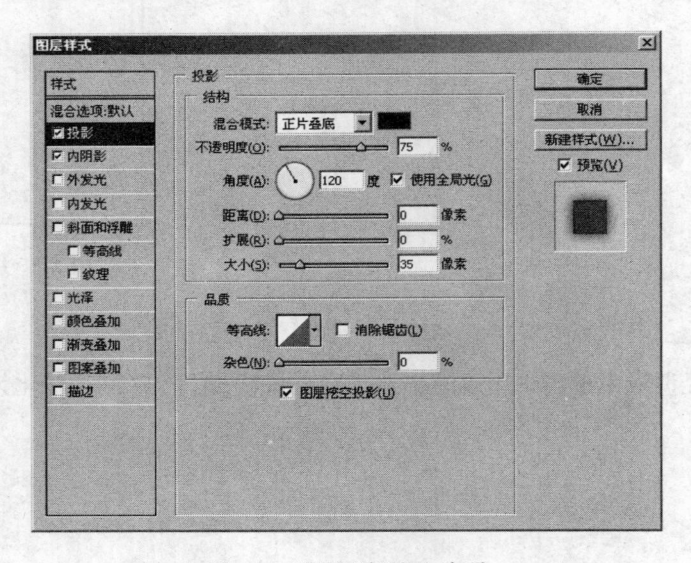

图 2-8　设置“投影”选项

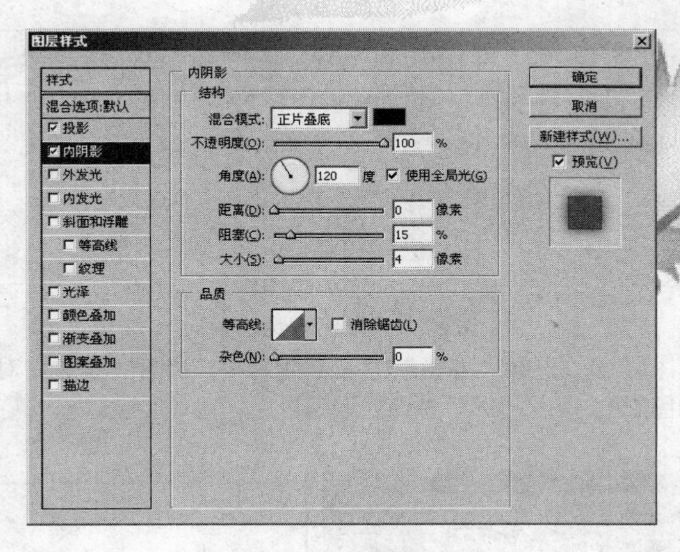

图 2-9　设置“内阴影”选项

图 2-10　添加图层样式后的效果

8　在路径调板中激活“路径 1”，然后使用“椭圆工具”在文档中右击，在弹出的快捷菜单中选择“自由变换路径”命令，对路径的大小进行调整，如图 2-11 所示。

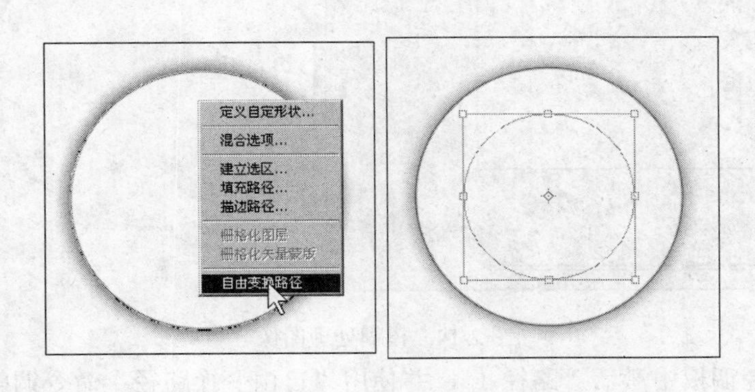

图 2-11　调整路径形状

9　再次右击鼠标，选择“建立选区”命令，如图 2-12 所示，将路径转化为选区。

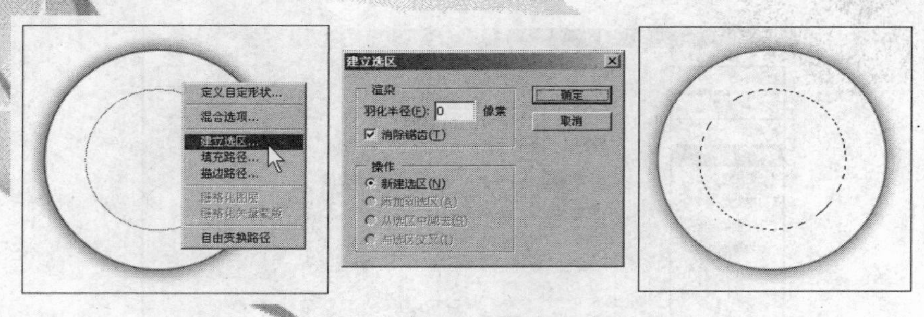

图 2-12　转化路径为选区

10 新建“图层 2”。选择“编辑”/“描边”命令，打开“描边”对话框，为选区描边，如图 2-13 所示，然后将选区取消。

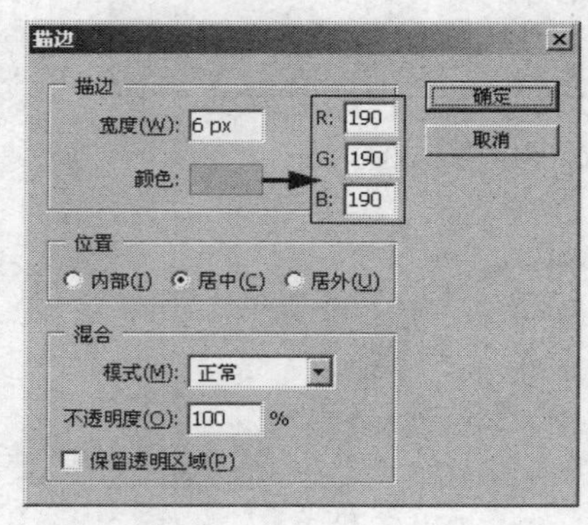

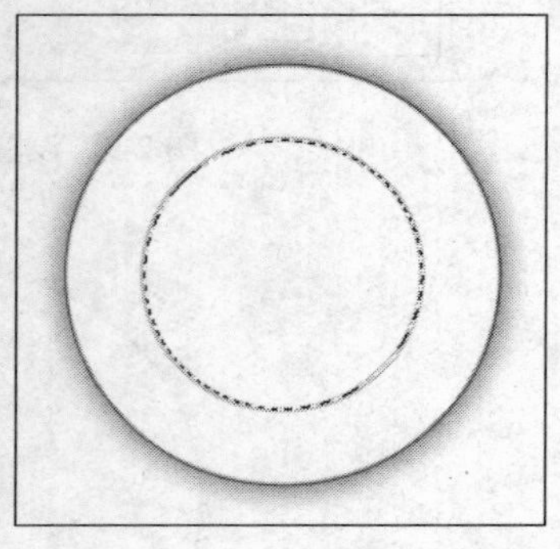

图 2-13　描边选区

11 选择“滤镜”/“模糊”/“高斯模糊”命令，为描边图像添加模糊滤镜效果，如图 2-14 所示。

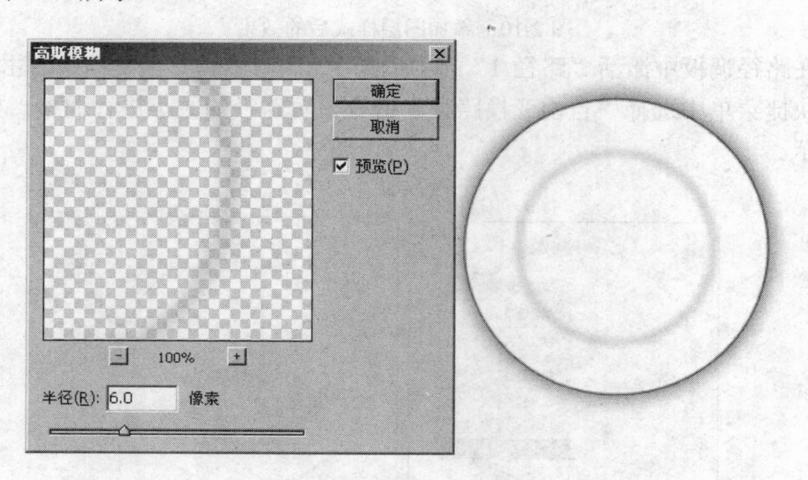

图 2-14　模糊处理图像

12 在路径调板中激活“路径 1”，并使用“自由变换路径”命令调整路径的形状，如图 2-15 所示。

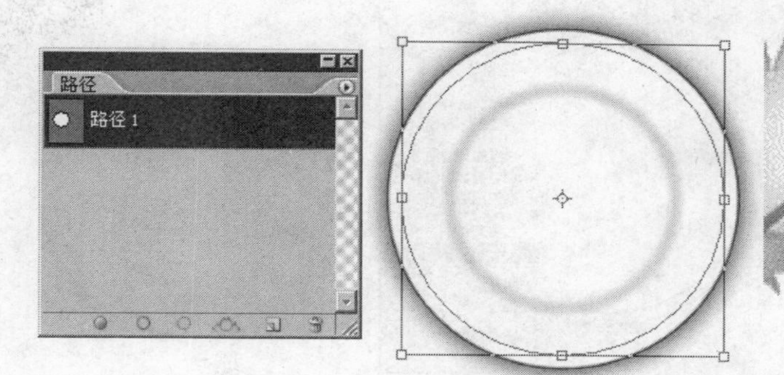

图 2-15　变换路径形状

13 在图层调板中新建"图层 3"，如图 2-16 所示。

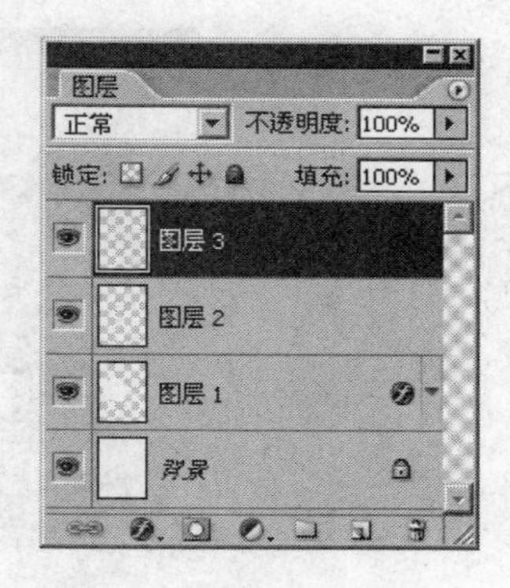

图 2-16　新建图层

14 将路径转化为选区。选择"编辑"/"描边"命令，如图 2-17 所示，对选区进行描边处理。

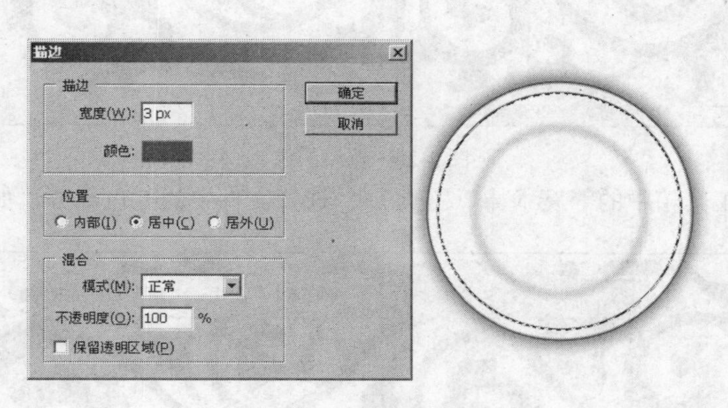

图 2-17　描边图像

15 选择工具箱中的"矩形选框"工具，在文档中右击，在弹出的快捷菜单中选择"变换选区"命令，将选区缩小，如图 2-18 所示。

16 参照图 2-19 为选区添加红色的描边效果，然后将选区取消。

17 打开"Sura-2 纹样.jpg"图像文件，如图 2-20 所示。

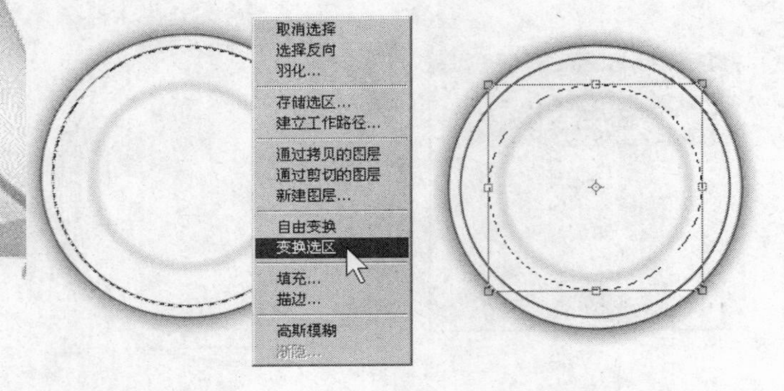

图 2-18　缩小选区

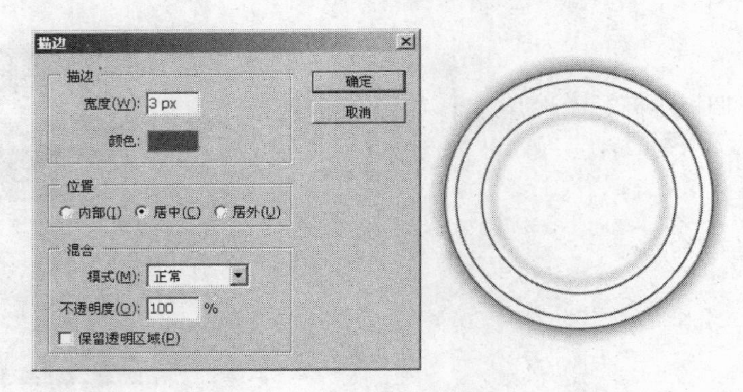

图 2-19　描边选区

图 2-20　花纹图像

18 选择工具箱中的“魔术棒”工具，选择文件中的红色部分，如图 2-21 所示。

图 2-21　选取红色图像

19 选择“编辑”/“拷贝”命令，将选区内容复制，然后将“纹样.jpg”文件关闭。

20 在“餐饮店 POP 广告”文档中，选择“编辑”/“粘贴”命令，将花纹复制进来如图 2-22 所示。

图 2-22 粘贴图像

21 使用“自由变换”命令将图像缩小，如图 2-23 所示。

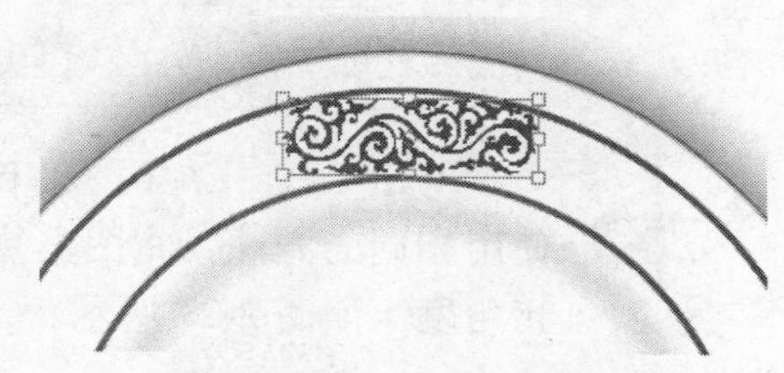

图 2-23 缩小图像

22 在图像中右击鼠标，在弹出的快捷菜单中选择“变形”命令，如图 2-24 所示，然后调整图像的形状至图 2-25 所示的效果。

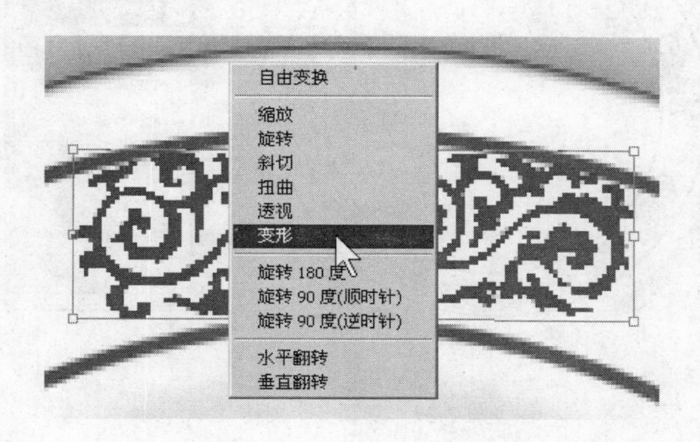

图 2-24 选择“变形”命令

图 2-25　调整图像形状

23 将“图层 4”复制为一个新图层，并使用“自由变换”命令对“图层 4 副本”进行调整，如图 2-26 所示。

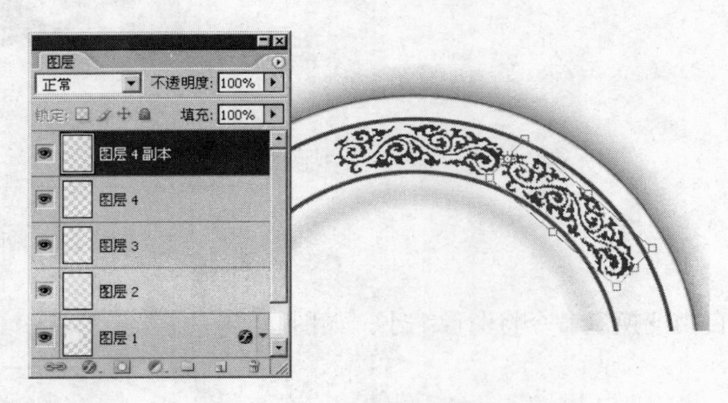

图 2-26　调整图像

24 使用相同的方法，将图案复制若干份，并分别使用“自由变换”命令调整其旋转角度，如图 2-27 所示。

图 2-27　复制多个图样

25 按住 Shift 键不放，选中除“背景”图层以外的所有图层，如图 2-28 所示。然后执行“图层”/“合并图层”命令，将盘子图像全部合并在一起。

26 将合并后的图层改名为“盘子”，如图 2-29 所示。

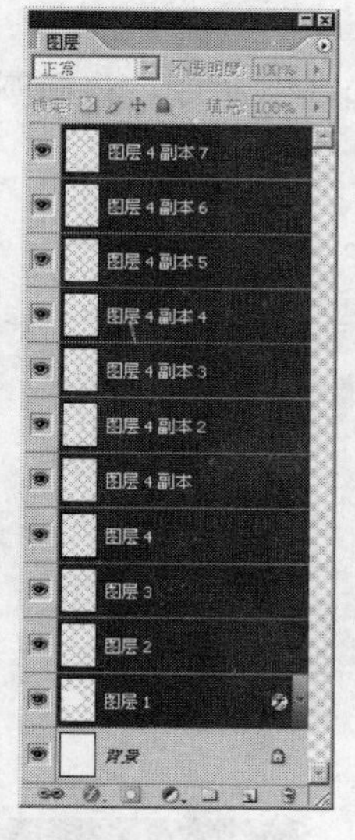

图 2-28　选择图层

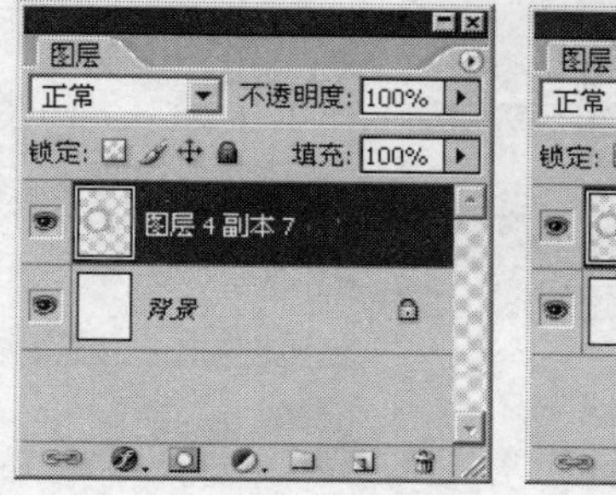

图 2-29　更改图层名称

2.1.2　制作筷子图像

1 选择工具箱中的“钢笔”工具，参照图 2-30 所示，绘制路径图形。

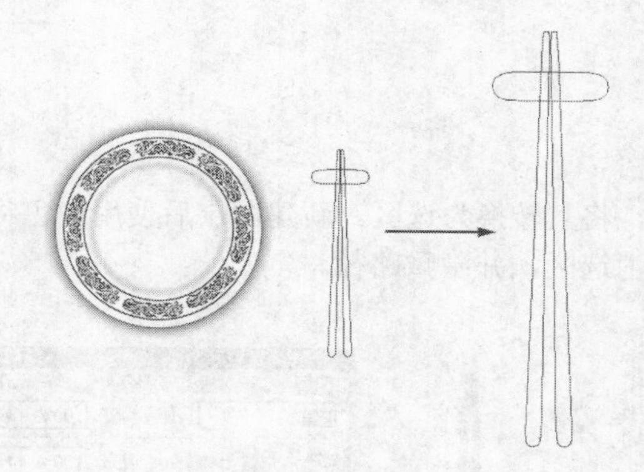

图 2-30　绘制路径图形

2 使用“直接选择”工具选择椭圆路径，如图 2-31 所示。

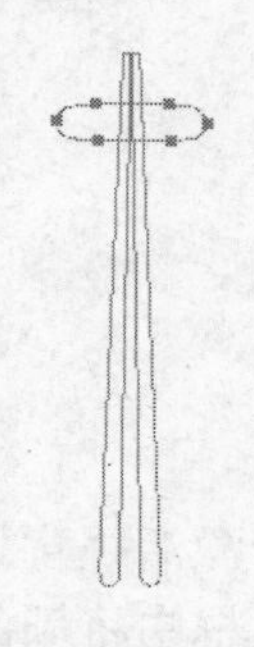

图 2-31　选择路径

3 在文档中右击，在弹出的快捷菜单中选择“建立选区”命令，将椭圆路径转换为选区，如图 2-32 所示。

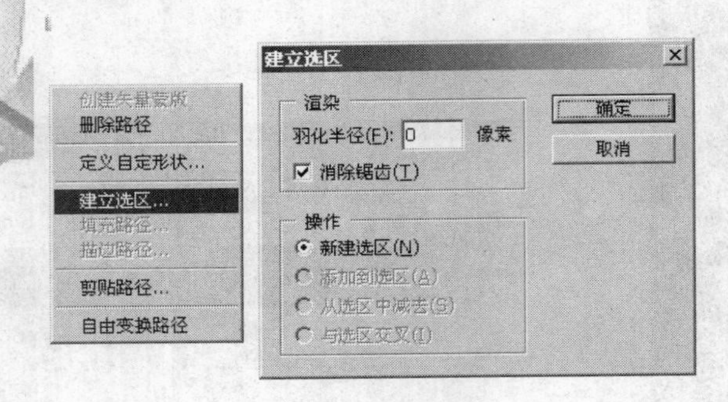

图 2-32　建立选区

4 在图层调板中新建“图层 1”，如图 2-33 所示。使用白色将选区填充，然后取消选区。

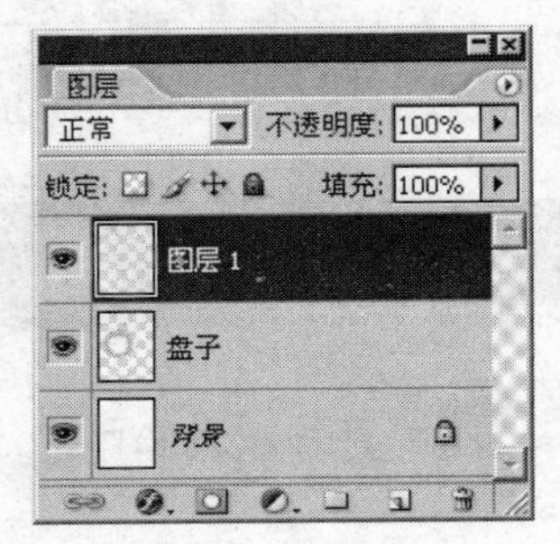

图 2-33　新建图层

5 选择筷子路径，将其转换为选区。新建图层后使用红色将其填充，如图 2-34 所示。填充后取消选区，并隐藏路径。

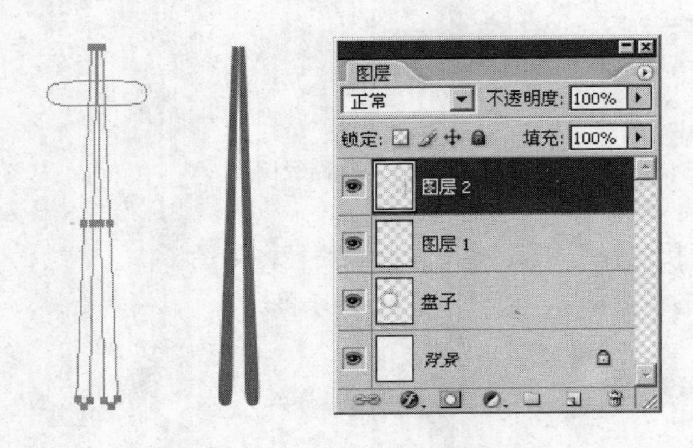

图 2-34　绘制筷子图像

6 激活“背景”图层，单击“前景色”按钮，打开“拾色器”对话框，在该对话框中将颜色设置为褐色，然后将“背景”图层填充，如图 2-35 所示。

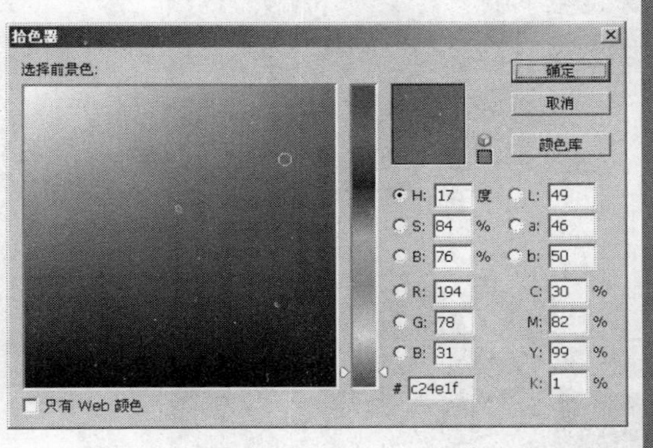

图 2-35　填充“背景”图层

7 在图层调板中双击“图层 1”的缩略图，打开“图层样式”对话框，为图像添加图层效果，如图 2-36~图 2-39 所示，添加了图层样式后的效果如图 2-40 所示。

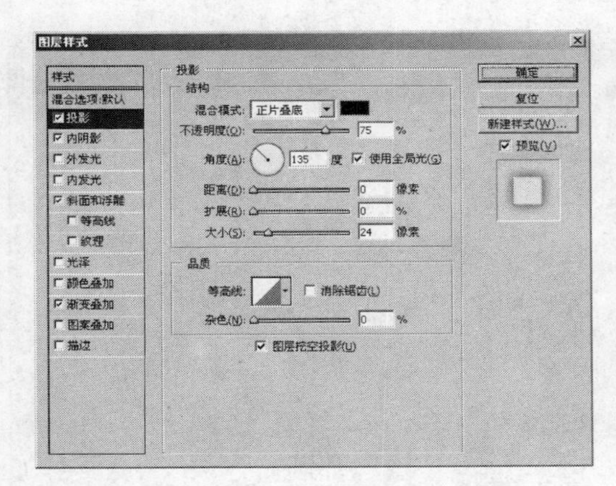

图 2-36　设置投影效果

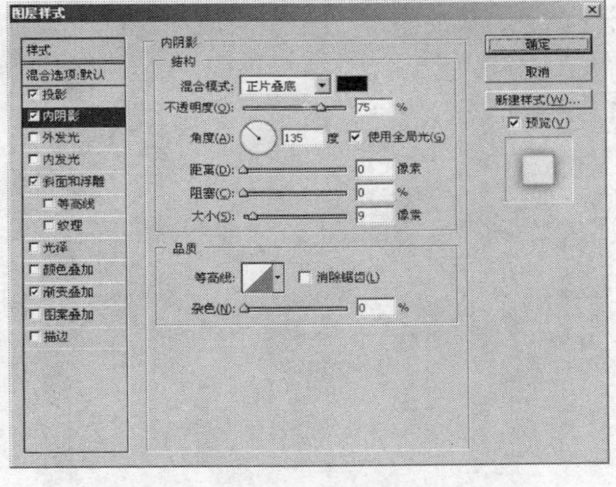

图 2-37　设置内阴影效果

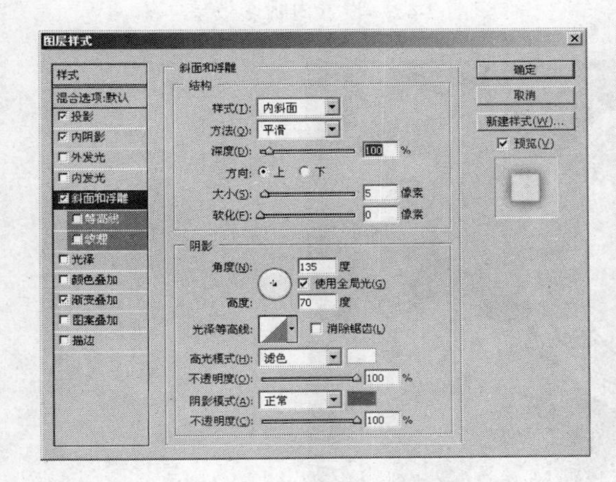

图 2-38　设置斜面和浮雕效果

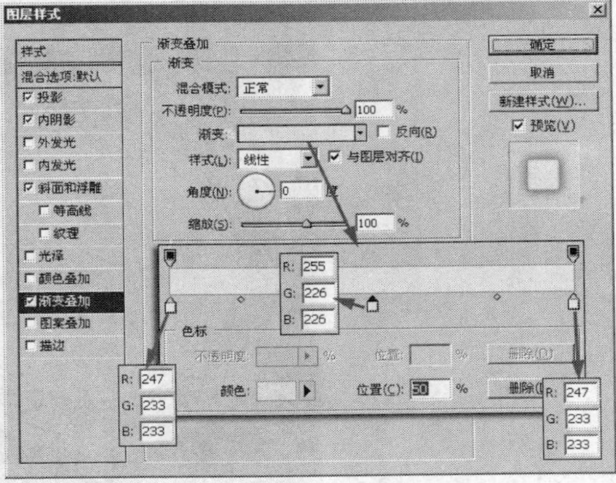

图 2-39　设置渐变叠加效果

图 2-40　设置图层样式后的效果

8 双击“图层 2”的缩略图，打开“图层样式”对话框，为图像添加图层效果，如图 2-41~图 2-43 所示，

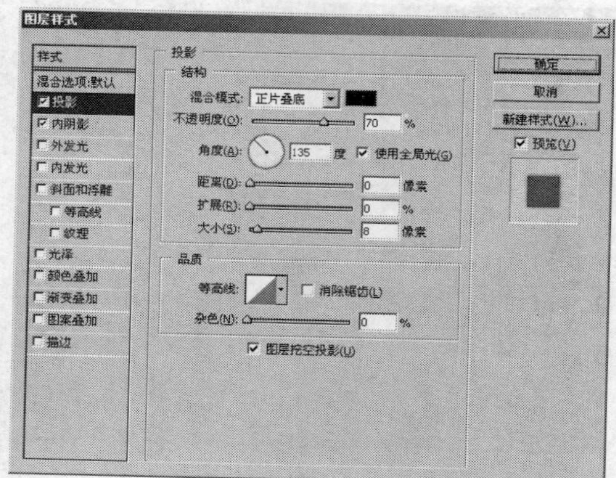

图 2-41　设置投影效果

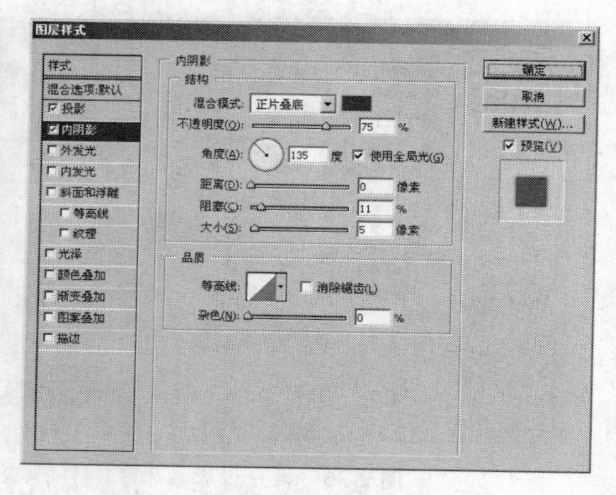

图 2-42　设置内阴影效果

图 2-43　设置后的图像效果

9 选择工具箱中的“多边形套索”工具绘制选区，如图 2-44 所示。

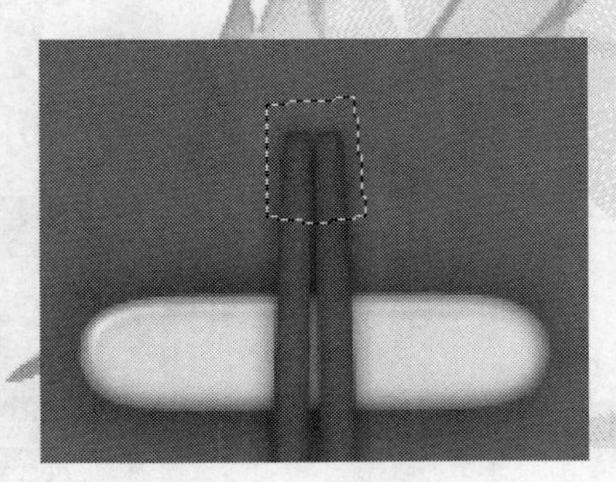

图 2-44　绘制选区

10 选择“图像”/“调整”/“色相/饱和度”命令，参照图 2-45 所示，调整图像的颜色。

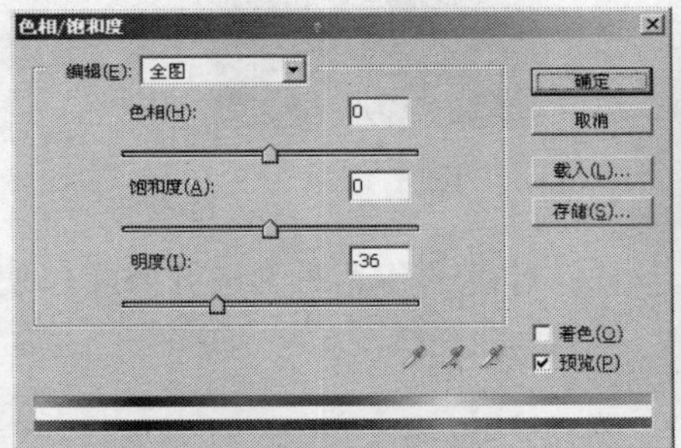

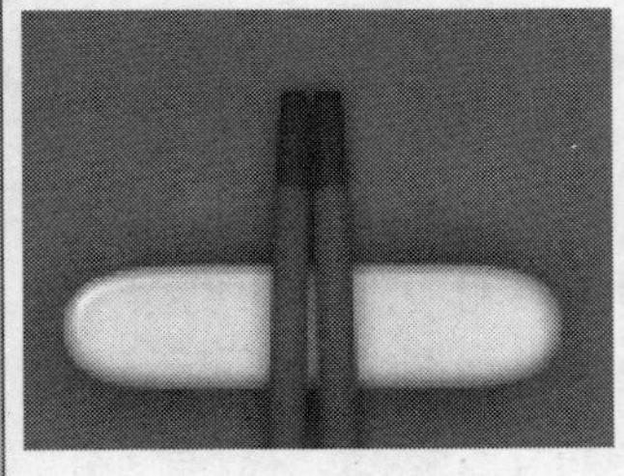

图 2-45　调整颜色

图 2-46　调整颜色

11 使用相同的方法对筷子的顶部部分颜色进行调整，如图 2-46 所示。

12 选择“直线”工具，参照图 2-47 设置工具选项栏，然后新建图层，设置“前景色”为白色，绘制筷子图像的高光效果，如图 2-48 所示。

粗细: 1 px　模式: 正常　不透明度: 100%　消除锯齿

图 2-47　设置选项栏

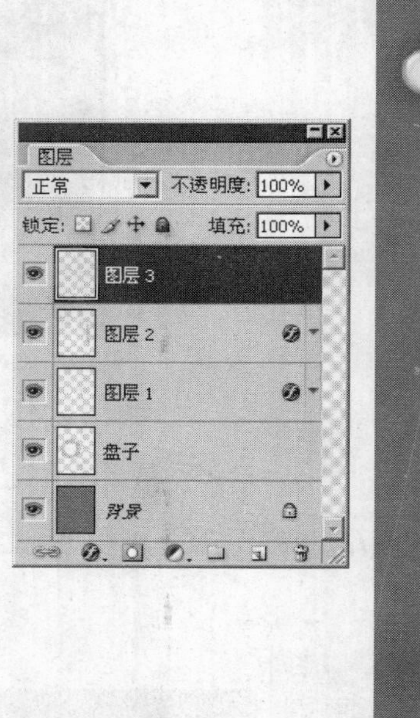

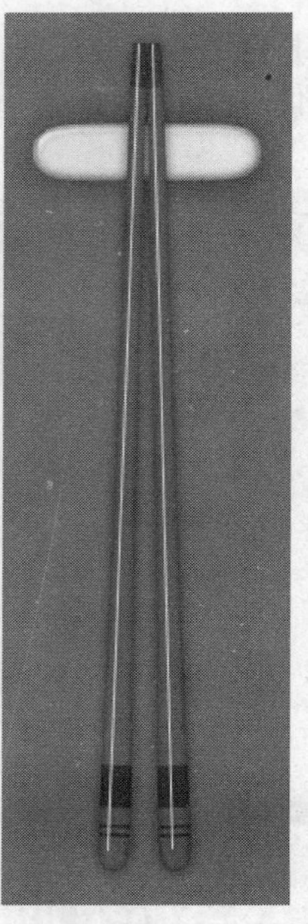

图 2-48　绘制高光

13 选择工具箱中的“橡皮擦”工具，对筷子高光两侧进行擦除，使其呈现渐变的效果，如图 2-49 所示。

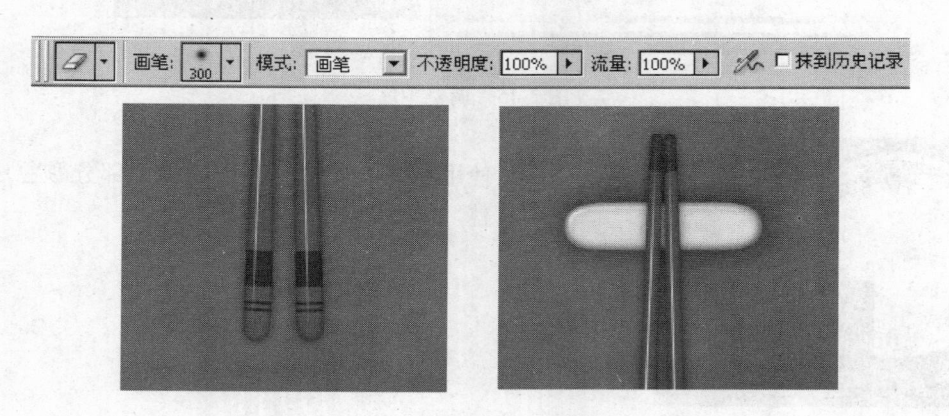

图 2-49　擦除图像

2.1.3　完成整个广告制作

1 打开本书光盘中的文件“纹样 02.psd”和“Sura-2/纹样.psd”。

2 使用“移动”工具拖动“图层 1”、“图层 2”到“餐饮店 POP 广告”文档中。然后在图层调板中，将纹样放在最底层，如图 2-50 所示，并对纹样的位置进行调整。

图 2-50　添加纹样

3 新建“图层 6”。使用“矩形选框”工具绘制一个矩形选区，如图 2-51 所示。

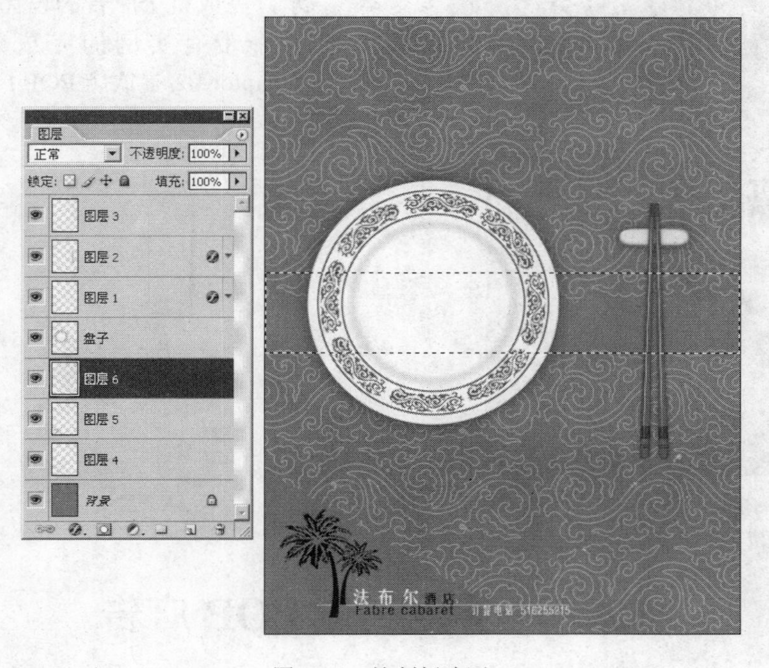

图 2-51　绘制新选区

3 设置前景色为黑色，然后使用前景色将选区填充，如图 2-52 所示。

图 2-52　填充选区

4 在图像中再加入文本信息，如图 2-53 所示，完成整个广告的设计制作。本书光盘中带有实例的完成效果：“光盘/Chapter-02/餐饮店 POP 广告.psd”。

图 2-53　完成效果

2.2　音乐会宣传 POP 广告

接下来将指导读者制作一幅怀旧爵士乐专场晚会宣传 POP 广告。该 POP 广告为了突出怀旧爵士乐的特点，整体使用棕灰色为主色调，背景为浅土黄色的亚麻桌布，主体图案为一张手写的乐谱，一张吹奏萨克斯的乐手的黑白照片覆盖在乐谱之上，与乐谱交错重叠，整体感觉很有沧桑感。文字集中在画面下部，为了突出主题，在海报左上角，有醒目的 JAZZ 字效，使构图和色彩整体较为和谐。本例将分为背景的绘制、主题图案的绘制和添加文字三部分来完成，图 2-54 为本例完成后的效果。

图 2-54　怀旧爵士乐专场晚会 POP 广告

2.2.1　背景的绘制

首先需要绘制背景，背景的绘制过程中主要使用了滤镜工具。

1　启动 Photoshop CS2。创建一个宽 1000 dpi、高 1415 dpi、分辨率为 300dpi/in，颜色模式为 RGB 的新文件，如图 2-55 所示。

图 2-55　创建新文件

2 将该文件填充为浅土黄色，如图 2-56 所示。

图 2-56　填充颜色

3 选择“滤镜”/“纹理”/“纹理化”命令，打开“纹理化”对话框。在“纹理”下拉列表框中选择“粗麻布”选项，在“缩放”参数栏中输入 200，在“凸现”参数栏中输入 2，在“光照”下拉列表框中选择“左上”选项，如图 2-57 所示。

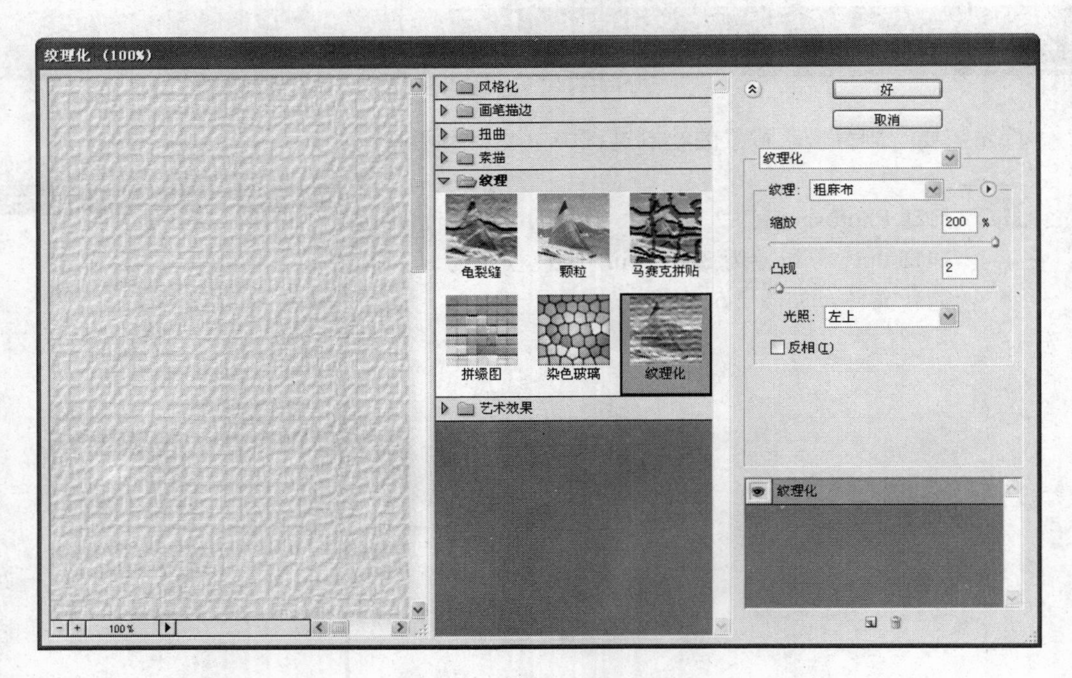

图 2-57　“纹理化”对话框

4 单击“好”按钮，退出“纹理化”对话框，纹理效果如图 2-58 所示。

5 在工具箱中激活“以快速蒙版模式编辑”按钮，进入快速蒙版编辑模式。

图 2-58　设置纹理

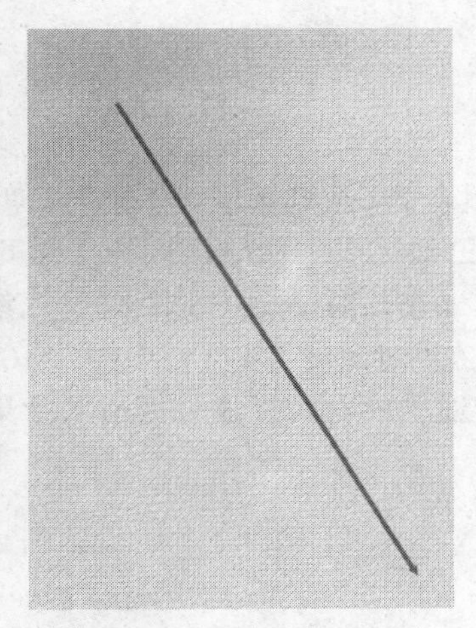

图 2-59　渐变填充

6 在工具箱中的“油漆桶工具”按钮下的下拉按钮组中选择“渐变工具”按钮，在界面顶部的属性栏中选择“径向渐变”按钮，使渐变效果为径向渐变。

7 参照图 2-59 所示的方向，设置渐变填充。

8 在工具箱中激活“以标准模式编辑”按钮，进入标准编辑模式，会发现视图中出现如图 2-60 所示的选区。

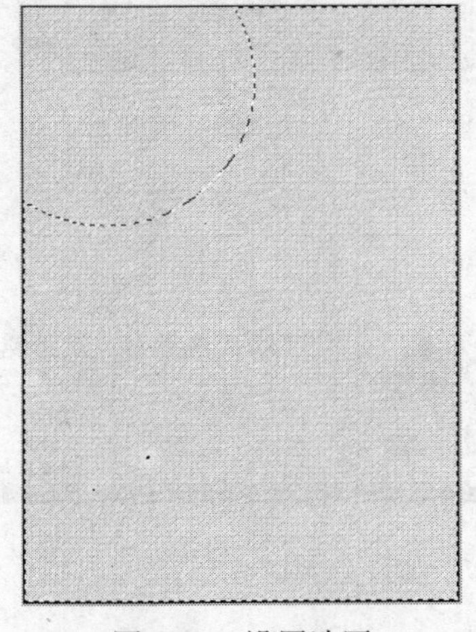

图 2-60　设置选区

9 选择“图像”/“调整”/“亮度/对比度”命令，打开“亮度/对比度”对话框。在该对话框中的“亮度”参数栏中输入-80，在“对比度”参数栏中输入-20，单击“好”按钮退出该对话框，处理后的效果如图 2-61 所示。

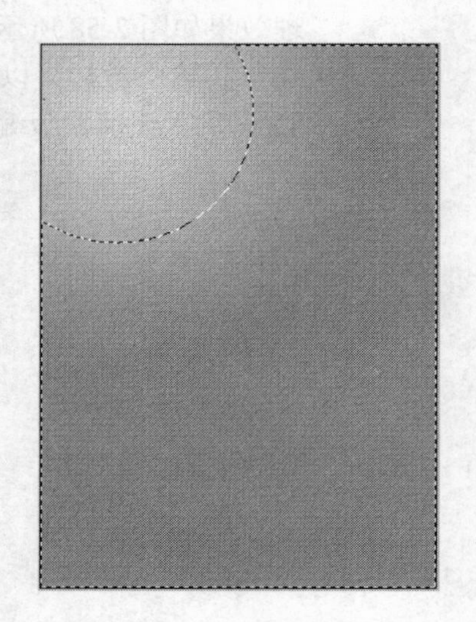

图 2-61 调整亮度和对比度

10 按 Ctrl+Shift+I 组合键，反选选区。选择“图像”/“调整”/“亮度/对比度”命令，打开“亮度/对比度”对话框。在该对话框中的“亮度”参数栏中输入 20，在“对比度”参数栏中输入 10，单击“好”按钮退出该对话框，处理后的效果如图 2-62 所示。

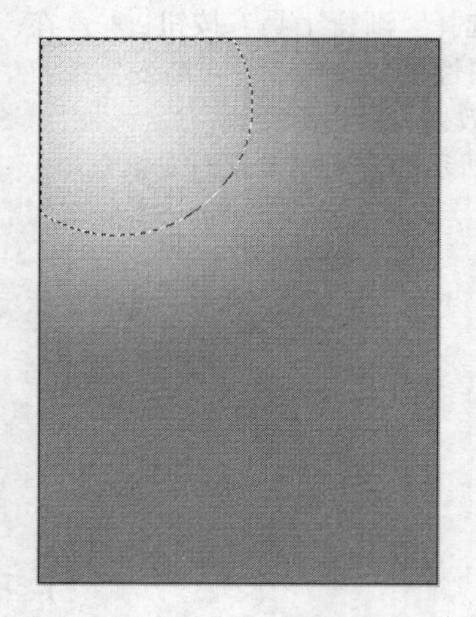

图 2-62 继续调整亮度和对比度

提示

可以使用选择、反选选区，并调整亮度和对比度的方法，根据渐变范围在画面形成光照效果。

图 2-63　设置图像饱和度

11 选择“图像”/“调整”/“色相/饱和度”命令，打开“色相/饱和度”对话框。在该对话框中的“饱和度”参数栏中输入-20，单击“好”按钮退出该对话框，处理后的效果如图 2-63 所示。

12 按 Ctrl+D 组合键，取消选区，现在背景的制作就完成了。

2.2.2　主题图案的绘制

接下来需要设置主题图案。主题图案包括乐谱和照片。

1 从本书附带的光盘中打开“Sura-2/乐谱.jpg”文件，如图 2-64 所示。

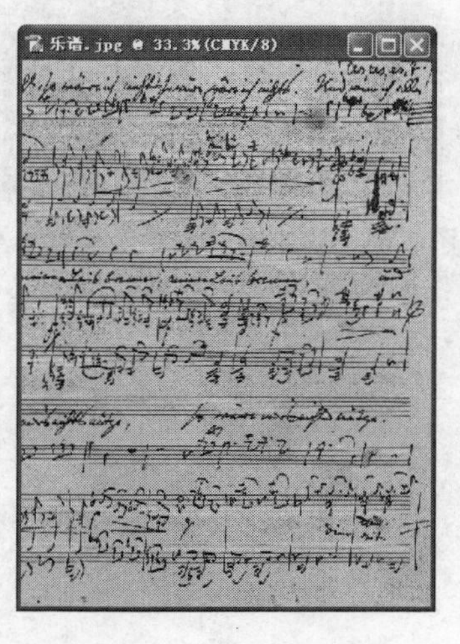

图 2-64　“乐谱.jpg”文件

2 按 Ctrl+A 组合键，全选图片，然后按 Ctrl+C 组合键，复制图片。

3 新创建一个文件，然后按 Ctrl+V 组合键，将复制的图片粘贴到新文件中。图层调板中会增加“图层 1”图层。

4 按 Ctrl+T 组合键，缩放乐谱图像，如图 2-65 所示。

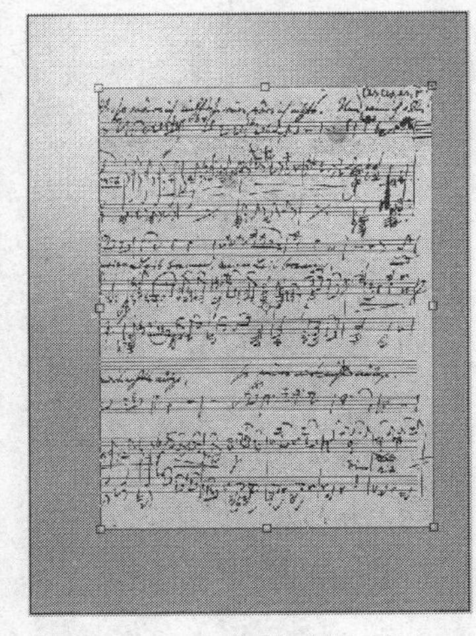

图 2-65　缩放乐谱图像

5 使用“橡皮擦工具” 将乐谱的边缘设置为参差不齐的效果，如图 2-66 所示。

图 2-66　将乐谱的边缘设置为参差不齐的效果

6 旋转并移动乐谱，将其放置于如图 2-67 所示的位置。

图 2-67　旋转并移动乐谱

7 在图层调板中选择“图层 1”图层。在该面板底部单击“添加图层样式”按钮，在弹出的菜单中选择“投影”命令，进入“图层样式”对话框中的“投影”面板。在“不透明度”参数栏中输入 50，在“角度”参数栏中输入 120，在“距离”参数栏中输入 15，在“扩展”参数栏中输入 5，在“大小”参数栏中输入 35，如图 2-68 所示。

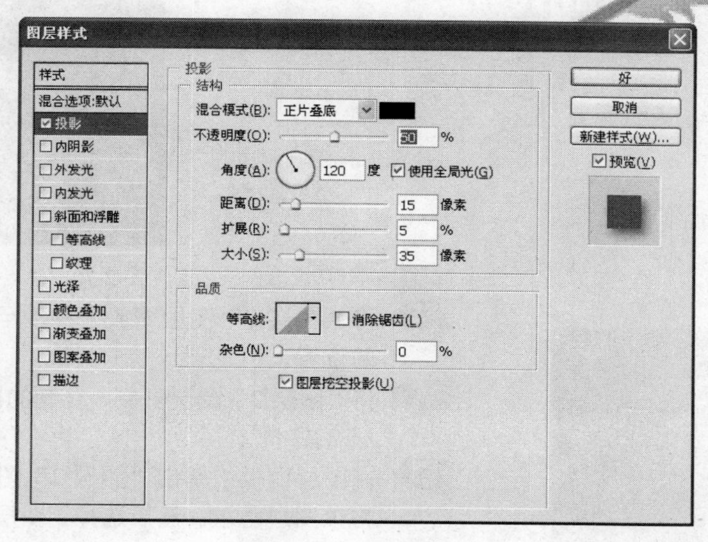

图 2-68　“投影”面板

8 单击“好”按钮，退出该对话框，投影效果如图 2-69 所示。

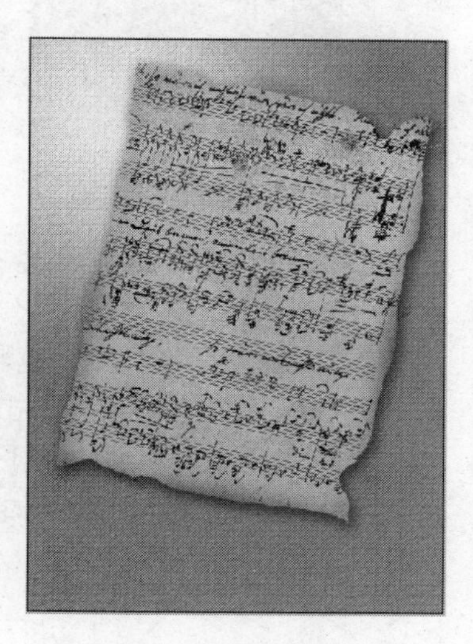

图 2-69　设置投影效果

9 从本书附带的光盘中打开“Sura-2/老照片.jpg”文件，如图 2-70 所示。

10 按 Ctrl+A 组合键，全选图片，然后按 Ctrl+C 组合键，复制图片。新创建一个文件，按 Ctrl+V 组合键，将复制的图片粘贴到新文件中。图层调板中会增加“图层 2”图层。

图 2-70 “老照片.jpg”文件

11 将“图层 2”图层缩放并移动至如图 2-71 所示的位置。

12 将“图层 2”图层复制，复制的图层名称为“图层 2 副本”。

13 在图层调板中单击“图层 2”图层前的标志，将该图层隐藏。然后选择“图层 2 副本”图层。

图 2-71 移动图层

15 选择“选择”/“色彩范围”命令，打开“色彩范围”对话框。单击“图层 2 副本”图层中人物西装部分的黑色区域，并在“颜色容差”参数栏中输入 100，如图 2-72 所示。

图 2-72 “色彩范围”对话框

16 单击“好”按钮，退出该对话框，在图像中会出现如图 2-73 所示的选区。

图 2-73　设置选区

17 按 Ctrl+Shift+I 组合键，反选选区。再按 Delete 键，删除选区内容。然后按 Ctrl+D 组合键取消选区，如图 2-74 所示。

图 2-74　删除选区内容

18 使用“橡皮擦工具”对图层的边缘进行处理，如图 2-75 所示。

图 2-75　对图层的边缘进行处理

19 隐藏“图层 2 副本”图层，显示“图层 2”图层。使用“橡皮擦工具” 对“图层 2”图层的边缘进行处理，如图 2-76 所示。

图 2-76 编辑“图层 2”图层

20 将“图层 2”图层的不透明度参数值设置为 40，然后显示“图层 2 副本”图层，如图 2-77 所示。

图 2-77 恢复“图层 2 副本”图层

21 创建一个新图层“图层 3”。选择该层，并创建如图 2-78 所示的矩形选区。

图 2-78 创建矩形选区

22 将选区填充为浅棕黄色，如图 2-79 所示。

图 2-79　填充选区

图 2-80　调整选区亮度

23 创建如图 2-80 所示的矩形选区。然后选择“图像”/“调整”/“亮度/对比度”命令，打开“亮度/对比度”对话框。在该对话框中的“亮度”参数栏中输入-40，单击“好”按钮退出该对话框。

24 创建如图 2-81 所示的矩形选区。然后选择“图像”/“调整”/“亮度/对比度”命令，打开“亮度/对比度”对话框。在该对话框中的“亮度”参数栏中输入-40，单击“好”按钮退出该对话框。

图 2-81　调整选区的亮度

25 在图层调板中选择“图层 3”图层。在该面板底部单击“添加图层样式”按钮，在弹出的菜单中选择“投影”命令，进入“图层样式”对话框中的“投影”面板。在“不透明度”参数栏中输入 50，在“角度”参数栏中输入 120，在“距离”参数栏中输入 5，在“扩展”参数栏中输入 15，在“大小”参数栏中输入 30，如图 2-82 所示。

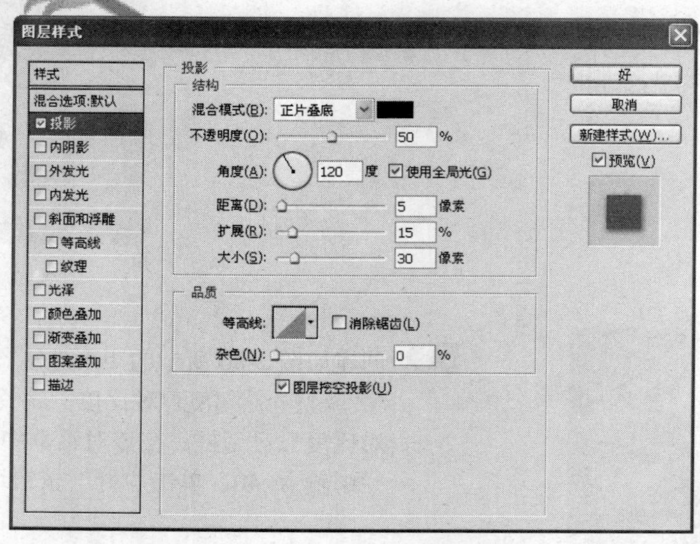

图 2-82 “投影”面板

26 单击“好”按钮，退出“图层样式”对话框。“图层 3”添加阴影后的效果如图 2-83 所示。

图 2-83 添加阴影后的效果

2.2.3 添加文字

最后需要添加文字，以传达时间、地点、音乐会名称等信息。

1 在工具箱中单击“横排文字”工具 T，在属性栏内会出现文字的属性设置。在“字体”下拉列表框中选择 Benguiat BK BT 选项，在“字体尺寸”下拉列表框中输入 45，在“字体颜色”显示窗内选择橘黄色，然后在如图 2-84 所示的位置输入文字“JAZZ”。

图 2-84 输入文字

图 2-85 设置字体尺寸

2 单击“横排文字”工具 T，选择“J”，在选项栏中的“字体尺寸”下拉列表框中输入 70，使该字母略大，如图 2-85 所示。

3 在图层调板中选择“JAZZ”图层，在该面板底部单击“添加图层样式”按钮，在弹出的菜单中选择“投影”命令，进入“图层样式”对话框中的“投影”面板。在“不透明度”参数栏中输入 70，在“角度”参数栏中输入 120，在“距离”参数栏中输入 0，在“扩展”参数栏中输入 5，在“大小”参数栏中输入 15，如图 2-86 所示。

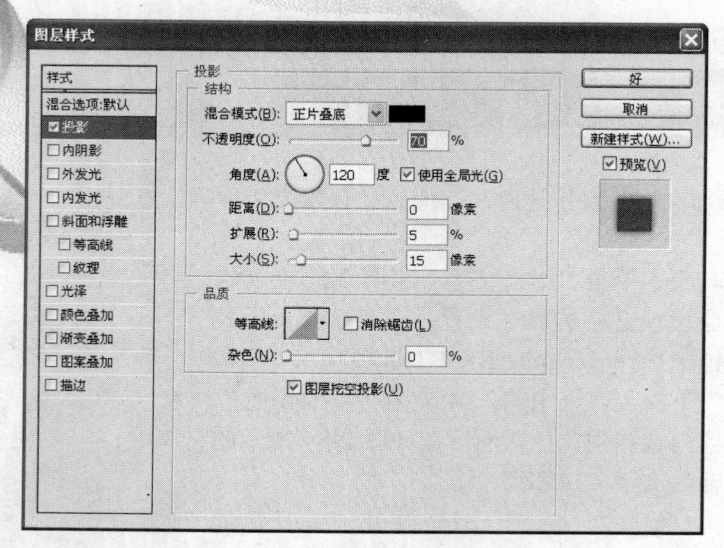

图 2-86 “图层样式”对话框

4 单击“好”按钮，退出“图层样式”对话框，字体阴影效果如图 2-87 所示。

图 2-87 设置字体阴影效果

5 在工具箱中单击“横排文字”工具 T，在属性栏中会出现文字的属性设置。在“字体”下拉列表框中选择“黑体”选项，在“字体尺寸”下拉列表框中输入 16，在“字体颜色”颜色窗中选择黑色，然后在如图 2-88 所示的位置输入“12 月 22 日晚 18 时 天籁音乐大厅隆重推出”。

图 2-88 输入文字

6 在工具箱中单击“横排文字”工具 T，在属性栏中会出现文字的属性设置。在“字体”下拉列表框中选择“方正姚体”选项，在“字体尺寸”下拉列表框中输入 18，在“字体颜色”颜色窗中选择白色，然后在如图 2-89 所示的位置输入“怀旧音乐专场”。

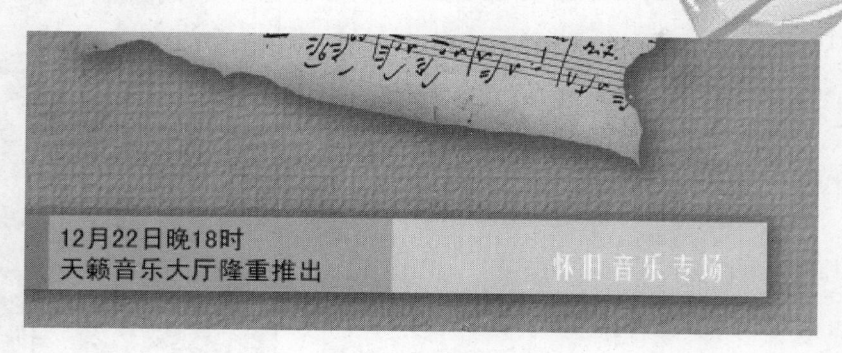

图 2-89　输入文字

7 在工具箱中单击“横排文字”工具 T，在属性栏中会出现文字的属性设置。在“字体”下拉列表框中选择“方正姚体”选项，在“字体尺寸”下拉列表框中输入 30，在“字体颜色”颜色窗中选择黑色，然后在如图 2-90 所示的位置输入“永远的爵士”。

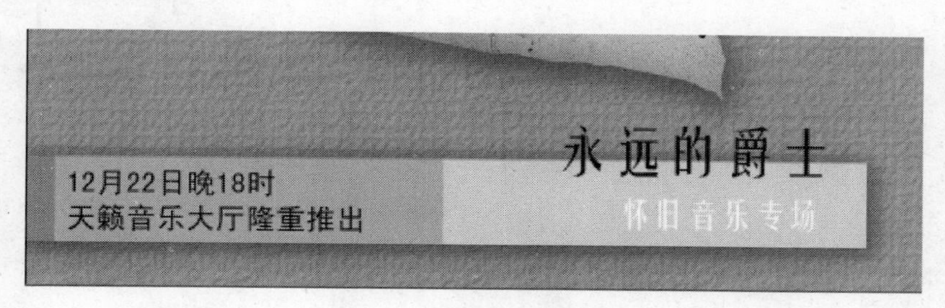

图 2-90　输入音乐会名称

8 在图层调板中选择“永远的爵士”图层。在该面板底部单击“添加图层样式”按钮，在弹出的菜单中选择“投影”命令，进入“图层样式”对话框中的“投影”面板。在“不透明度”参数栏中输入 75，在“角度”参数栏中输入 120，在“距离”参数栏中输入 5，在“扩展”参数栏中输入 0，在“大小”参数栏中输入 5，单击“好”按钮，退出“图层样式”对话框，字体阴影效果如图 2-91 所示。

图 2-91　字体阴影效果

9 现在本例就全部完成了，完成后的效果如图 2-92 所示。如果在制作的过程中遇到了什么问题，可以打开本书光盘中附带的文件“Sura-2/POP.psd”，这是本例完成后的文件。

图 2-92　怀旧爵士乐专场晚会 POP 广告最终效果

第3章 DM广告设计

本章重点：

1. DM 广告的制作方法
2. Photoshop CS2 滤镜的应用
3. CorelDRAW X3 图层的应用

DM 是指印刷形式的宣传页，内容多为产品或商业活动的介绍。这种广告通常以免费散发的形式进行传播，设计精美，印刷质量高，文字内容包含重要的产品或活动信息。在本章中，将指导读者制作两幅 DM 广告，使读者了解 DM 广告的具体制作和设计方法，以及 Photoshop CS2 和 CorelDRAW X3 软件相关工具的应用方法。

3.1 制作 BLINK USB 照相机的 DM 广告

BLINK USB 照相机是一种全新的电子产品。该产品集照相机和 U 盘的功能于一体，既能够拍照，又能够作为 U 盘使用。该产品外形小巧简洁，色彩以黑橙搭配为主，极具现代感。在本节中，将制作一个 BLINK USB 照相机的 DM 广告。广告页面为正方形，BLINK USB 照相机位于画面的中央，背景为两个开心的年轻人，经过了虚化处理。图 3-1 位本章练习完成后的效果。

图 3-1　BLINK USB 照相机 DM 广告

3.1.1 在 CorelDRAW X3 中绘制 BLINK USB 照相机

BLINK USB 照相机造型较为简单，其绘制工作将在 CorelDRAW X3 中完成。

1. 绘制 BLINK USB 照相机底部

1 启动 CorelDRAW X3，创建一个新的 A4 页面。

2 单击“矩形工具”按钮绘制一个宽度为 65 mm，高度为 20 mm 的矩形，如图 3-2 所示。

图 3-2　绘制矩形

3 选择矩形，在其属性栏中的四个“边角圆滑度”参数栏中均输入 90，如图 3-3 所示。

图 3-3　设置矩形圆角

4 将圆角矩形填充为黑色，并取消其轮廓线。按 Ctrl+D 组合键，将矩形复制。

5 选择两个矩形，在属性栏中单击“对齐和属性”按钮，打开“对齐与分布”对话框。在该对话框中选择横排和竖排的“中”复选框，然后单击“应用”按钮，使这两个图形沿中心点对齐。单击“关闭”按钮，退出该对话框。

6 选择顶层的矩形，将其填充为白色，设置其轮廓线为黑色。在工具箱中单击“交互式轮廓线工具”按钮，绘制图形的轮廓线。在属性栏中的“轮廓图步数”参数栏中输入 1，在轮廓图偏移参数栏中输入 3，轮廓线效果如图 3-4 所示。

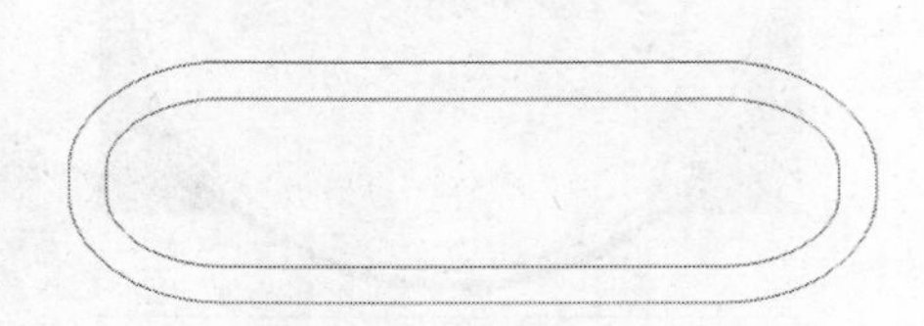

图 3-4　设置图形轮廓线

7 右击设置轮廓后的图形，在弹出的快捷菜单中选择“拆分”按钮，将图形拆分。选择拆分后的两个图形，在属性栏中单击“后减前”按钮，将图形剪切，如图 3-5 所示。

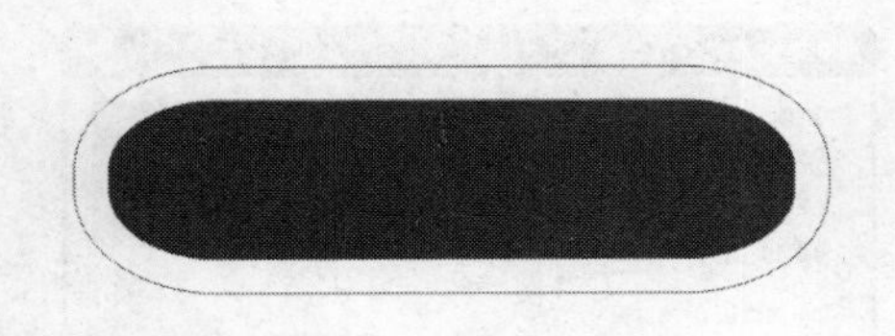

图 3-5　剪切图形

8 在工具箱中单击“椭圆工具”按钮，按住 Ctrl 键不放，在如图 3-6 所示的位置绘制一个正圆。选择新绘制的正圆，在属性栏中的（宽度）和（高度）参数栏中均输入 18.5。

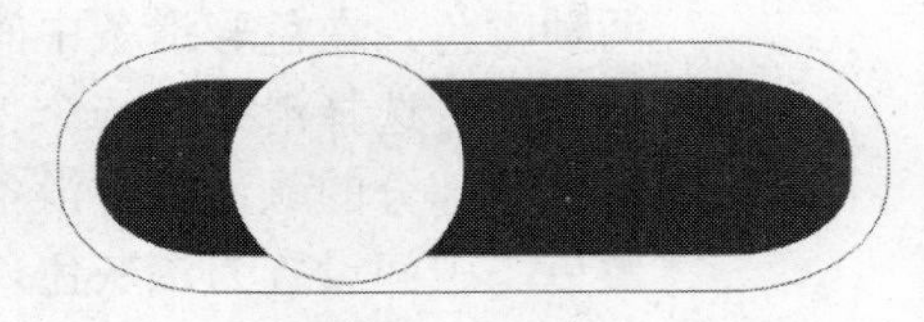

图 3-6　绘制正圆

9 选择所有的图形。在属性栏中单击“对齐和属性”按钮，打开“对齐与分布”对话框。在该对话框中选择竖排的“中”复选框，然后单击“应用”按钮，使图形沿水平中心对齐。

10 在工具箱中单击“交互式轮廓线工具”按钮，在圆形内部新绘制图形的轮廓线。在属性栏的“轮廓图步数”参数栏中输入 4，在轮廓图偏移参数栏中输入 0.3，轮廓线效果如图 3-7 所示。

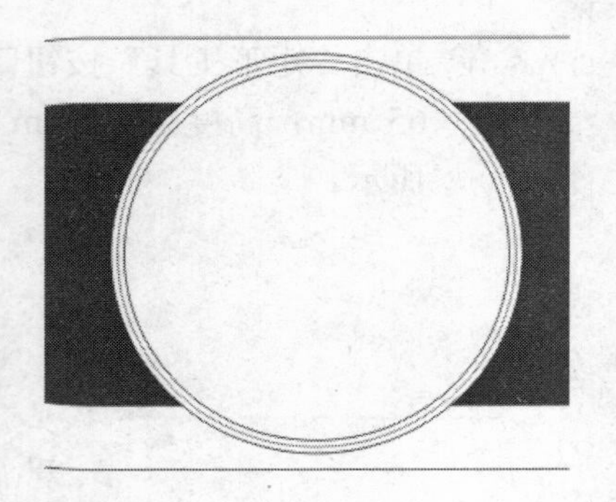

图 3-7　设置图形轮廓

11 将圆形拆分。选择拆分后最外侧的圆形和修剪后的矩形，在属性栏中单击“后减前”按钮，将图形剪切，如图 3-8 所示。

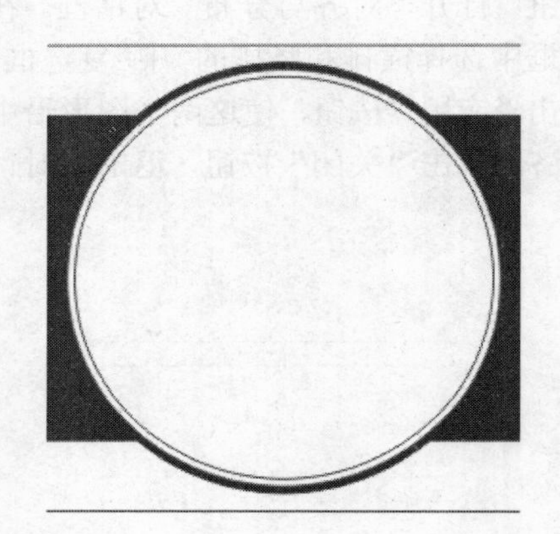

图 3-8　修剪图形

12 选择修剪后的矩形。单击“填充工具”下拉按钮组中的“渐变填充工具”按钮，打开“渐变填充方式”对话框。在“类型”下拉列表框中选择“射线”选项。然后选择“自定义”单选按钮，这时可以自定义渐变颜色。默认状态下，在色彩滑条中有两种颜色。在色彩滑条中间双击，会多一种颜色。选择滑条上一个色彩点，可以设置这一部分的颜色。将滑条最左侧设置为黑色，中间设置为深灰色，最右侧设置为接近白色的浅灰色，如图 3-9 所示。

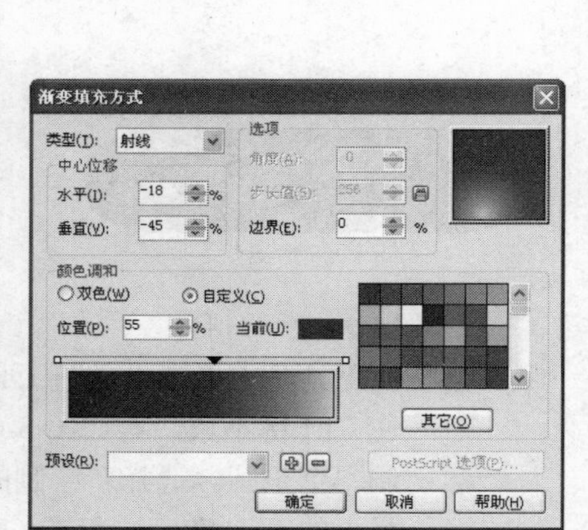

图 3-9　“渐变填充方式”对话框

13 单击“确定”按钮，退出“渐变填充方式”对话框。在工具箱中单击“交互式填充”按钮，参照图 3-10 编辑填充效果。

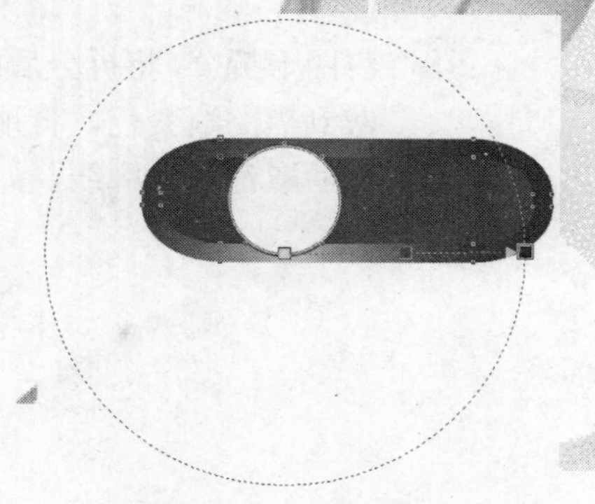

图 3-10　制作填充效果

提示

“交互式填充”按钮可以对渐变色填充进行编辑，包括对徒刑或轮廓线的填充。

14 选择修剪后的矩形。在工具箱中单击“交互式透明”按钮，拖动鼠标，这时会出现一个连接黑色和白色色块的图标，其中黑色色块表示完全透明的部分，白色色块表示完全不透明的部分，中间的连线表示其过渡部分。参照 3.11 编辑图标，然后取消所有图形的轮廓线。

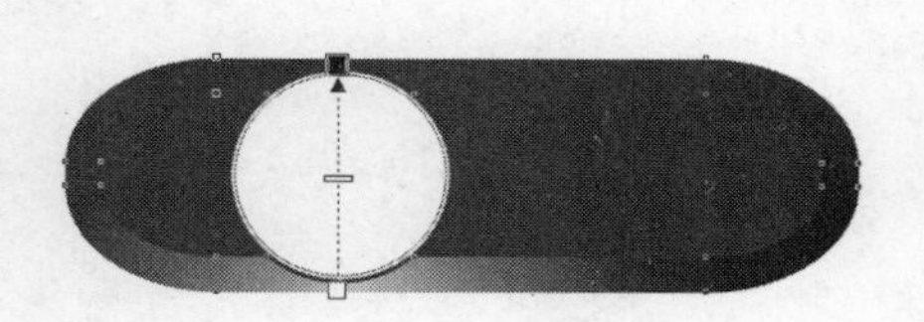

图 3-11　制作图形的不透明效果

15 在工具箱中单击“椭圆工具”按钮，按住 Ctrl 键不放，在如图 3-12 所示的位置绘制一个正圆。选择新绘制的正圆，在属性栏中的（宽度）和（高度）参数栏中均输入 12。

图 3-12　绘制正圆

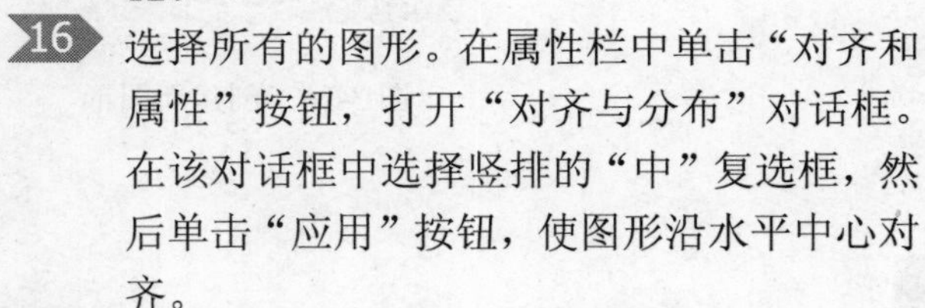

16 选择所有的图形。在属性栏中单击“对齐和属性”按钮，打开“对齐与分布”对话框。在该对话框中选择竖排的“中”复选框，然后单击“应用”按钮，使图形沿水平中心对齐。

17 在工具箱中单击“交互式轮廓线工具”按钮，在圆形内部新绘制图形的轮廓线，在属性栏中的“轮廓图步数”参数栏中输入 1，在轮廓图偏移参数栏中输入 0.3，轮廓线效果如图 3-13 所示。

图 3-13　制作图形轮廓

18 将图形拆分，将拆分后的底部图形填充为由灰到黑的渐变色，将顶部图形填充为黑色，然后取消其轮廓线，如图 3-14 所示。

图 3-14　拆分图形

19 在如图 3-15 所示的位置绘制一个矩形，并将其填充为深灰色。

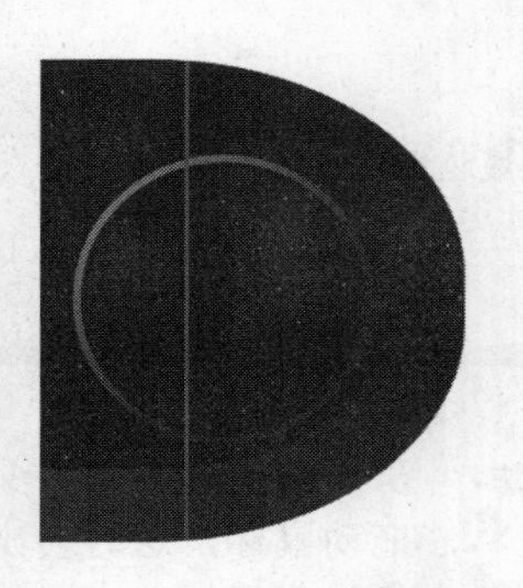

图 3-15　绘制并填充矩形

20 创建如图 3-16 所示的图形。将图形填充为白色，并取消其轮廓线。

图 3-16　创建新图形

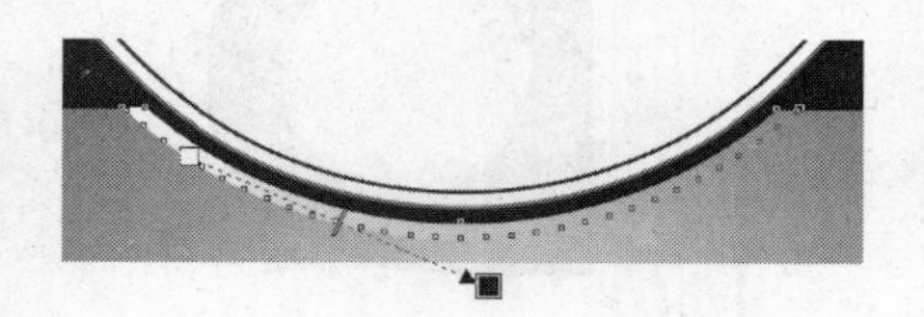

图 3-17　编辑不透明度

21 在工具箱中单击“交互式透明”按钮，拖动鼠标，编辑不透明度如图 3-17 所示。

22 交互式透明在编辑时非常灵活，可以直接从调色板将色块拖动至连线部分或色点，来改变对象的不透明度状态。参照图 3-18 编辑图形。

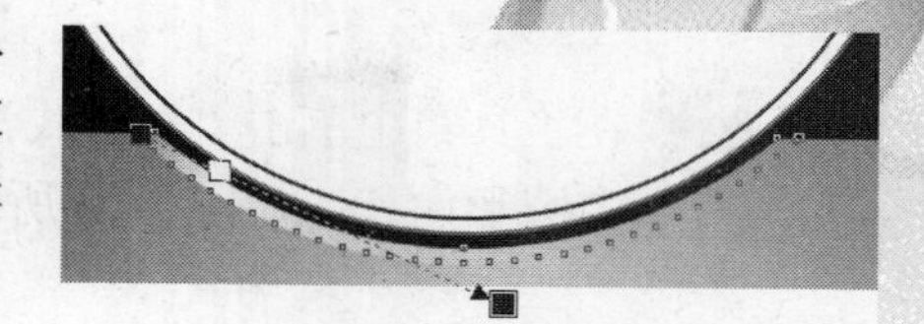

图 3-18 编辑图形的不透明度

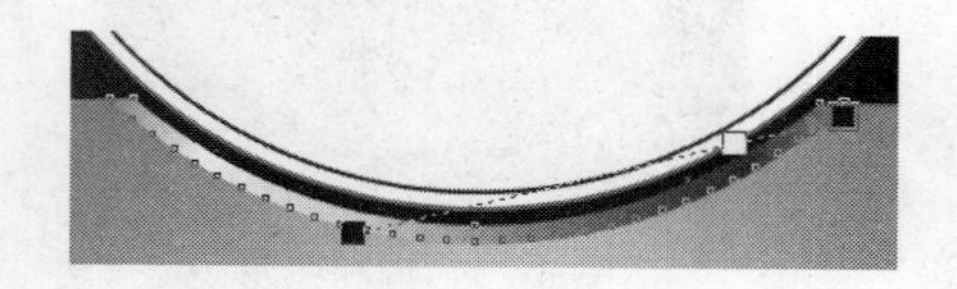

图 3-19 编辑图形

23 将该图形复制，将复制的图形填充为黑色，将两个图形沿中心点对齐，然后参照图 3-19 编辑其不透明度。

24 现在照相机底部就绘制完成了，如图 3-20 所示

图 3-20 相机底部完成后的效果

2. 绘制 BLINK USB 照相机镜头部分

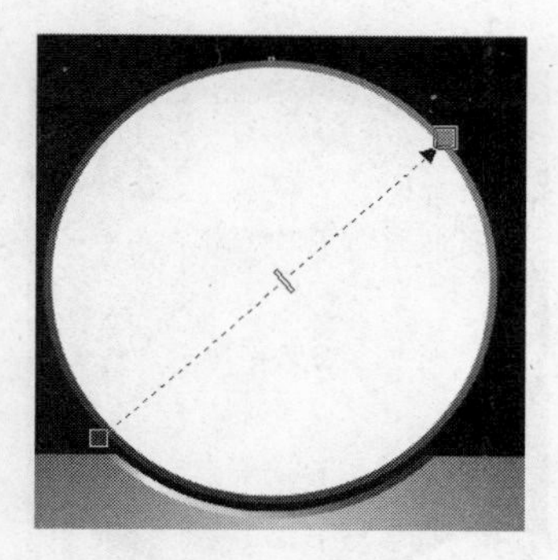

图 3-21 填充圆形

1 将如图 3-21 所示的圆形填充为由深橙红色到浅橙红色的渐变色。

2 将如图 3-22 所示的圆形填充为橙红色。

图 3-22 填充顶层圆形

3 在工具箱中单击“交互式混合”按钮，将两个圆形调和，如图3-23所示。

图3-23　调和图形

图3-24　绘制圆形

4 创建一个直径为14.5 mm的圆形，并使其与底部的圆形沿中心点对齐。将其填充为浅灰色，并取消其轮廓线，如图3-24所示。

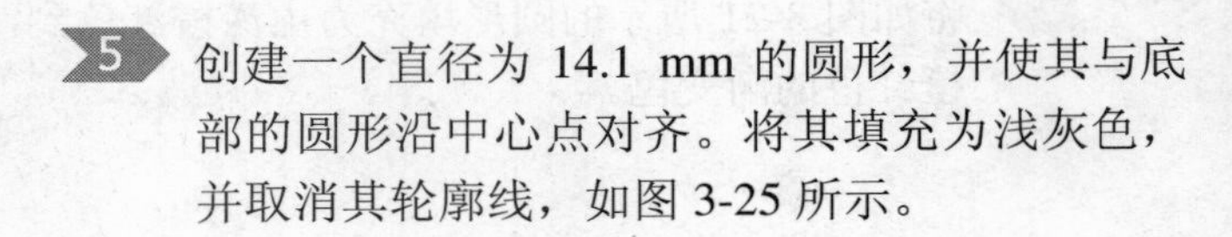

5 创建一个直径为14.1 mm的圆形，并使其与底部的圆形沿中心点对齐。将其填充为浅灰色，并取消其轮廓线，如图3-25所示。

图3-25　填充圆形

图3-26　绘制圆形

6 创建一个直径为5 mm的圆形，使其与底部的圆形沿水平线对齐。将其填充为橙红色，并取消其轮廓线，如图3-26所示。

7 创建一个直径为 5 mm 的圆形，使其与底部的圆形沿中心点对齐，将其填充为橙色向柠檬黄色过渡的渐变色，并取消其轮廓线，如图 3-27 所示。

图 3-27　设置渐变填充

8 接下来绘制显示器和底盘。创建一个直径为 11 mm 的圆形，使其与底部的圆形沿水平线对齐，将其填充为橙红色向橘黄色过渡的渐变色，并取消其轮廓线，如图 3-28 所示。

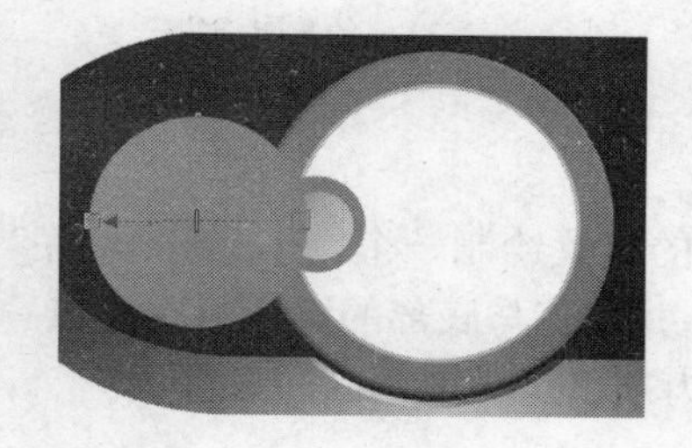

图 3-28　绘制圆形

9 创建一个直径为 9 mm 的圆形，使其与底部的圆形沿中心点对齐，将其填充为橘黄色向橙红色过渡的渐变色，并取消其轮廓线，如图 3-29 所示。

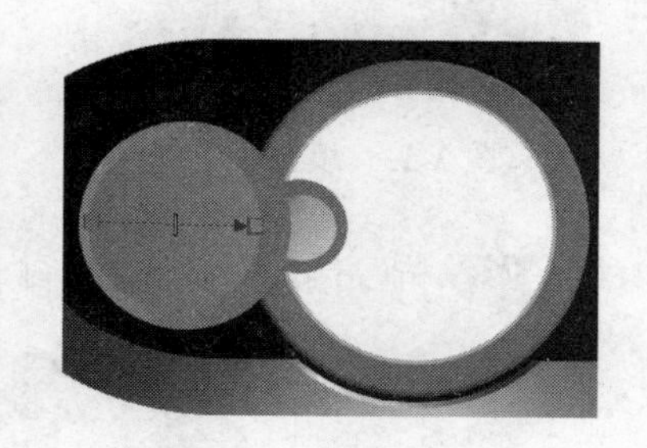

图 3-29　渐变填充

10 选择新绘制的两个圆形，按 Ctrl+PageDown 组合键，使其层次下降，将其放置于如图 3-30 所示的层次。

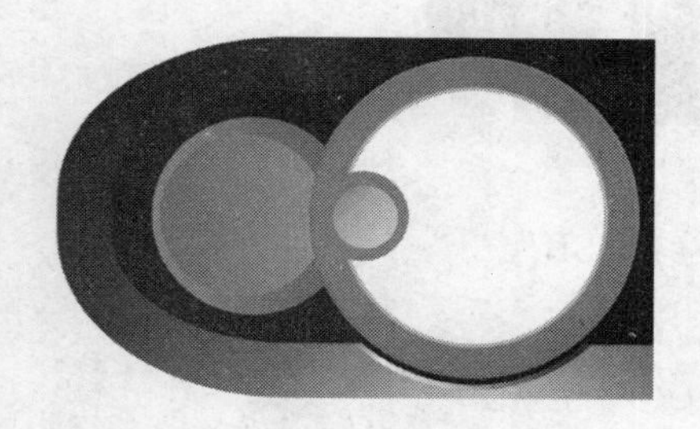

图 3-30　编辑图形图层

提示

使用 Shift+Page Down 和 Shift+Page Up 组合键，能够使所选图形直接到最顶层或最低层，使用 Ctrl+Page Down 和 Ctrl+Page Up 组合键，能够使所选图层逐层上升或下降。

11 在如图 3-31 所示的位置绘制一个宽 2.5 mm，高 3.5 mm 的矩形，并使其与底部的圆形沿水平线对齐，将其填充为黑色，并取消其轮廓线。

图 3-31　绘制矩形

12 在如图 3-32 所示的位置绘制一个宽 1.5 mm，高 2.0 mm 的矩形，并使其与底部的矩形沿中心点对齐，将其填充为灰色，并取消其轮廓线。

图 3-32　填充矩形

13 现在相机镜头的绘制工作就全部完成了，效果如图 3-33 所示。

图 3-33　完成后的相机镜头

14 将图形导出为 PSD 格式的文件，并将其命名为“USB”。

3.1.2　在 Photoshop CS2 中编辑 DM 广告

接下来在 Photoshop CS2 中制作 DM 广告，在 Photoshop CS2 中需要制作背景图案并对 USB 进行细节上的处理。

1. 编辑背景图案

1 启动 Photoshop CS2。选择“文件”/“新建”命令，打开“新建”对话框。在“名称”文本框中输入“USB 广告”，在“宽度”和“高度”参数栏中均输入 1182，设置单位为“像素”，在“分辨率”参数栏中输入 150，在“颜色模式”下拉列表框中选择 RGB 选项，设置背景颜色为白色。单击“好”按钮，退出该对话框，创建一个新的文件。

2 从本书附带的光盘中打开“Sura-3/人物背景.jpg”文件，如图 3-34 所示。

图 3-34　“人物背景.jpg”文件

图 3-35　粘贴图片

3 按 Ctrl+A 组合键，全选图片，然后按 Ctrl+C 组合键，复制图片。切换到“USB 广告.psd”文件，按 Ctrl+V 组合键，将复制的图片粘贴到该文件中。图层调板中会增加“图层 1”图层。

6 在工具箱中激活“以快速蒙版模式编辑”按钮，进入快速蒙版编辑模式。

7 在工具箱中的“油漆桶工具”按钮下的下拉按钮组中选择“渐变工具”按钮，在属性栏内单击“径向渐变”按钮，在如图 3-36 所示的位置拖动鼠标，创建一个选区。

图 3-36　设置径向渐变填充

8 在工具箱中激活 "以标准模式编辑"按钮，进入标准编辑模式，会发现视图中出现如图 3-37 所示的选区。

图 3-37 单击按钮后出现的选区

9 选择"图像"/"调整"/"色相/饱和度"命令，打开"色相/饱和度"对话框。在该对话框中的"饱和度"参数栏中输入 -80，在"明度"参数栏中均输入 30，单击"好"按钮，退出该对话框，效果如图 3-38 所示。

图 3-38 设置饱和度和明度

10 选择"滤镜"/"模糊"/"高斯模糊"命令，打开"高斯模糊"对话框。在该对话框中的"半径"参数栏中输入 6，单击"好"按钮，退出该对话框，效果如图 3-39 所示。

图 3-39 设置模糊效果

11 选择"滤镜"/"艺术效果"/"海报边缘"命令，打开"海报边缘"对话框。在该对话框中的"边缘厚度"参数栏中输入 4，在"边缘强度"参数栏中输入 1，在"海报化"参数栏中输入 6，单击"好"按钮，退出该对话框，取消选区，效果如图 3-40 所示。

图 3-40 设置海报效果

2. 编辑相机镜头并添加文字

图 3-41 粘贴图层并调整其位置

1 从本书附带的光盘中打开"Sura-3/USB.psd"文件，按 Ctrl+A 组合键，全选图片，然后按 Ctrl+C 组合键，复制图片。切换到"USB 广告.psd"文件，按 Ctrl+V 组合键，将复制的图片粘贴到该文件中。图层调板中会增加"图层 2"图层。将"图层 2"图层内容移动至如图 3-41 所示的位置。

2 在图层调板中选择"图层 2"图层。在该面板底部单击"添加图层样式"按钮 ，在弹出的菜单中选择"斜面和浮雕"命令，进入"斜面和浮雕"面板。在"样式"下拉列表框中选择"内斜面"选项，在"方法"下拉列表框中选择"平滑"选项，在"深度"参数栏中输入 100，在"大小"参数栏中输入 5，在"软化"参数栏中输入 0，在"角度"参数栏中输入-140，在"高度"参数栏中输入 30。

3 在"图层样式"对话框左侧单击"外发光"选项，进入"外发光"面板。将该面板内的颜色窗中的颜色设置为白色，在"扩展"参数栏中输入 5，在"大小"参数栏中输入 100。单击"好"按钮，退出该对话框，图层效果如图 3-42 所示。

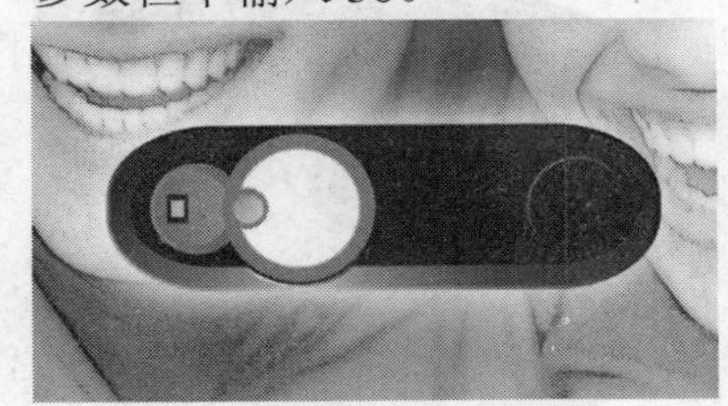

图 3-42 设置图层样式

4 在图层调板中单击“创建新图层”按钮，创建一个新的图层“图层 3”。在工具箱中单击“椭圆选框工具”按钮，按住 Ctrl 键不放，在如图 3-43 所示的位置创建一个圆形选区，然后将其填充为蓝色。

图 3-43　创建并填充选区

5 在图层调板中选择“图层 3”图层。在该面板底部单击“添加图层样式”按钮，在弹出的菜单中选择“斜面和浮雕”命令，进入“斜面和浮雕”面板。在“样式”下拉列表框中选择“内斜面”选项，在“方法”下拉列表框中选择“平滑”选项，在“深度”参数栏中输入 300，在“大小”参数栏中输入 35，在“软化”参数栏中输入 0，在“角度”参数栏中输入-145，在“高度”参数栏中输入 55，在“高光模式”下拉列表框中选择“滤色”选项，在“不透明度”参数栏中输入 75，在“暗调模式”下拉列表框中选择“滤色”选项，在“不透明度”参数栏中输入 75。单击“好”按钮退出该对话框，图层效果如图 3-44 所示。

图 3-44　编辑镜头效果

6 在工具箱中单击“设置前景色”色块，打开“拾色器”对话框，将前景色设置为浅灰色。在工具箱中单击“横排文字”工具 T，在选项栏中会出现文字的属性设置。在“字体”下拉列表框中选择 Arial Black 选项，在“字体尺寸”下拉列表框中输入 12，然后在如图 3-45 所示的位置输入文字“BLINK”。这时在图层调板中会出现 BLINK 层。

图 3-45　添加文字

7 在图层调板中选择“BLINK”图层，在该面板底部单击“添加图层样式”按钮，在弹出的菜单中选择“内投影”命令，进入“图层样式”对话框中的“内投影”面板。在“不透明度”参数栏中输入 75，在“距离”参数栏中输入 2，在“扩展”参数栏中输入 0，在“大小”参数栏中输入 2。单击“好”按钮退出该对话框，图层效果如图 3-46 所示。

图 3-46　设置字体内投影效果

8 在工具箱中单击“设置前景色”色块，打开“拾色器”对话框，将前景色设置为橙红色。在工具箱中单击“横排文字”工具 T，在选项栏中会出现文字的属性设置。在“字体”下拉列表框中选择 Myriad 选项，在“字体尺寸”下拉列表框中输入 8，然后在如图 3-47 所示的位置输入文字“128 MB”。这时在图层调板中会出现“128 MB”图层。

图 3-47　输入文字

9 在工具箱中单击“设置前景色”色块，打开“拾色器”对话框，将前景色设置为白色。在工具箱中单击“横排文字”工具 T，在选项栏中会出现文字的属性设置。在“字体”下拉列表框中选择 Myriad 选项，在“字体尺寸”下拉列表框中输入 8，然后在如图 3-48 所示的位置输入文字“WEARABLE DIGITAL CAMERA”。这时在图层调板中会出现“WEARABLE DIGITAL CAMERA”图层。

图 3-48　添加文字

10 在工具箱中单击“设置前景色”色块，打开“拾色器”对话框，将前景色设置为黑色。在工具箱中单击“横排文字”工具 T，在选项栏中会出现文字的属性设置。在“字体”下拉列表框中选择“方正姚体”选项，在“字体尺寸”下拉列表框中输入 20，然后在如图 3-49 所示的位置输入文字“美好瞬间　尽在掌握”。这时在图层调板中会出现“美好瞬间　尽在掌握”图层。

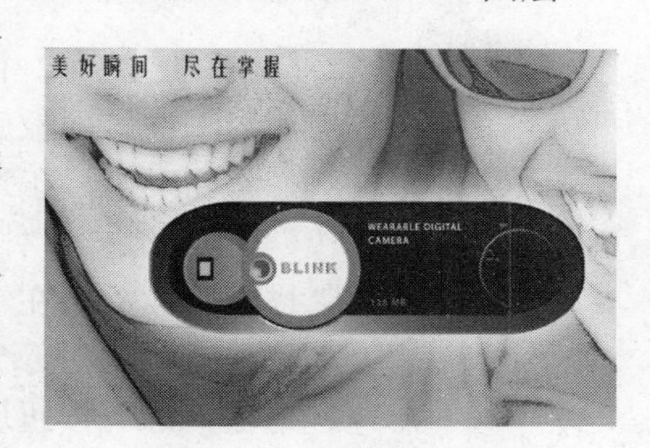

图 3-49　添加广告语

11 在工具箱中单击“设置前景色”色块，打开“拾色器”对话框，将前景色设置为白色。在工具箱中单击“横排文字”工具 T，在选项栏中会出现文字的属性设置。在“字体”下拉列表框中选择“方正姚体”选项，在“字体尺寸”下拉列表框中输入 24，然后在如图 3-50 所示的位置输入文字“BLINK USB 照相机”。这时在图层调板中会出现“BLINK USB 照相机”图层。

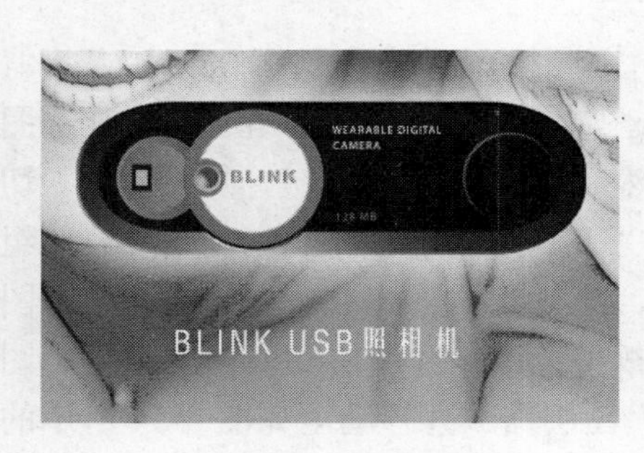

图 3-50　输入文字

12 将“BLINK USB 照相机”图层栅格化。选择“滤镜”/“模糊”/“动感模糊”命令，打开“动感模糊”对话框。在该对话框中的“角度”参数栏中输入 0，“距离”参数栏中输入 60。单击“好”按钮退出该对话框，图层效果如图 3-51 所示。

图 3-51　设置动感模糊效果

13 在工具箱中单击“设置前景色”色块，打开“拾色器”对话框，将前景色设置为黑色。在工具箱中单击“横排文字”工具 T，在选项栏中会出现文字的属性设置。在“字体”下拉列表框中选择“方正姚体”选项，在“字体尺寸”下拉列表框中输入 24，然后在如图 3-52 所示的位置输入文字“BLINK USB 照相机”。这时在图层调板会出现第 2 个“BLINK USB 照相机”图层。

BLINK USB照相机

图 3-52　第 2 个“BLINK USB 照相机”图层

14 在图层调板中选择第 2 个“BLINK USB 照相机”图层。在该面板底部单击“添加图层样式”按钮，在弹出的菜单中选择“描边”命令，进入“图层样式”对话框中的“描边”面板，在“大小”参数栏中输入 3，将“颜色”显示窗中的颜色设置为白色。单击“好”按钮退出“图层样式”对话框，图层样式如图 3-53 所示。

图 3-53　设置描边效果

15 从本书附带的光盘中打开“Sura-3/人物背景.jpg”文件，按 Ctrl+A 组合键，全选图片，然后按 Ctrl+C 组合键，复制图片。切换到“USB 广告.psd”文件，按 Ctrl+V 组合键，将复制的图片粘贴到该文件中。图层调板中会增加“图层 5”图层。将“图层 5”图层缩放并移动至如图 3-54 所示的位置。

图 3-54　粘贴图像

16 将“图层 5”图层隐藏。选择“图层 2”图层，在工具箱中单击“魔棒工具”按钮，然后单击“图层 2”图层中镜头处白色的圆形位置，形成一个选区，如图 3-55 所示。

图 3-55　创建选区

图 3-56　删除选区内容

17 在图层调板中选择“图层 5”图层，按 Ctrl+Shift+I 组合键，反选选区，然后按 Delete 键，删除选区内容，如图 3-56 所示。

18 现在本节练习就完成了，效果如图 3-57 所示。如果在设置过程中遇到了什么问题，可以打开本书附带光盘中的文件“Sura-3/USB 广告.psd”，这是本例完成后的文件。

图 3-57　BLINK USB 照相机 DM 广告

3.2　制作 STYLE 手机的 DM 广告

本例将指导读者制作一个 STYLE 手机的 DM 广告，本广告中使用的手机图形，完全使用 CorelDRAW X3 手工绘制，过程非常复杂。为了便于绘制和编辑，在绘制过程中使用了图层管理工具。使用该工具可以将图形分类放置于不同的图层中，便于进行整体编辑。图 3-58 所示为本广告绘制完成后的效果。

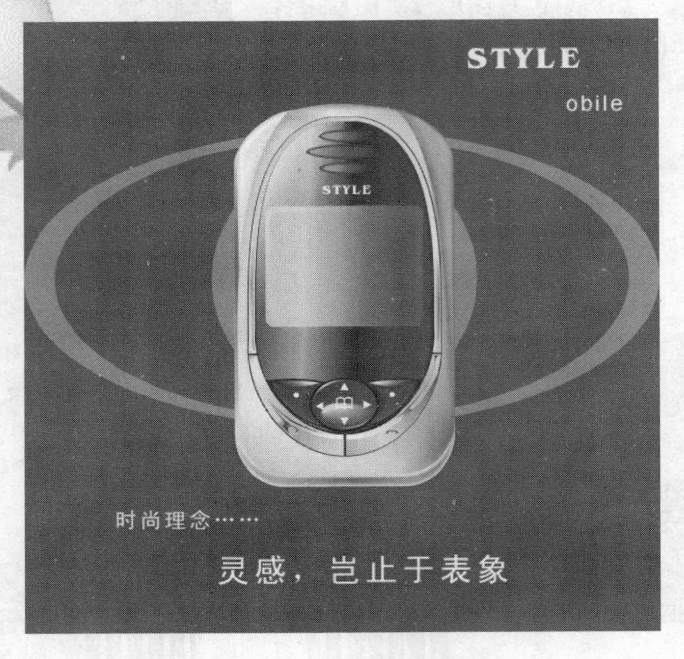

图 3-58　STYLE 手机的 DM 广告

3.2.1　在 CorelDRAW X3 中绘制背景和手机

首先在 CorelDRAW X3 中绘制背景和手机。手机的绘制过程很复杂。为了便于读者学习，将绘制工作分为背景的绘制、底盘的绘制、中盘的绘制、金属框的绘制和按钮的绘制 5 部分来进行。

1.　背景的绘制

1　启动 CorelDRAW X3，创建一个 500 mm×500 mm 的新文件。

2　选择“窗口”/“泊坞窗”/“对象编辑器”命令，打开对象管理器。在对象管理器中右击“图层 1”，在弹出的快捷菜单中选择“重命名”命令，将其命名为“背景”。

提示

使用对象管理器能够将对象放置于不同的图层中，能够对图层任意命名，并能够对图层执行隐藏、锁定等操作，使繁杂的图形更容易观察和编辑。

3 单击“矩形工具”按钮，绘制一个宽度为 500 mm、高度为 500 mm 的正方形。然后将其填充为玫瑰红色，并取消其轮廓线，如图 3-59 所示。

图 3-59 绘制并填充正方形

4 单击“椭圆工具”按钮，在如图 3-60 所示的位置绘制一个椭圆，并使其与背景的正方形沿垂直的中点对齐。然后将其填充为粉红色，并取消其轮廓线。

图 3-60 绘制并填充椭圆

5 单击“椭圆工具”按钮，在如图 3-61 所示的位置绘制一个椭圆，并使其与底层的椭圆沿中心点对齐，如图 3-61 所示。

图 3-61 绘制另一个椭圆

6 选择两个椭圆，在属性栏中单击“后减前”按钮，将椭圆裁剪。然后将裁剪后的椭圆填充为粉红色，并取消其轮廓线，如图 3-62 所示。

图 3-62　修剪图形

7 在工具箱中单击“椭圆工具”按钮，按住 Ctrl 键，在如图 3-63 所示的位置绘制一个正圆。设置正圆的直径为 208 mm，将其填充为粉红色，并取消其轮廓线，再使其与底部的椭圆沿中心点对齐。

图 3-63　绘制正圆

8 现在背景部分就绘制完成了。为了不影响其他图层的绘制，需要将其锁定，在对象管理器中单击“背景”图层前的按钮，使其呈灰色显示，将该层锁定，如图 3-64 所示。

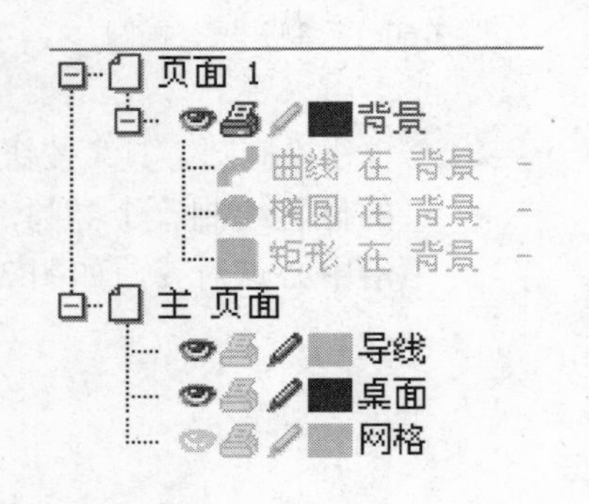

图 3-64　锁定图层

提示

被锁定的图层不能被编辑。如果需要解除图层的锁定状态，单击图层前的按钮即可。

2. 底盘的绘制

1 接下来绘制手机的底盘。在对象管理器中单击“新建图层”按钮，创建一个新图层。然后将该图层命名为“底盘”，如图 3-65 所示。

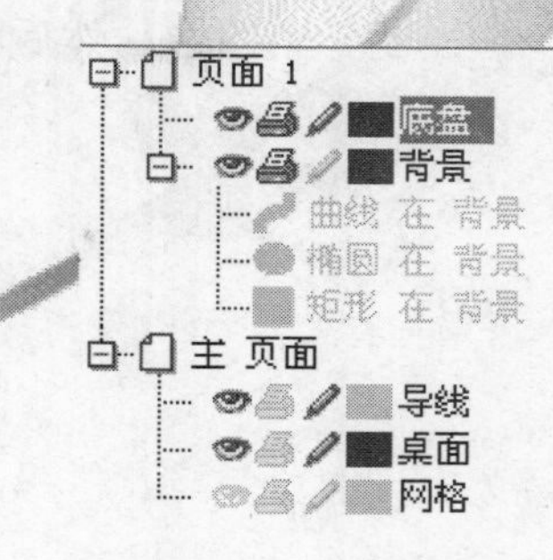

图 3-65 创建新图层

2 在工具箱中单击“贝塞尔工具”按钮，绘制如图 3-66 所示的图形。然后将其填充为灰色，并取消其轮廓线。

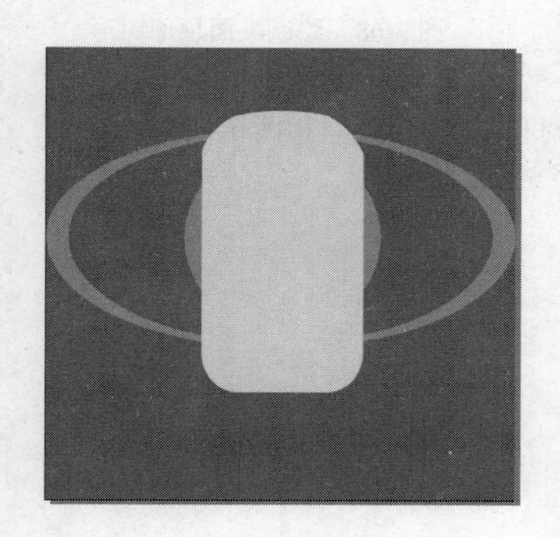

图 3-66 绘制图形

3 接下来绘制手机两侧的坡面和底部的斜面。使用“贝塞尔工具”在如图 3-67 所示的位置绘制一个图形。然后将其填充为浅灰色，并取消其轮廓线。

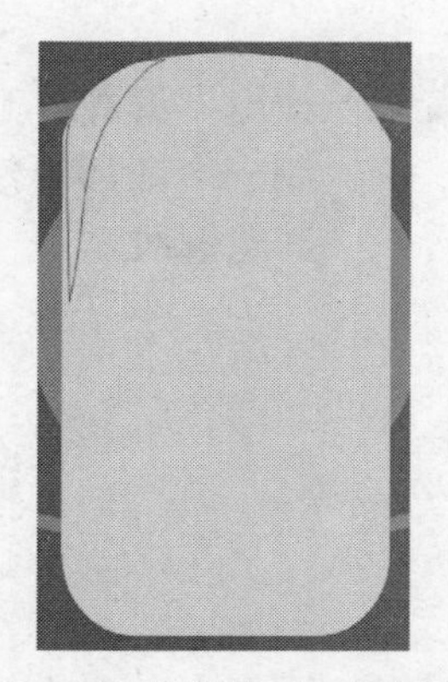

图 3-67 绘制坡面底部图形

4 使用“贝塞尔工具”在如图 3-68 所示的位置绘制一个图形。然后将其填充为白色，并取消其轮廓线。

图 3-68 绘制坡面顶部图形

5 使用“交互式调和”工具调和两个图形，如图 3-69 所示。

图 3-69 调和图形

6 使用“贝塞尔工具”在如图 3-70 所示的位置绘制一个图形。然后将其填充为深灰色，并取消其轮廓线。

图 3-70 绘制右侧坡面底部的图形

7 使用“贝塞尔工具”在如图 3-71 所示的位置绘制一个图形。然后将其填充为浅灰色，并取消其轮廓线。

图 3-71 绘制右侧坡面顶部的图形

8 使用“交互式调和”工具调和两个图形，如图 3-72 所示。

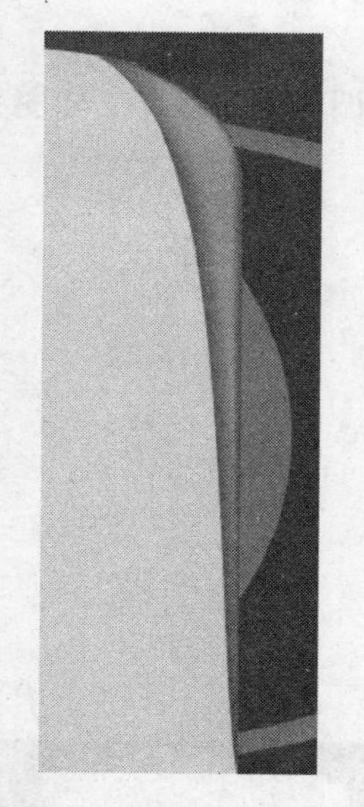

图 3-72 调和两个图形

9 接下来绘制侧边。使用“贝塞尔工具”在如图 3-73 所示的位置绘制一个图形。然后将其填充为浅灰色，并取消其轮廓线。

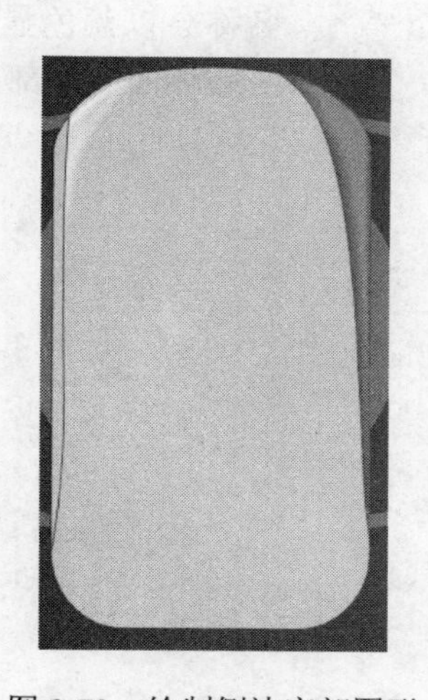

图 3-73 绘制侧边底部图形

10 使用“贝塞尔工具”在如图 3-74 所示的位置绘制一个图形。然后将其填充为深灰色，并取消其轮廓线。

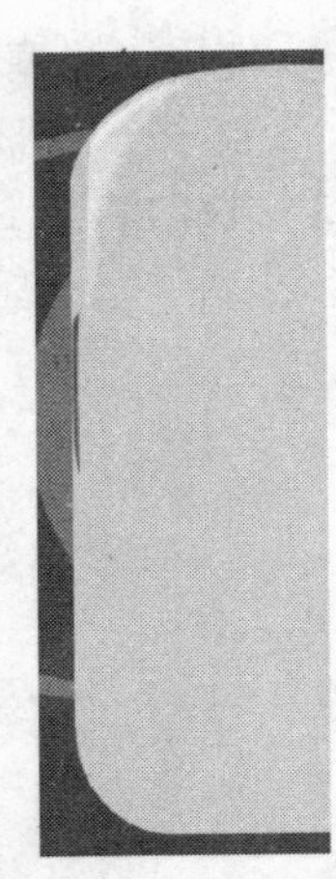

图 3-74　绘制侧边顶部图形

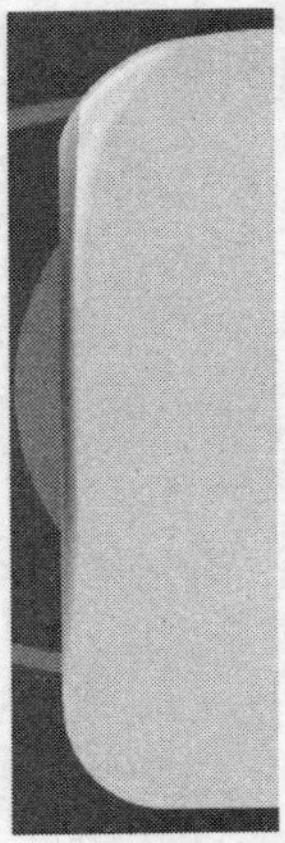

11 使用“交互式调和”工具调和两个图形，如图 3-75 所示。

图 3-75　调和图形

12 选择调和后的图形，这时在对象管理器中图形名称会以蓝色显示，向下拖动图形，使其位于左侧坡面的下部，如图 3-76 所示。

图 3-76　调整图层顺序

提示

也可以按 Ctrl+PageDown 组合键使图层下移。

13 使用“贝塞尔工具”在如图 3-77 所示的位置绘制一个图形。然后将其填充为浅灰色，并取消其轮廓线。

图 3-77 绘制底部的边

14 在工具箱中单击“交互式轮廓线工具”按钮，设置新绘制的图形的轮廓线。在属性栏的“轮廓图步数”参数栏中输入 6，在轮廓图偏移参数栏中输入 0.5，将轮廓色设置为白色，将填充色设置为深灰色。轮廓线效果如图 3-78 所示。

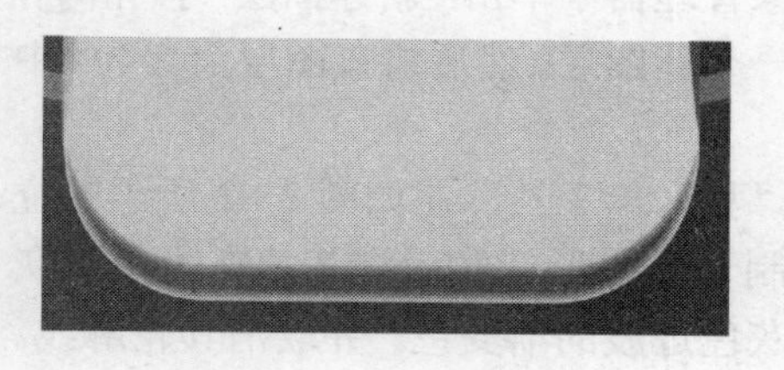

图 3-78 设置轮廓线效果

15 使用“贝塞尔工具”在如图 3-79 所示的位置绘制一个图形。然后将其填充为白色，并取消其轮廓线。

图 3-79 绘制新图形

16 单击“交互式透明工具”按钮，参照图 3-80 设置的色块，设置图形的透明效果。

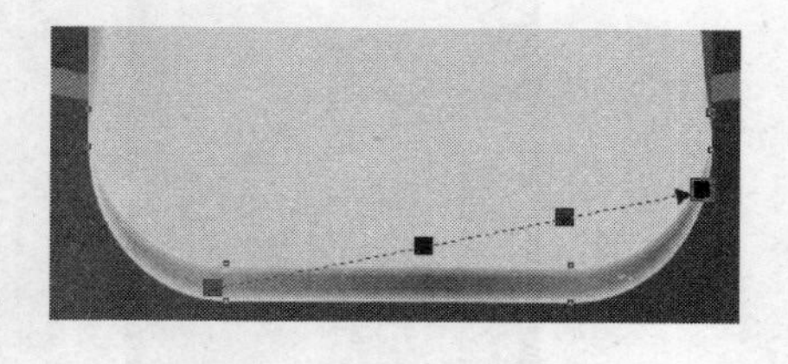

图 3-80 设置透明效果

17 现在底盘就绘制完毕了，效果如图 3-81 所示。读者也可以适当为其添加一些高光等细节，然后将该图层锁定。

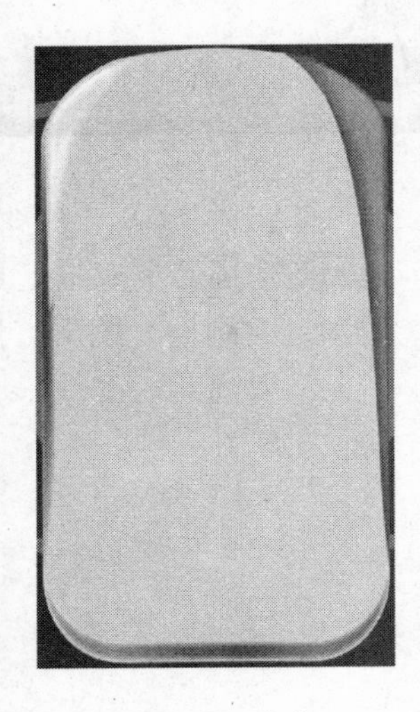

图 3-81　底盘

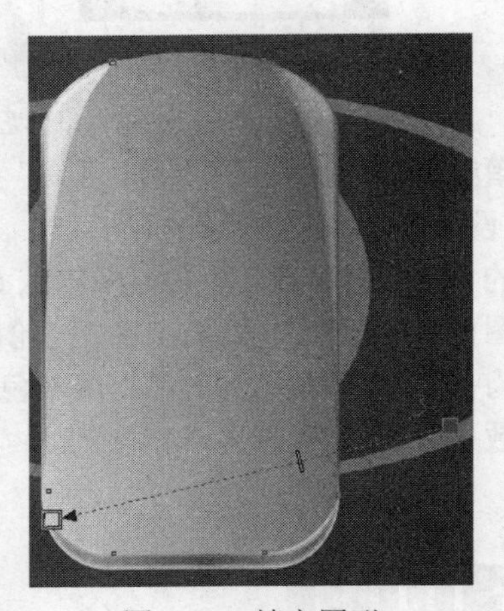

图 3-82　填充图形

3. 中盘的绘制

1 在对象管理器中单击“新建图层”按钮，创建一个新图层。然后将该图层命名为“中盘”。

2 使用“贝塞尔工具”在如图 3-82 所示的位置绘制一个图形。然后将其填充为由深灰向浅灰色过渡的渐变色，并取消其轮廓线。

3 使用“贝塞尔工具”在如图 3-83 所示的位置绘制一个图形。然后将其填充为由浅灰色，并取消其轮廓线。

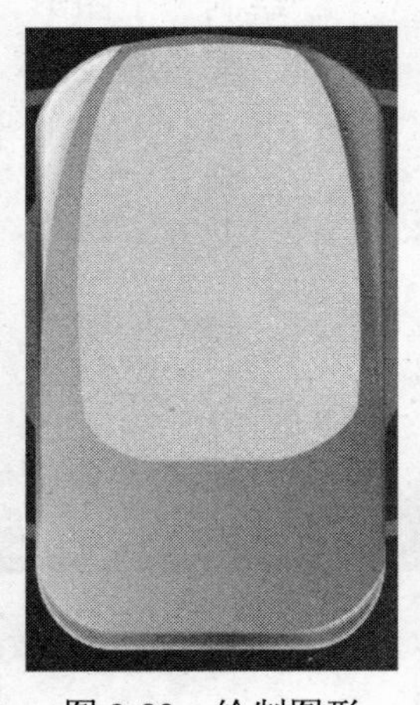

图 3-83　绘制图形

4 使用“交互式调和”工具调和两个图形，如图 3-84 所示。

图 3-84　调和图形

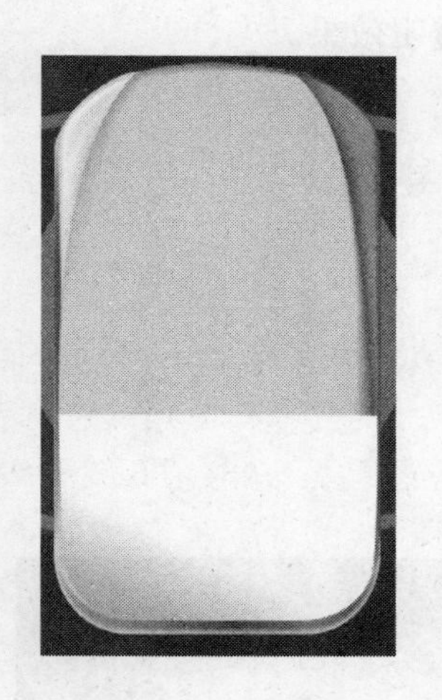

图 3-85　绘制图形

5 使用“贝塞尔工具”在如图 3-85 所示的位置绘制一个图形。然后将其填充为由浅灰向白色过渡的渐变色，并取消其轮廓线。

6 单击“交互式透明工具”按钮，参照图 3-86 设置的色块，设置图形的透明效果。

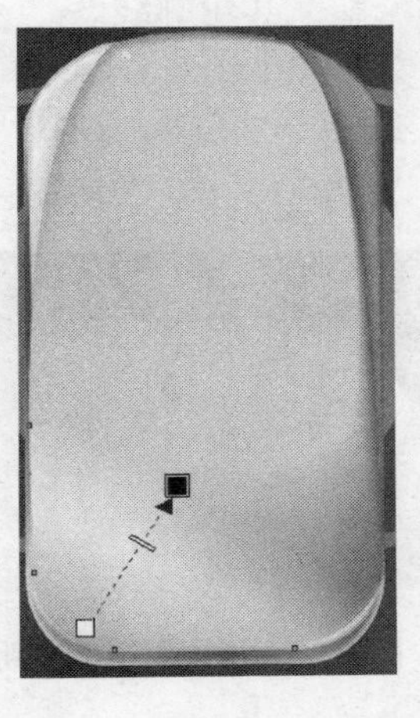

图 3-86　设置图形透明效果

7 使用“贝塞尔工具”在如图 3-87 所示的位置绘制一个图形。然后将其填充为由灰向深灰色过渡的渐变色，并取消其轮廓线。

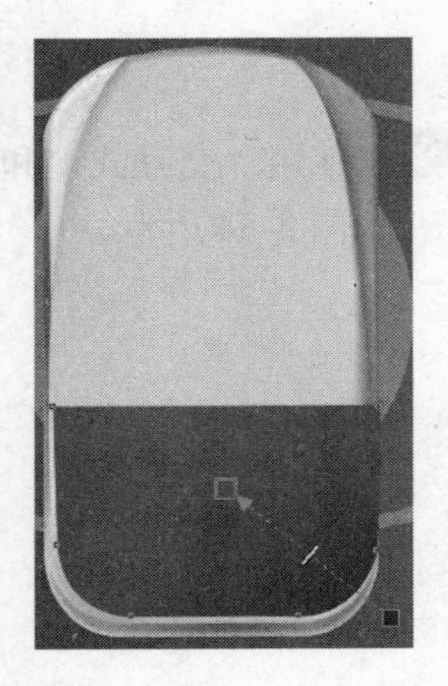

图 3-87　设置右下角明暗区

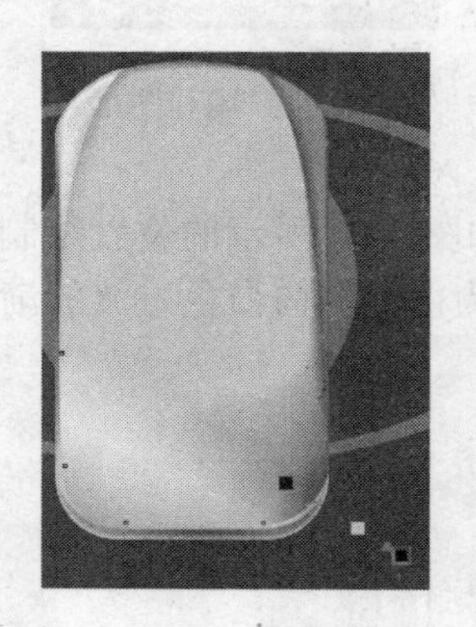

图 3-88　设置图形透明效果

8 单击“交互式透明工具”按钮，参照图 3-88 设置的色块，设置图形的透明效果。

9 使用“贝塞尔工具”在如图 3-89 所示的位置绘制一个图形。然后将其填充为由灰到白到浅灰再到灰色过渡的渐变色，并取消其轮廓线。

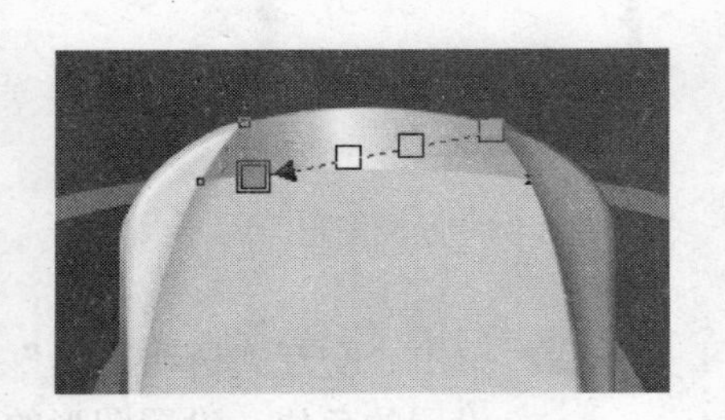

图 3-89　填充图形

图 3-90　设置图形的透明效果

10 单击“交互式透明工具”按钮，参照图 3-90 设置的色块，设置图形的透明效果。

11 现在中盘图形就全部绘制完成了，效果如图 3-91 所示。将该层锁定。

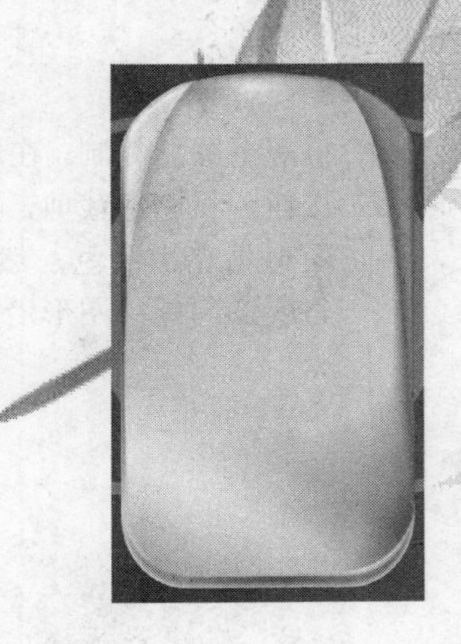
图 3-91　中盘

图 3-92　绘制图形

4. 金属框的绘制

1 在对象管理器中单击“新建图层”按钮，创建一个新图层。然后将该图层命名为“金属框”。使用“贝塞尔工具”在如图 3-92 所示的位置绘制一个图形。将其填充为黑色，并取消其轮廓线，这是金属框的底部图形。

2 使用“贝塞尔工具”在如图 3-93 所示的位置绘制一个图形。然后将其填充为由红到浅粉红到红再到深红过渡的渐变色，并取消其轮廓线。

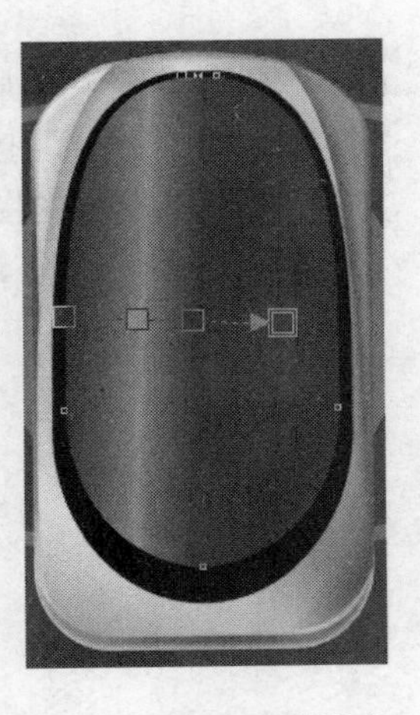
图 3-93　设置渐变填充

3 将两个图形复制。在属性栏中单击“后减前”按钮，将图形裁剪，如图 3-94 所示。将复制的图形填充为白色，然后取消其轮廓线，并使其与底部的黑色图形沿中心点对齐。

图 3-94 修剪图形

4 在工具箱中单击“交互式轮廓线工具”按钮，向内部设置新绘制的图形的轮廓线。在属性栏的“轮廓图步数”参数栏中输入 1，在轮廓图偏移参数栏中输入 1。轮廓线效果如图 3-95 所示。

图 3-95 设置轮廓线

5 右击设置轮廓后的图形，在弹出的快捷菜单中选择“拆分”按钮，将图形拆分。删除拆分后底部较大的图形，效果如图 3-96 所示。

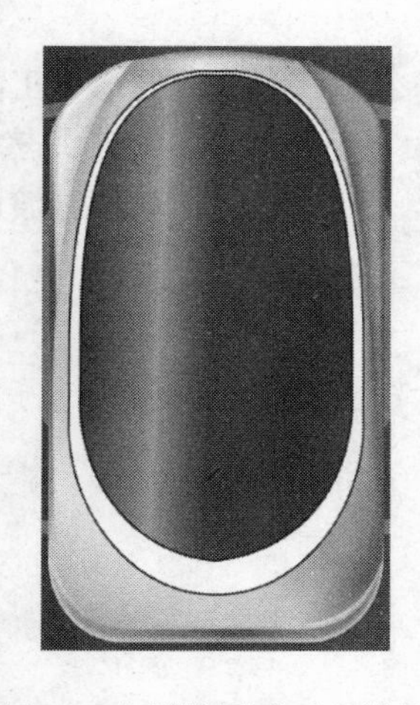

图 3-96 删除图形后的效果

6 使用矩形工具和修剪工具将图形编辑为如图 3-97 所示的效果。

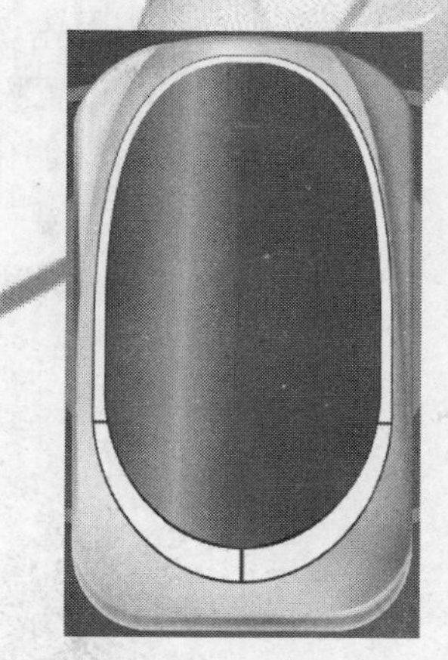

图 3-97 修剪图形后的效果

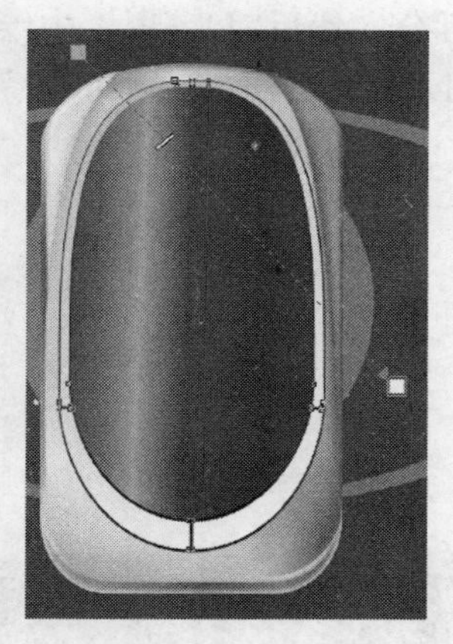

图 3-98 填充图形

7 将该图形填充为由浅灰色向白色过渡的渐变色，如图 3-98 所示。

8 接下来使用“交互式阴影工具”按钮设置反射效果。先使用“贝塞尔工具”在如图 3-99 所示的位置绘制一个图形。然后将其填充为深灰色，并取消其轮廓线。

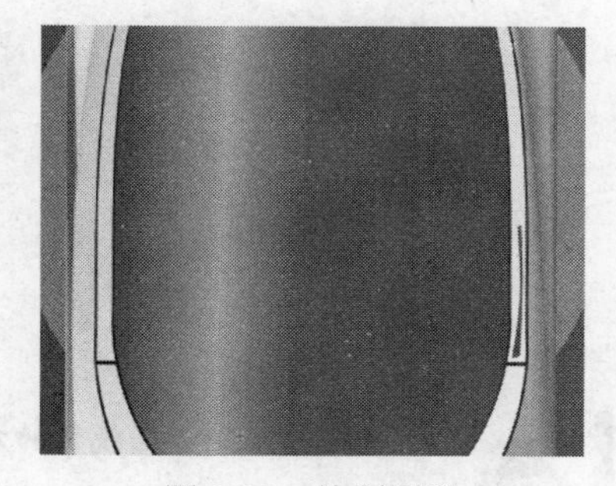

图 3-99 绘制图形

9 在工具箱中单击“交互式阴影工具”按钮，参照图 3-100 设置投影。在属性栏中的“阴影透明”和“阴影羽化”参数栏中均输入 50。

图 3-100　设置投影效果

10 右击设置轮廓后的图形，在弹出的菜单中选择“拆分”按钮，将图形拆分。然后将步骤 8 中绘制的图形删除，只保留阴影，如图 3-101 所示。

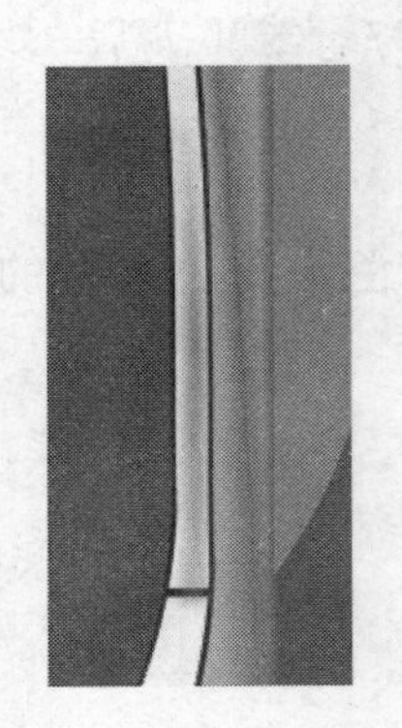

图 3-101　拆分图形

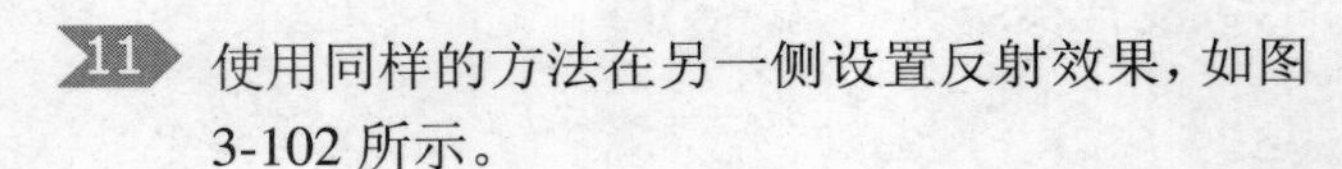

11 使用同样的方法在另一侧设置反射效果，如图 3-102 所示。

图 3-102　设置反射效果

提示

使用拆分对象与投影的方法，能够实现非常真实的阴影与模糊效果，不仅能够设置诸如阴影、反射等效果，还可以通过改变属性栏阴影的颜色，设置反光和高光等效果。

12 使用“贝塞尔工具”在如图 3-103 所示的位置绘制一个图形。然后将其填充为深灰色，并取消其轮廓线。

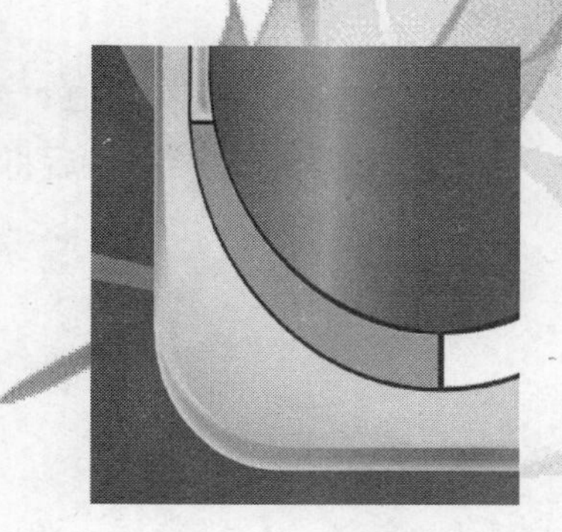

图 3-103　绘制图形

13 单击“交互式透明工具”按钮，参照图 3-104 设置的色块，设置图形的透明效果。

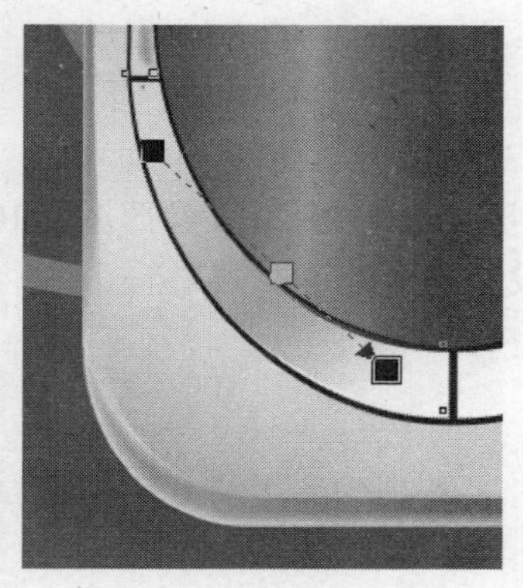

图 3-104　设置透明效果

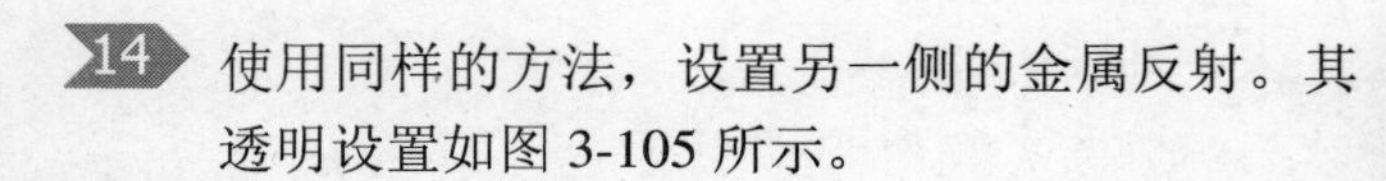

14 使用同样的方法，设置另一侧的金属反射。其透明设置如图 3-105 所示。

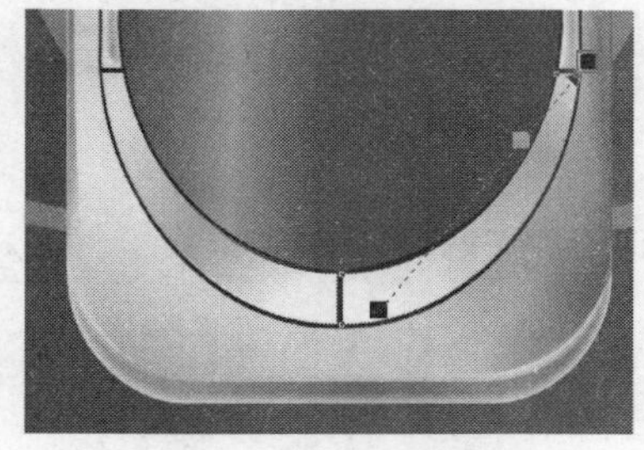

图 3-105　设置另一侧的金属反射

15 使用“贝塞尔工具”在如图 3-106 所示的位置绘制一个图形。然后将其填充为深灰色，并取消其轮廓线。

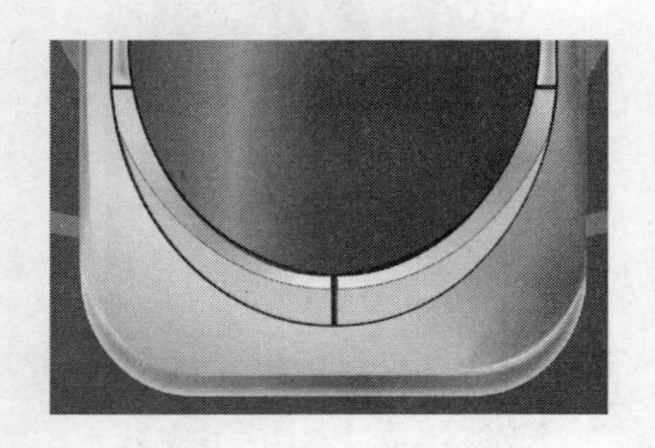

图 3-106　绘制新图形

16 使用“贝塞尔工具”在如图 3-107 所示的位置绘制一个图形。然后将其填充为黑色，并取消其轮廓线。

图 3-107　绘制图形

图 3-108　编辑图形透明效果

17 单击“交互式透明工具”按钮，参照图 3-108 设置的色块，设置图形的透明效果。

18 使用“贝塞尔工具”绘制如图 3-109 所示的图形。然后取消其轮廓线，并将其填充为黑色。

图 3-109　绘制阴影部分

19 单击“交互式透明工具”按钮，参照图 3-110 设置的色块，设置图形的透明效果。

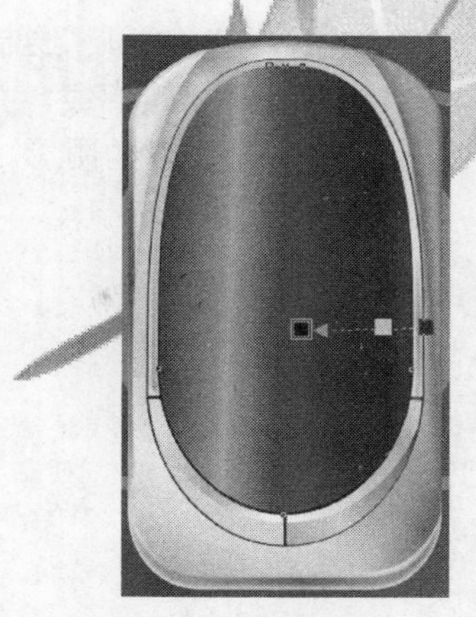

图 3-110　设置阴影部分的透明效果

20 使用“贝塞尔工具”绘制如图 3-111 所示的图形。然后取消其轮廓线，并将其填充为黑色。

图 3-111　绘制屏幕下方阴影

21 单击“交互式透明工具”按钮，参照图 3-112 设置的色块，设置图形的透明效果。

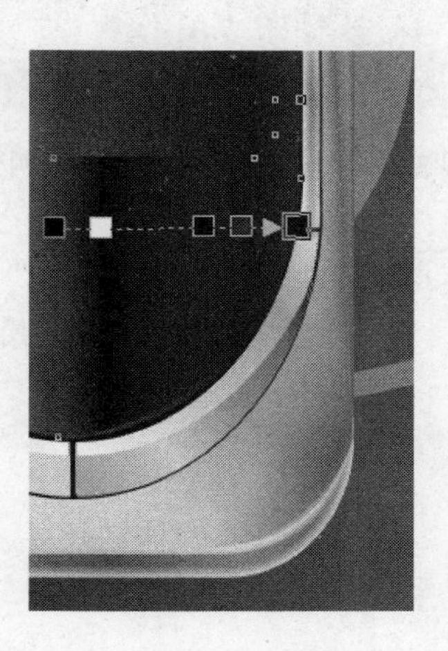

图 3-112　设置屏幕下方阴影的透明效果

22 使用“贝塞尔工具”绘制如图3-113所示的图形。然后取消其轮廓线，并将其填充为黑色，该图形为屏幕上方的阴影。

图3-113　绘制屏幕上方阴影

提示

图形上的3个椭圆形缺口为扩音器部分。

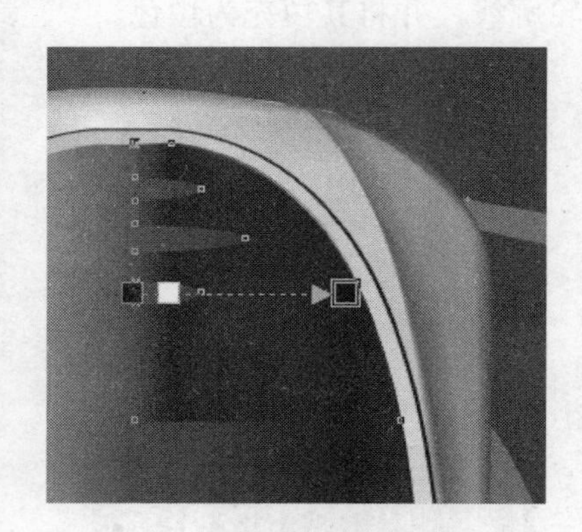

图3-114　设置图形交互式透明效果

23 单击“交互式透明工具”按钮，参照图3-114设置的色块，设置图形的透明效果。

24 使用“贝塞尔工具”绘制如图3-115所示的图形。然后取消其轮廓线，并将其填充为灰色。

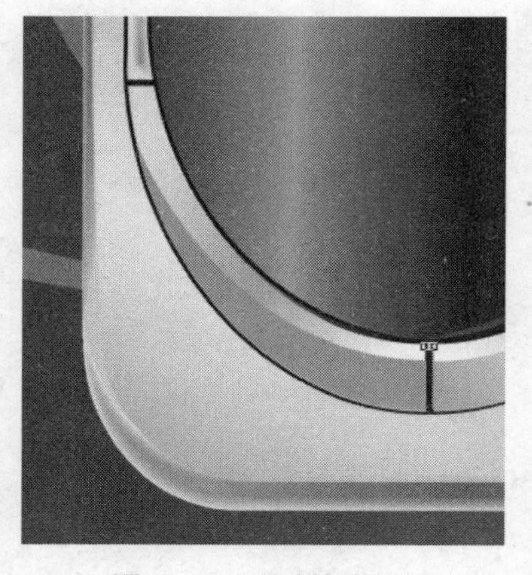

图3-115　绘制新图形

25 单击“交互式透明工具”按钮，参照图 3-116 设置的色块，设置图形的透明效果。

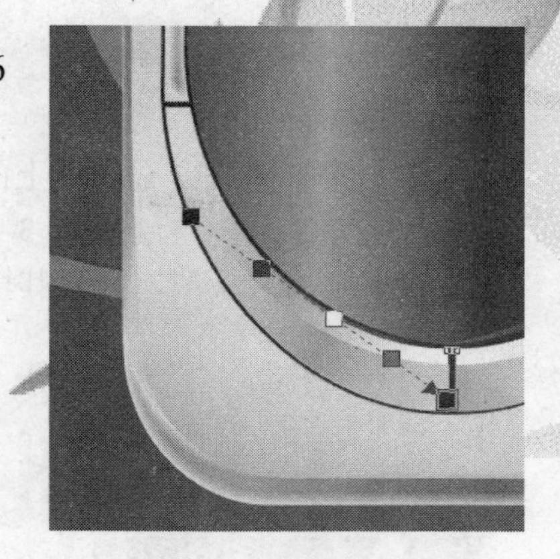

图 3-116　设置图形透明效果

26 接下来设置手机的高光部分。使用“贝塞尔工具”绘制如图 3-117 所示的图形。然后取消其轮廓线，并将其填充为白色。

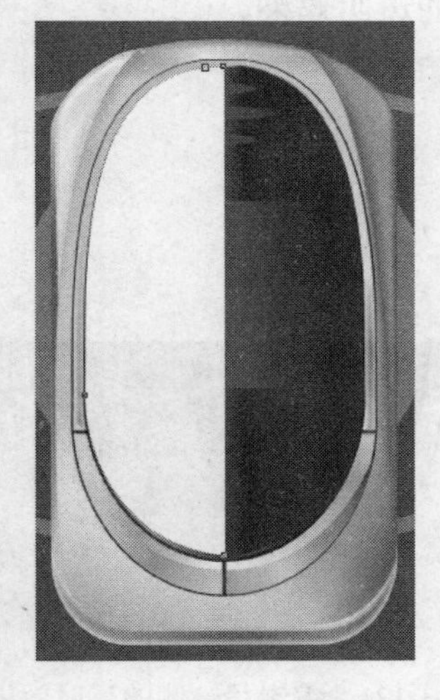

图 3-117　绘制高光部分图形

27 单击“交互式透明工具”按钮，参照图 3-118 设置图形的透明效果。

图 3-118　设置图形透明效果

28 接下来设置金属框上的复杂反射。使用“贝塞尔工具”绘制如图 3-119 所示的图形，然后取消其轮廓线，并将其填充为黑色。

图 3-119　绘制反射

29 单击“交互式透明工具”按钮，参照图 3-120 设置的色块，设置图形的透明效果。

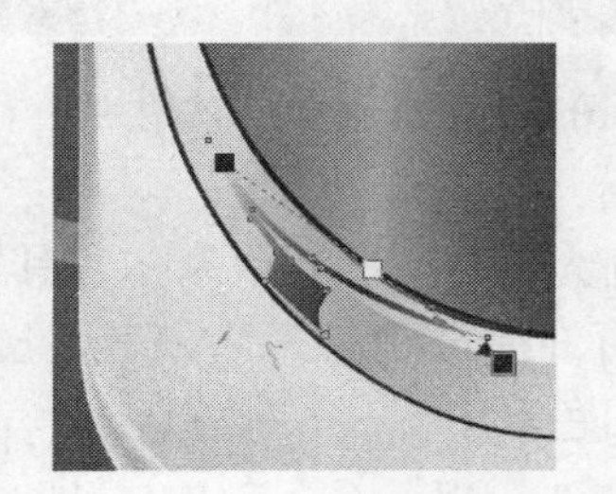

图 3-120　设置图形透明效果

30 使用同样的方法，编辑另一侧的反射效果，如图 3-121 所示。

图 3-121　编辑另一侧的反射效果

31 使用“贝塞尔工具”绘制如图 3-122 所示的图形。然后取消其轮廓线，并将其填充为红色。

图 3-122　绘制图形

32 单击“交互式透明工具”按钮，参照图 3-123 设置的色块，设置图形的透明效果。

图 3-123　设置图形透明效果

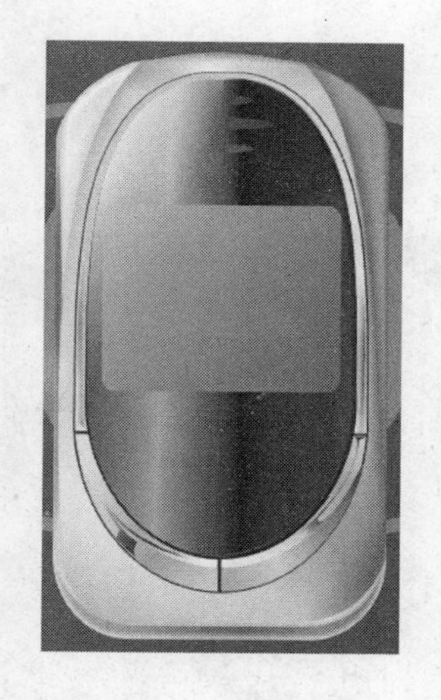
图 3-124　绘制圆角矩形

33 接下来绘制显示屏。使用“矩形工具”在如图 3-124 所示的位置绘制一个圆角矩形。然后将其填充为灰色，并取消其轮廓线。

34 使用“矩形工具”在如图 3-125 所示的位置绘制一个圆角矩形。然后将其填充为由深灰色向浅灰色过渡的渐变色，并取消其轮廓线。

图 3-125　绘制一个圆角矩形

35 将步骤 33 绘制的图形复制，使复制的图形位于顶层，并与底部矩形沿中心点对齐，然后将该图形填充为黑色，如图 3-126 所示。

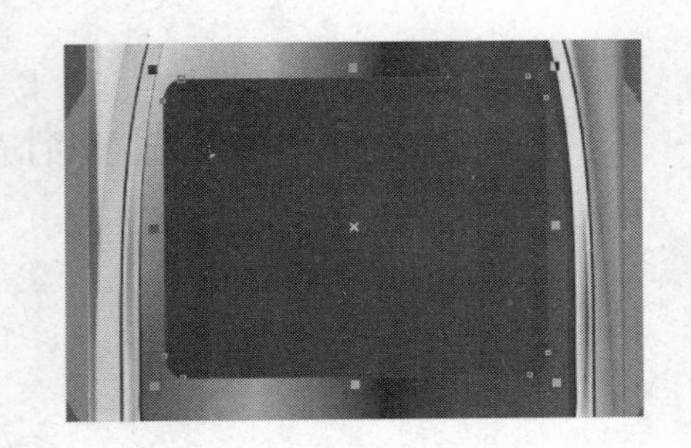

图 3-126　复制并填充图形

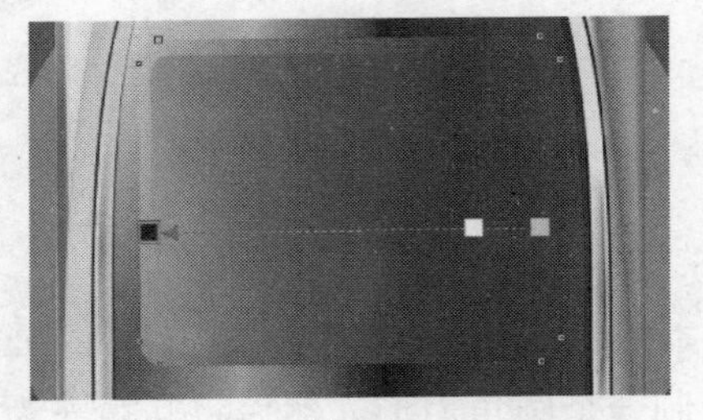

图 3-127　设置图形透明效果

36 单击“交互式透明工具”按钮，参照图 3-127 设置的色块，设置图形的透明效果。

37 将步骤 35 中复制的图形再次复制，使复制的图形位于顶层，并与底部矩形沿中心点对齐，然后将该图形填充为白色，如图 3-128 所示。

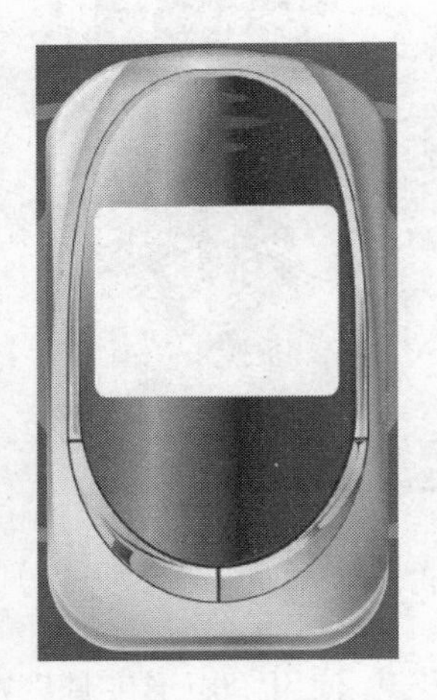

图 3-128　复制图形

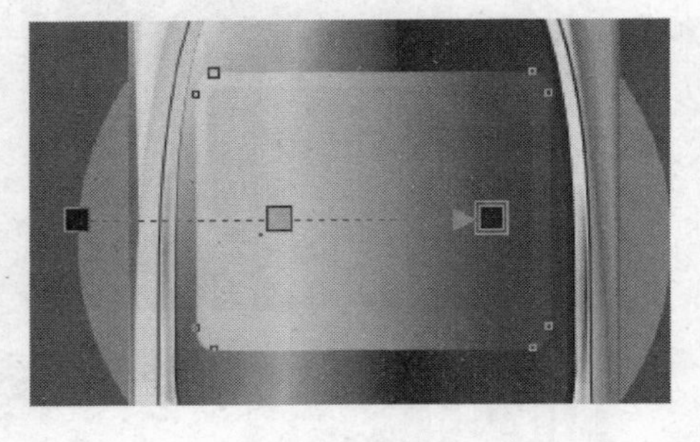

图 3-129　设置图形透明效果

38 单击“交互式透明工具”按钮，参照图 3-129 设置的色块，设置图形的透明效果。

39 最后绘制扩音器。单击“椭圆工具”按钮，在如图 3-130 所示的位置绘制一个椭圆形，并使其与底部的图形沿垂直中心对齐。将其填充为黑色，并取消其轮廓线。

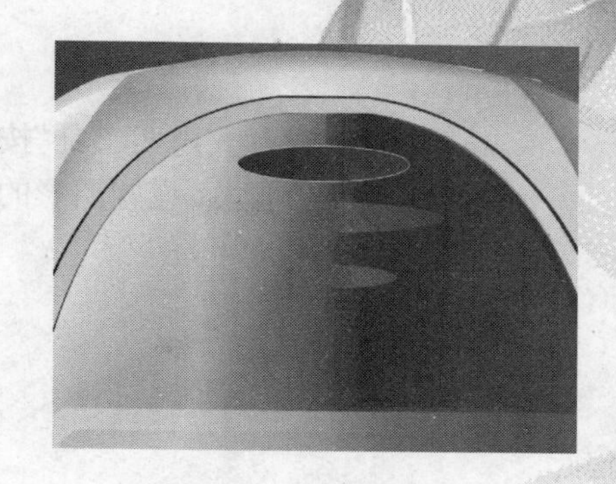

图 3-130　绘制底部椭圆

40 单击“椭圆工具”按钮，在如图 3-131 所示的位置绘制一个椭圆形，使其与上一个椭圆沿中心点对齐。将其填充为浅灰色，并取消其轮廓线。

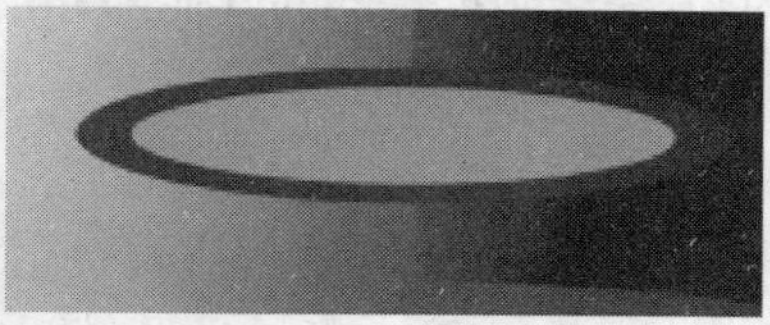

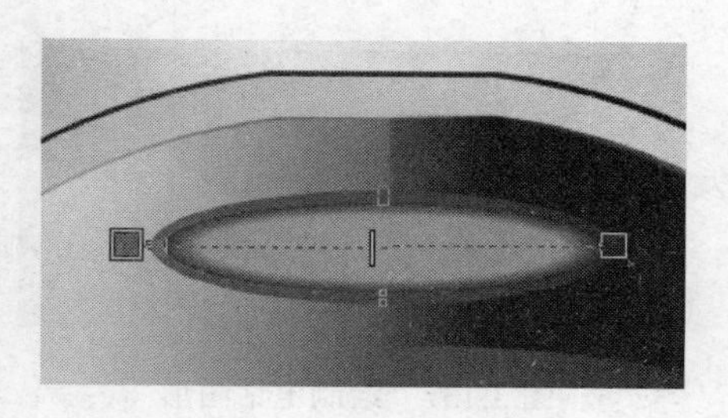

图 3-131　绘制椭圆

41 使用“交互式调和”工具调和两个图形，如图 3-132 所示。

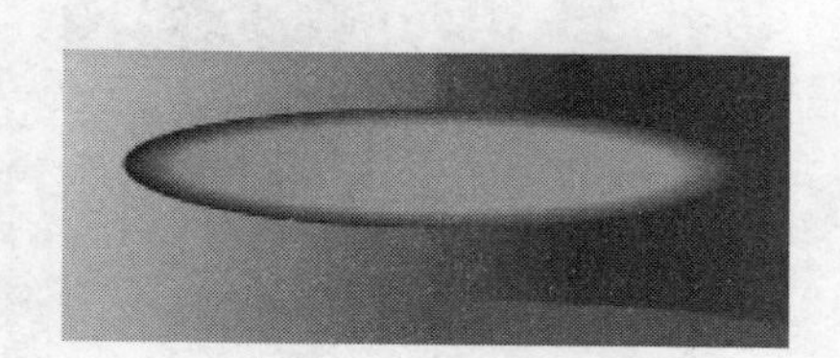

图 3-132　调和两个图形

42 单击“椭圆工具”按钮，配合修剪工具在如图 3-133 所示的位置绘制一个椭圆形外框。然后将其填充为由红色向深红色过渡的渐变色，如图 3-133 所示。

图 3-133　绘制椭圆形外框

43 单击“椭圆工具”按钮，在如图 3-134 所示的位置绘制一个椭圆。然后将其填充为黑色，并取消其轮廓线。

图 3-134　绘制椭圆

44 单击“交互式透明工具”按钮，参照图 3-135 设置的色块，设置图形的透明效果。

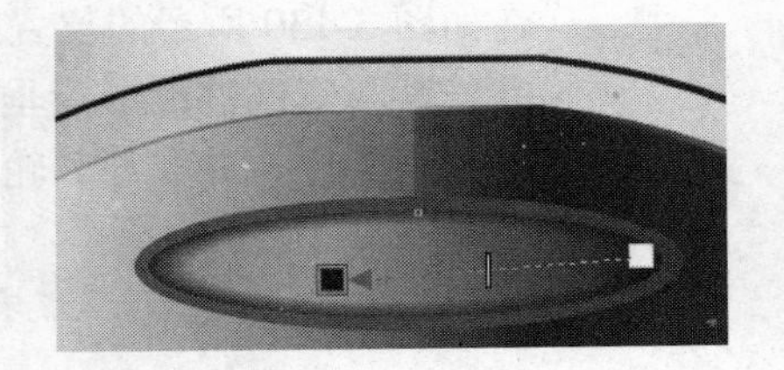

图 3-135 设置图形透明效果

图 3-136 绘制扩音器的其他部分

45 使用同样的方法绘制扩音器的其他部分，完成后的效果如图 3-136 所示。

5. 按钮的绘制

1 在对象管理器中单击“新建图层”按钮，创建一个新图层。然后将该图层命名为“按钮”。

2 使用“贝塞尔工具”绘制两个如图 3-137 所示的电话图形。然后将两个图形分别填充为绿色和红色，设置其轮廓线为白色。

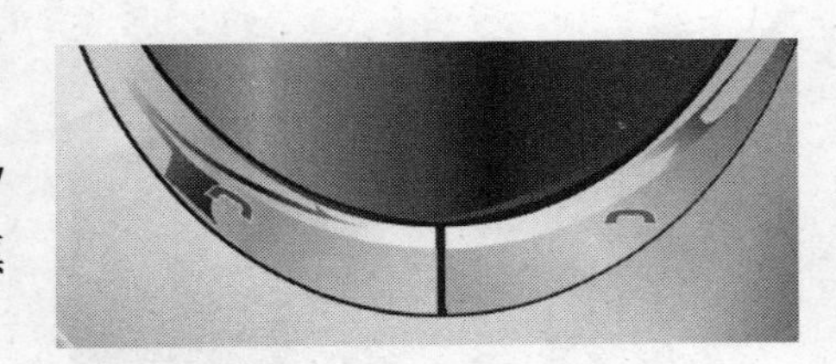

图 3-137 绘制电话图形

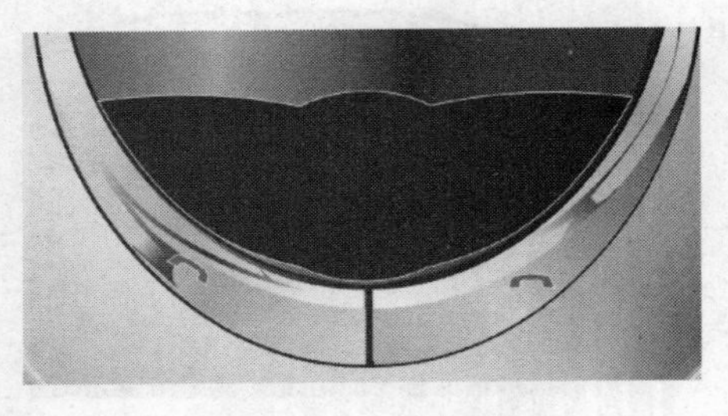

图 3-138 绘制新图形

3 使用“贝塞尔工具”绘制如图 3-138 所示的图形。然后将其填充为黑色，并取消其轮廓线。

4 使用“贝塞尔工具”绘制如图 3-139 所示的图形。然后将其填充为由黑色向红色过渡的渐变色，并取消其轮廓线。

图 3-139　填充图形

5 使用“贝塞尔工具”绘制如图 3-140 所示的图形。然后将其填充为红色，并取消其轮廓线。

图 3-140　绘制新图形

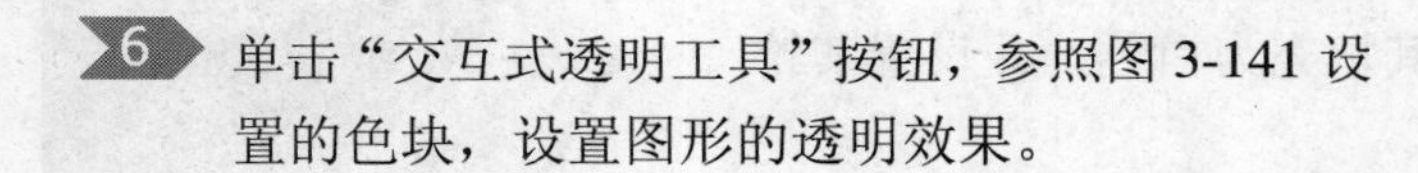

6 单击“交互式透明工具”按钮，参照图 3-141 设置的色块，设置图形的透明效果。

图 3-141　设置图形透明效果

7 使用“贝塞尔工具”绘制如图 3-142 所示的图形。然后将其填充为深红色，并取消其轮廓线。

图 3-142　绘制图形

8 使用“贝塞尔工具”绘制如图 3-143 所示的图形。然后将其填充为深紫红色，并取消其轮廓线。

图 3-143　绘制阴影部分

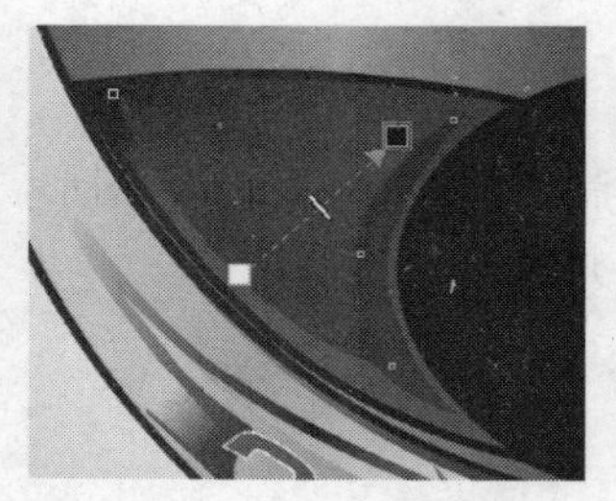
图 3-144　编辑图形透明效果

9 单击“交互式透明工具”按钮，参照图 3-144 设置的色块，设置图形的透明效果。

10 在工具箱中单击“椭圆工具”按钮，按住 Ctrl 键，如图 3-145 所示的位置绘制一个正圆。选择新绘制的正圆，将其填充为白色，并设置其轮廓线为浅灰色。

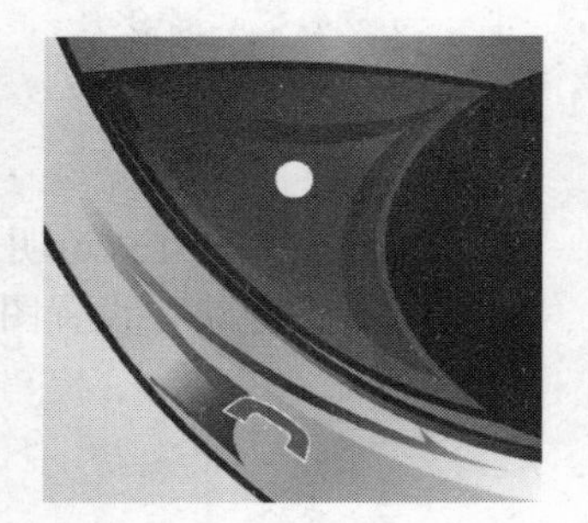
图 3-145　绘制并填充正圆

图 3-146　绘制高光下部

11 使用“贝塞尔工具”绘制如图 3-146 所示的图形。然后将其填充为由深红色向红色过渡的渐变色，并取消其轮廓线。

12 使用“贝塞尔工具”绘制如图 3-147 所示的图形。然后将其填充为白色，并取消其轮廓线。

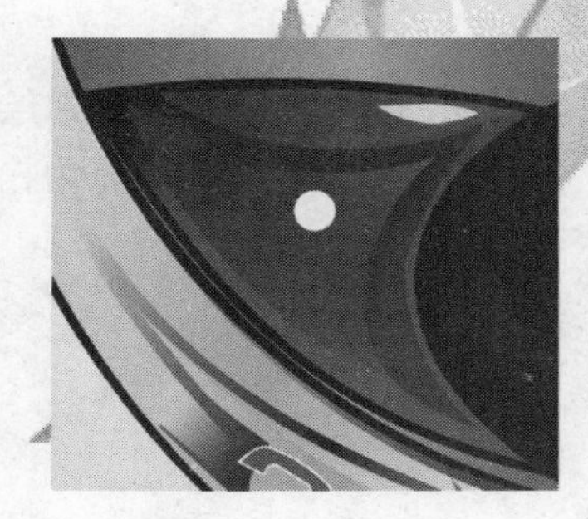

图 3-147 绘制高光点

13 使用“交互式调和”工具调和两个图形，如图 3-148 所示。

图 3-148 调和图形

14 现在一侧的按钮绘制完成了。使用同样的方法绘制另一侧的按钮，如图 3-149 所示。

图 3-149 绘制另一侧的按钮

15 在工具箱中单击“椭圆工具”按钮，在如图 3-150 所示的位置绘制一个椭圆。选择新绘制的椭圆，将其填充为由深红色向红色过渡的渐变色，并取消其轮廓线。

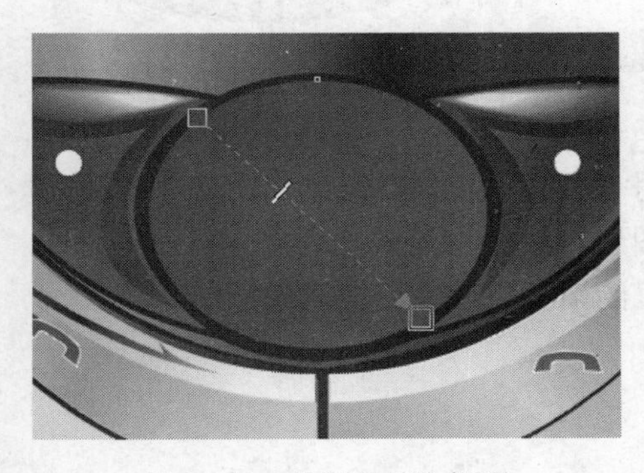

图 3-150 绘制并填充椭圆

16 使用“贝塞尔工具”绘制如图 3-151 所示的图形。然后将其填充为白色，并取消其轮廓线。

图 3-151　绘制并填充图形

17 单击“交互式透明工具”按钮，参照图 3-152 设置的色块，设置图形的透明效果。

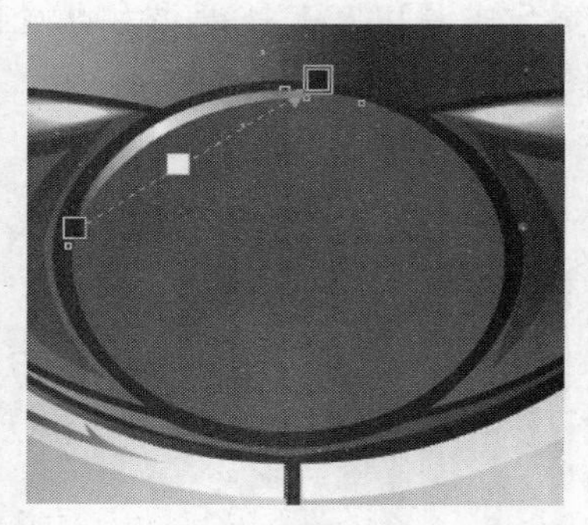

图 3-152　设置图形的透明效果

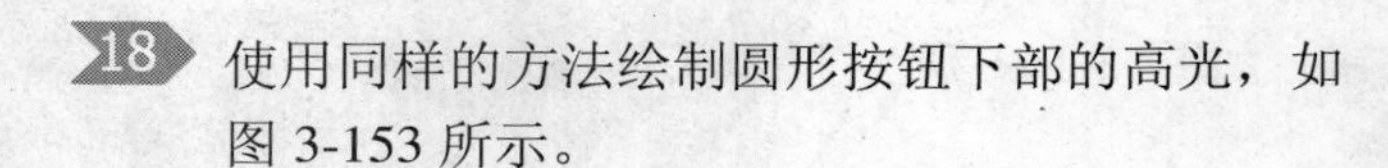

18 使用同样的方法绘制圆形按钮下部的高光，如图 3-153 所示。

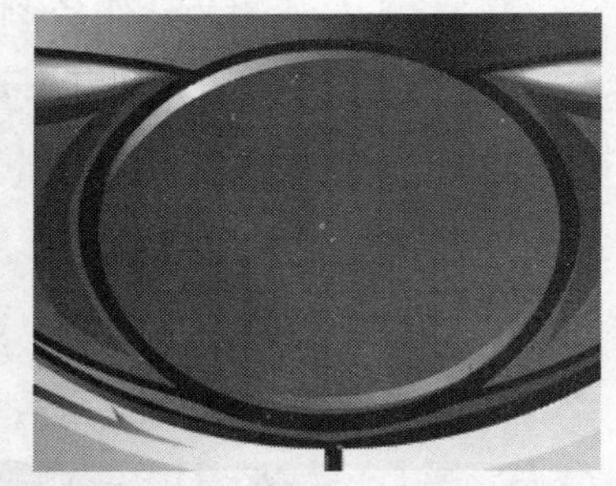

图 3-153　绘制圆形按钮下部的高光

19 使用“贝塞尔工具”绘制如图 3-154 所示的图形。然后将其填充为由深红色向红色过渡的渐变色，并取消其轮廓线。

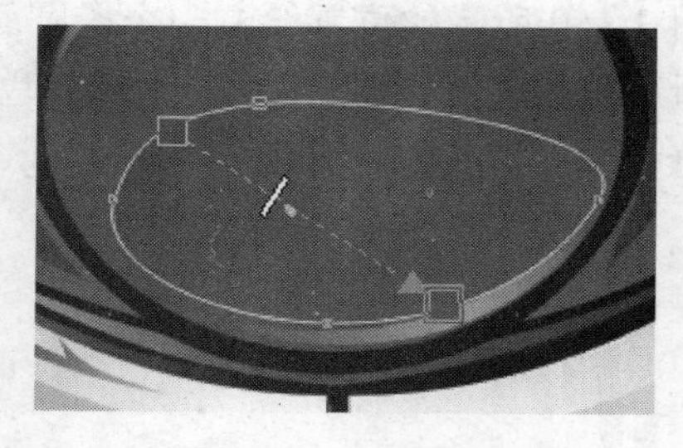

图 3-154　渐变填充

20 使用“贝塞尔工具”绘制如图 3-155 所示的图形。然后将其填充为白色，并取消其轮廓线。

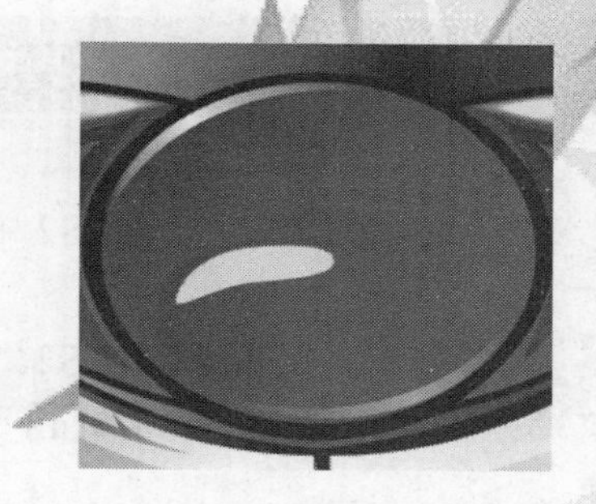

图 3-155　绘制新图形

21 使用“交互式调和”工具调和两个图形，如图 3-156 所示。

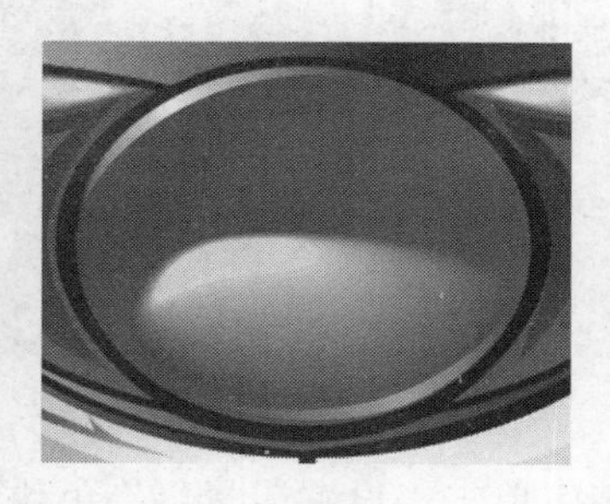

图 3-156　调和图形

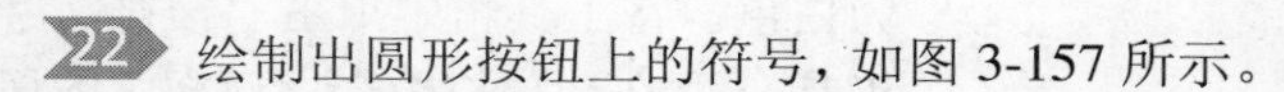

22 绘制出圆形按钮上的符号，如图 3-157 所示。

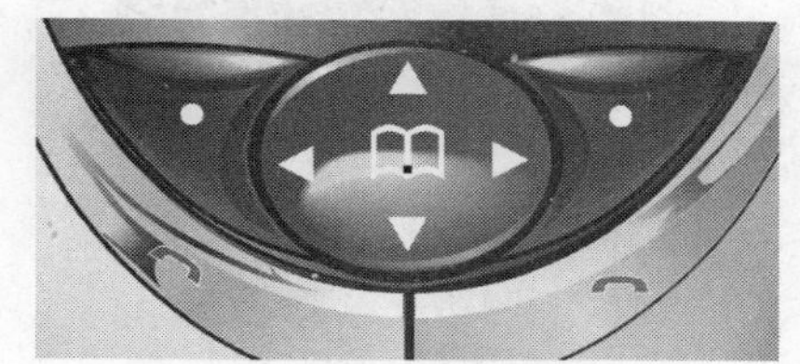

图 3-157　绘制出圆形按钮上的符号

23 在 CorelDRAW X3 中的绘制工作就全部完成了，效果如图 3-158 所示。如果在设置过程中遇到了什么问题，可以打开本书附带光盘中的文件“Sura-3/手机.cdr”。这是本例完成后的文件。

24 将所有图形导出为尺寸为 1200 dpi×1200 dpi 的 TIF 格式文件，并将其命名为“手机”。

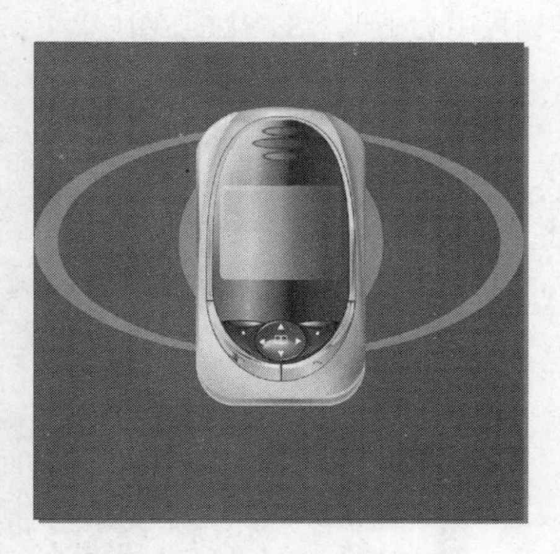

图 3-158　手机和背景图案

3.2.2 在 Photoshop CS2 中添加文字

接下来，在 Photoshop CS2 中添加文字，完成 DM 广告的制作。

1 启动 Photoshop CS2。打开本书附带光盘中的文件“Sura-3/手机.tif”，如图 3-159 所示。

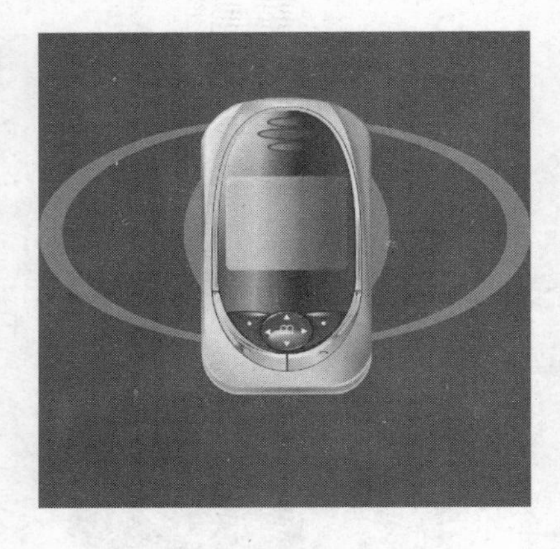

图 3-159 “手机.tif”文件

2 在工具箱中单击“设置前景色”色块，打开“拾色器”对话框，将前景色设置为白色。在工具箱中单击“横排文字”工具 T，在选项栏中会出现文字的属性设置。在“字体”下拉列表框中选择 Benguiat Bk BT 选项，在“字体尺寸”下拉列表框中输入 6。然后在如图 3-160 所示的位置输入文字“STYLE”。这时在图层调板中会出现“STYLE”图层。

图 3-160 输入文字

3 使用同样的设置在如图 3-161 所示的位置输入标志文字“STYLE”。然后设置字体尺寸为 14。

图 3-161 输入标志

4 在工具箱中单击“横排文字”工具 T，在选项栏中会出现文字的属性设置。在“字体”下拉列表框中选择 Snall Fonts 选项，在“字体尺寸”下拉列表框中输入 10。然后在如图 3-162 所示的位置输入文字“Mobile”。

图 3-162　输入文字

5 将“Mobile”的第一个字母“M”设置为红色，如图 3-163 所示。

图 3-163　设置字母“M”的颜色

6 在工具箱中单击“横排文字”工具 T，在选项栏中会出现文字的属性设置。在“字体”下拉列表框中选择“黑体”选项，在“字体尺寸”下拉列表框中输入 10。然后在如图 3-164 所示的位置输入文字“时尚理念……”。

图 3-164　输入文字

7 在工具箱中单击“横排文字”工具 T，在选项栏内会出现文字的属性设置。在“字体”下拉列表框中选择“黑体”选项，在“字体尺寸”下拉列表框中输入 15，然后在如图 3-165 所示的位置输入文字“灵感，岂止于表象”。

图 3-165　输入文字

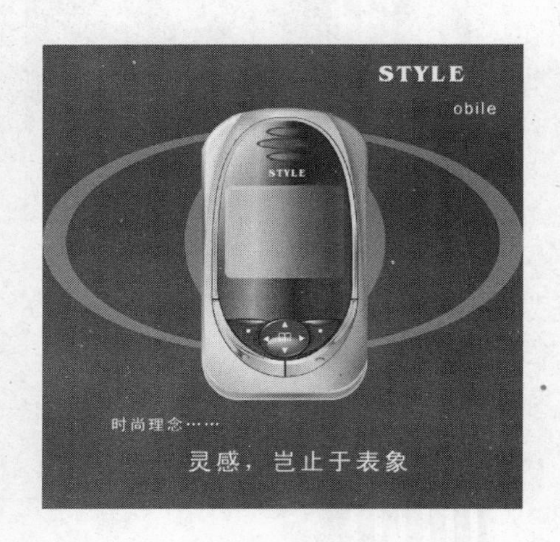

图 3-166　手机 DM 广告

8 现在本例就全部完成了，效果如图 3-166 所示。如果在设置过程中遇到了什么问题，可以打开本书附带光盘中的文件“Sura-3/手机.psd”。这是本例完成后的文件。

第4章 制作杂志广告(1)

本章重点：

1. 杂志广告的制作方法
2. 在 Photoshop CS2 中调整图像
3. CorelDRAW X3 交互工具的应用

杂志广告是一种印刷品形式的广告。由于技术上的原因，杂志广告能够达到非常精美细致的视觉效果。这种广告针对的受众有充足的时间阅读，甚至把广告当作设计作品来欣赏。所以，杂志广告的设计和制作通常都很考究。在本章中，将指导读者制作 FREEDOM 数码产品的系列广告。系列广告是指使用非常相似的内容、色彩、构图或背景等元素设置的同一种或相关联的几种产品的广告。这种广告形式具有连贯性，易于引起受众的兴趣，并有助于其记忆。由于制作非常复杂，所以本例的杂志广告将分为两章来介绍。本章将制作 FREEDOM 掌上电脑的广告，而下一章中将制作 FREEDOM 摄像机的广告。通过这两章内容，读者可以了解相关工具的使用和杂志广告的实际制作方法。

4.1 在 CorelDRAW X3 中绘制掌上电脑

首先在 CorelDRAW X3 中绘制掌上电脑。掌上电脑造型较为简单，但由于其表面为真皮质感，且立体感不强，所以需要在细节上进行细致的刻画。在 CorelDRAW X3 中的绘制工作将分为底盘的绘制、四角的绘制和按钮的绘制三部分，在绘制过程中需要使用对象管理器来编辑和管理对象图层。图 4-1 所示为本工作完成后的效果。

图 4-1　FREEDOM 掌上电脑的广告

4.1.1　绘制底盘

首先绘制底盘部分。底盘为掌上电脑的主体部分。由于显示屏的内容将在 Photoshop CS2 中添加，所以显示屏将以一个黑色的矩形框来表示。

1 启动 CorelDRAW X3，选择“窗口”/“泊坞窗”/“对象编辑器”命令，打开对象管理器。在对象管理器中右击“图层 1”，在弹出的快捷菜单中选择“重命名”命令，将其命名为“底盘”。在工具箱中单击“贝塞尔工具”按钮，绘制如图 4-2 所示的图形。然后将其填充为黑色，并取消其轮廓线。该图形的宽和高为 100 mm 和 65 mm。该图形为黑色的底衬。由于该图形大部分都会被其他图形遮挡，所以在绘制时只须保证其大致的形状就可以了。注意要使几个角的部分向外倾斜。

图 4-2　绘制黑色底衬

2 使用“贝塞尔工具”在如图 4-3 所示的位置绘制一个图形。注意图形的四角要绘制得很圆滑。

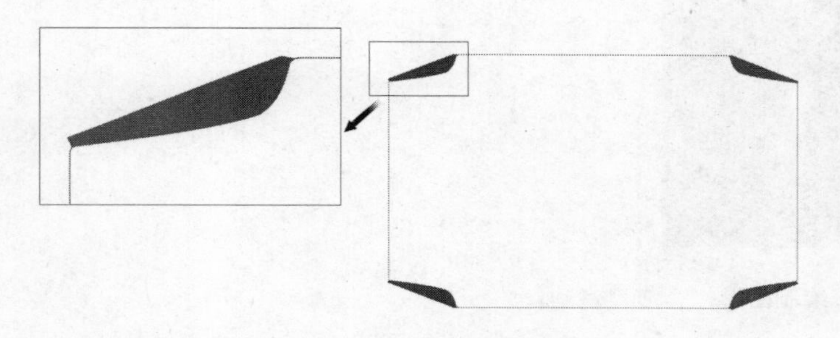

图 4-3　绘制外壳

3 掌上电脑外壳整体呈灰绿色，因此将新绘制的图形填充为浅灰绿色到深灰绿色到灰绿色再到浅灰绿色 4 种颜色过渡的渐变色，并取消其轮廓线，如图 4-4 所示。

图 4-4　渐变填充图形

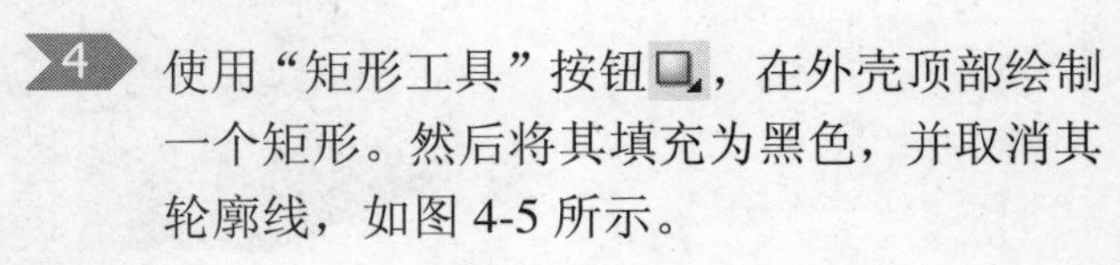

4 使用“矩形工具”按钮，在外壳顶部绘制一个矩形。然后将其填充为黑色，并取消其轮廓线，如图 4-5 所示。

图 4-5　绘制矩形

5 单击“矩形工具”按钮，在外壳底部绘制第 2 个矩形。然后将其填充为黑色，并取消其轮廓线，如图 4-6 所示。

图 4-6　绘制底部矩形

6 绘制外壳右侧的反光部分。使用“贝塞尔工具”按钮在如图 4-7 所示的位置绘制一个图形。

图 4-7　绘制图形

7 将该图形填充为灰绿色到接近于白色的浅灰绿色到浅灰绿色再到灰绿色 4 种颜色过渡的渐变色，如图 4-8 所示。注意要使图形两侧的颜色与外壳的颜色相融合。

图 4-8　填充图形

8 单击“交互式透明工具”按钮，参照图 4-9 设置的色块，设置图形的透明效果。

图 4-9　设置图形的透明效果

图 4-10　绘制矩形

9 单击“矩形工具”按钮，绘制一个宽度为 60 mm、高度为 45 mm 的矩形，如图 4-10 所示。

10 选择矩形，在属性栏中的 4 个“边角圆滑度”参数栏中均输入 2。然后将矩形填充为黑色，并取消其轮廓线，如图 4-11 所示。

图 4-11　填充图形

11 使用“贝塞尔工具”在如图 4-12 所示的位置绘制一个图形。然后将其填充为浅灰绿色，并取消其轮廓线。

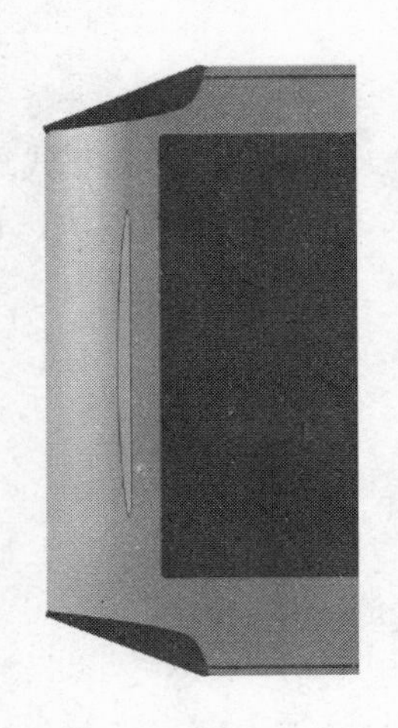

图 4-12　填充图形

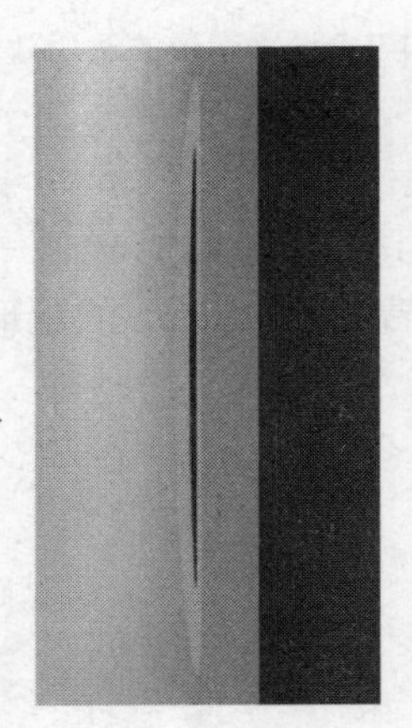

图 4-13　绘制图形

12 使用“贝塞尔工具”在如图 4-13 所示的位置绘制一个图形。然后将其填充为黑色，并取消其轮廓线。

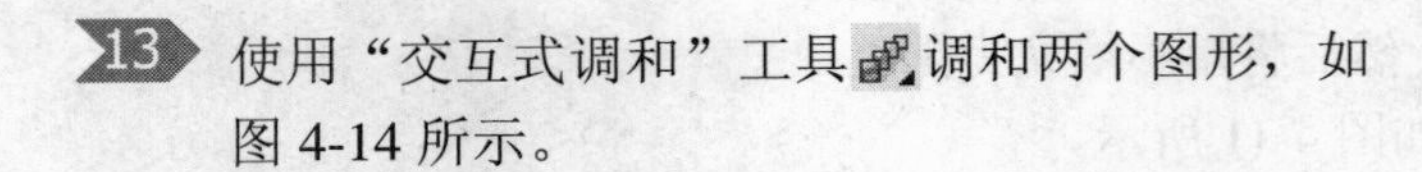

13 使用“交互式调和”工具调和两个图形，如图 4-14 所示。

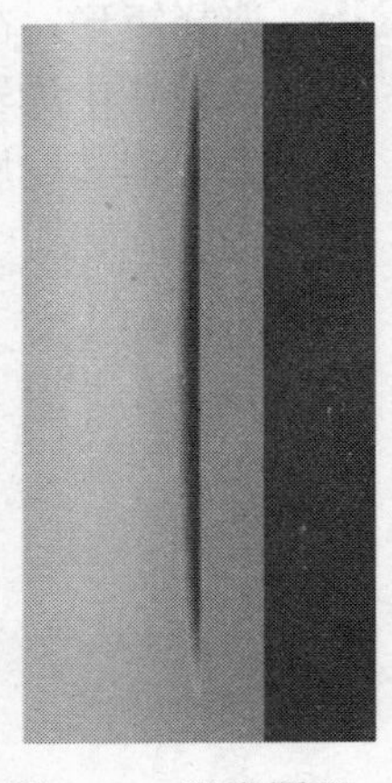

图 4-14　调和图形

14 接下来绘制外壳上的几个高光部分。使用“贝塞尔工具”在如图 4-15 所示的位置绘制一个图形。然后将其填充为白色，并取消其轮廓线。

图 4-15　绘制新图形

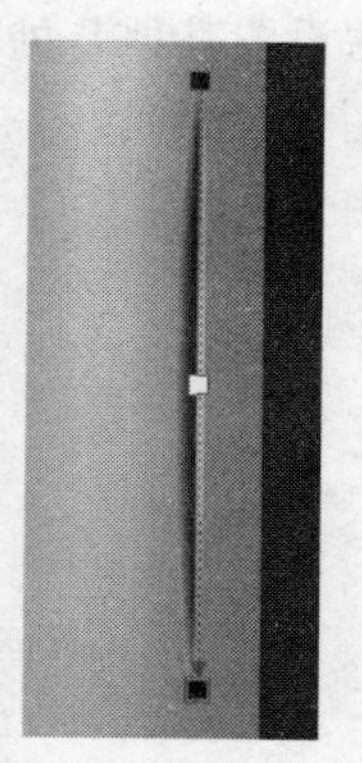

图 4-16　设置图形的透明效果

15 单击“交互式透明工具”按钮，参照图 4-16 设置的色块，设置图形的透明效果。

16 使用“贝塞尔工具”在如图 4-17 所示的位置绘制一个图形。然后将其填充为白色，并取消其轮廓线。

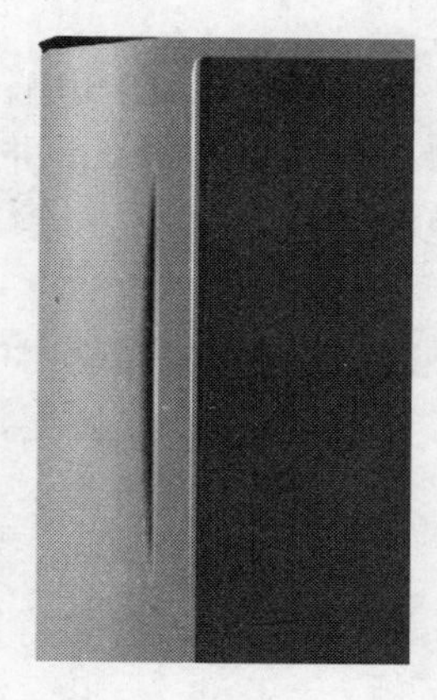

图 4-17　绘制屏幕左侧的高光

17 单击“交互式透明工具”按钮，参照图 4-18 设置的色块，设置图形的透明效果。

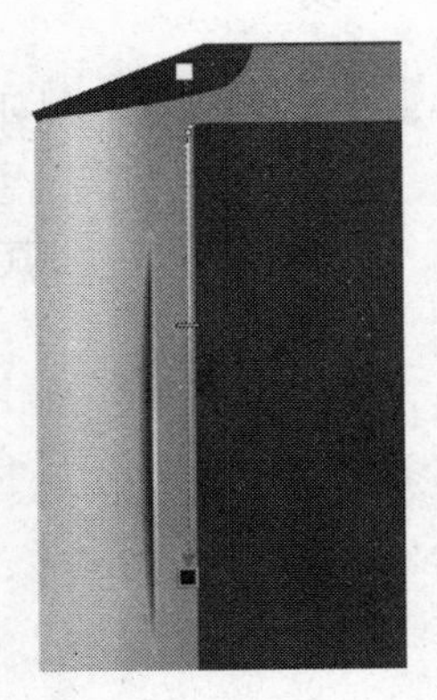

图 4-18 设置高光透明效果

18 使用同样的方法设置其他几处高光，完成后的效果如图 4-19 所示。

图 4-19 设置外壳上其他几处高光

4.1.2 绘制四角

接下来绘制掌上电脑的 4 个角。这 4 个角为橡胶质感。由于 4 个角的形状和明暗都很相似，所以我们仅着重讲解 1 个角的绘制过程。读者可以根据第 1 个角的绘制过程，绘制其他 3 个角。

1 在对象管理器中单击“新建图层”按钮，创建一个新图层，然后将该图层命名为“四角”。使用“贝塞尔工具”在如图 4-20 所示的位置绘制一个图形。然后将其填充为接近白色的浅灰绿色，并取消其轮廓线。

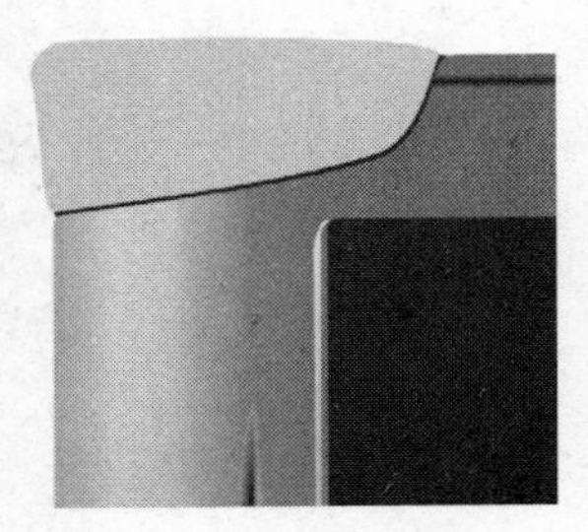

图 4-20 绘制新图形

2 使用“贝塞尔工具”在如图 4-21 所示的位置绘制一个图形。

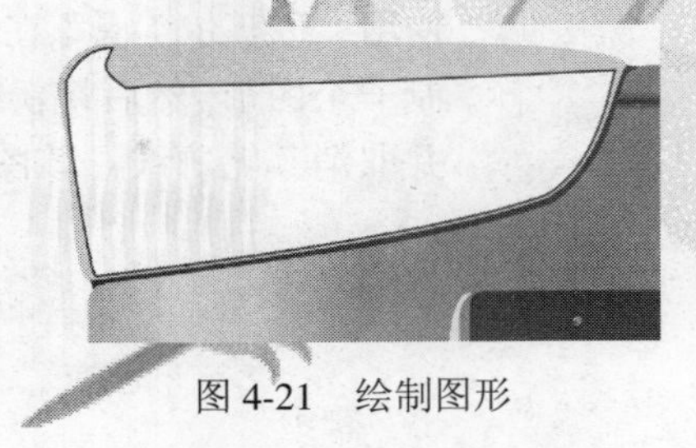

图 4-21　绘制图形

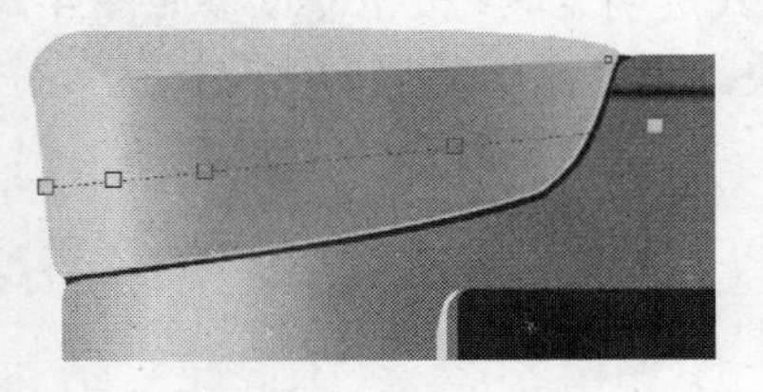

图 4-22　渐变填充

3 将新绘制的图形填充为浅灰绿色到接近白色的浅灰绿色到深灰绿色到灰绿色再到浅灰绿色 5 种颜色过渡的渐变色，并取消其轮廓线，如图 4-22 所示。

4 单击“交互式透明工具”按钮，参照图 4-23 设置的色块，设置图形的透明效果，以模糊顶部与侧边的边缘。

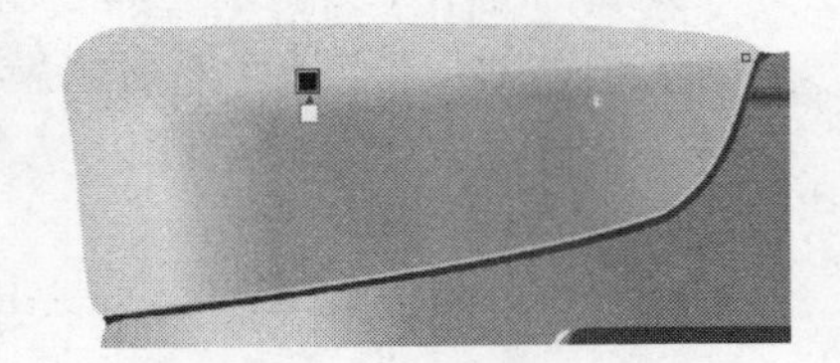

图 4-23　设置图形透明效果

5 使用“贝塞尔工具”在如图 4-24 所示的位置绘制一个图形。然后将新绘制的图形填充为由浅灰绿色到深灰绿色到灰绿色再到浅灰绿色 4 种颜色过渡的渐变色，并取消其轮廓线。

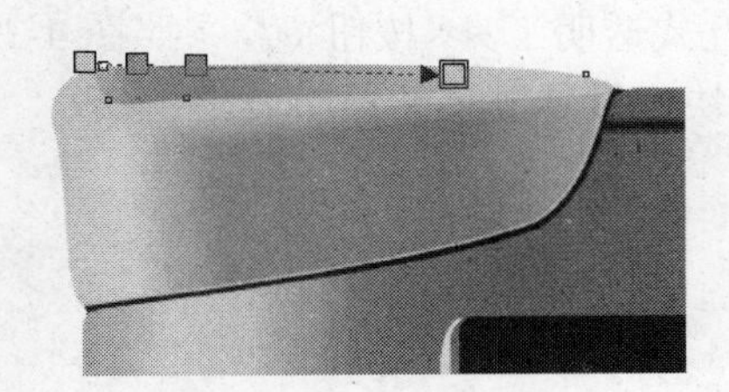

图 4-24　绘制并填充图形

6 单击“交互式透明工具”按钮，参照图 4-25 设置的色块，设置图形的透明效果。

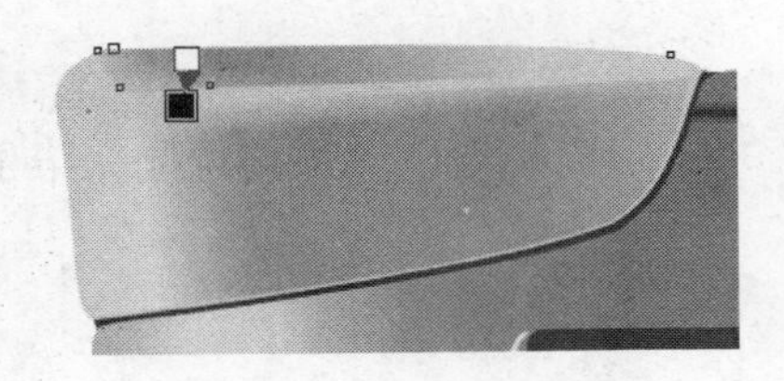

图 4-25　设置图形的透明效果

7 使用“贝塞尔工具”在如图 4-26 所示的位置绘制一个图形。然后将新绘制的图形填充为白色，并取消其轮廓线。该图形为左上角的高光。

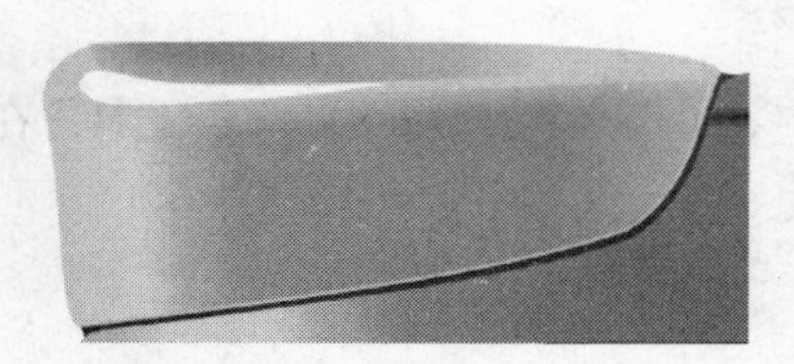

图 4-26 制作左上角的高光

8 单击“交互式透明工具”按钮，参照图 4-27 设置的色块，设置图形的透明效果。

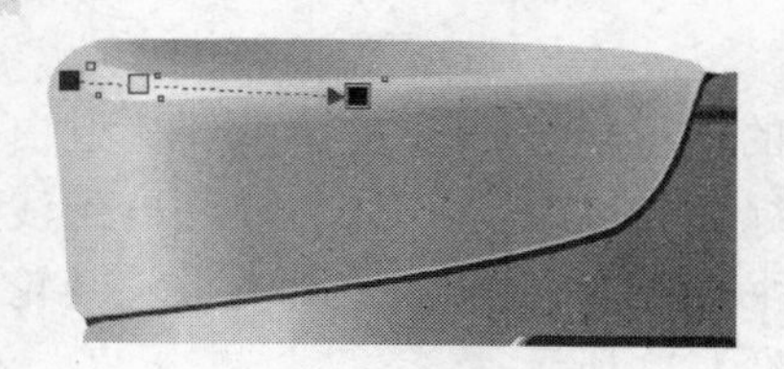

图 4-27 设置图形的透明效果

9 使用“贝塞尔工具”在如图 4-28 所示的位置绘制一个图形。然后将新绘制的图形填充为白色，并取消其轮廓线。

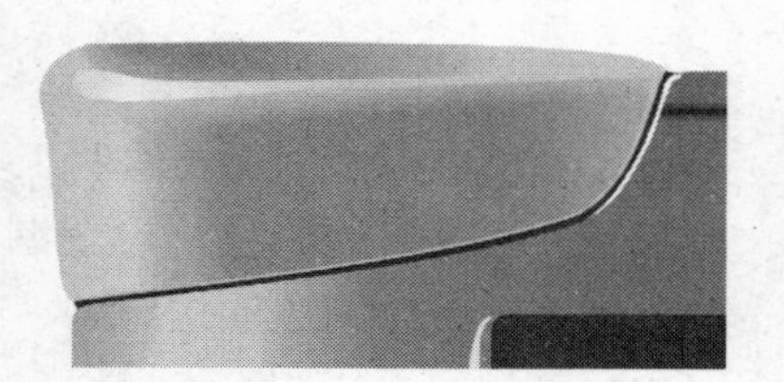

图 4-28 绘制图形

10 单击“交互式透明工具”按钮，参照图 4-29 设置的色块，设置图形的透明效果。

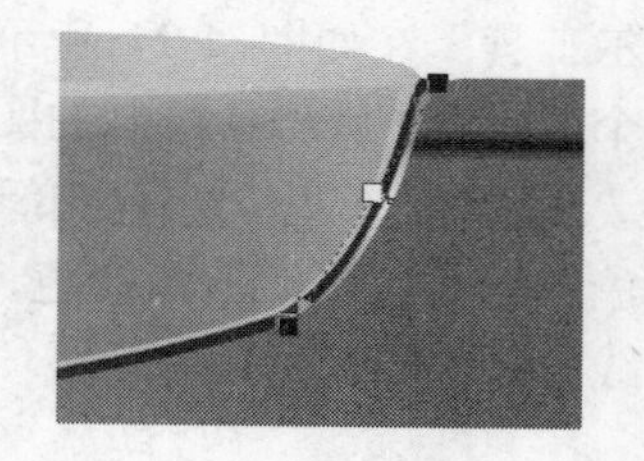

图 4-29 设置图形的透明效果

11 现在左上角绘制完毕了，效果如图 4-30 所示。

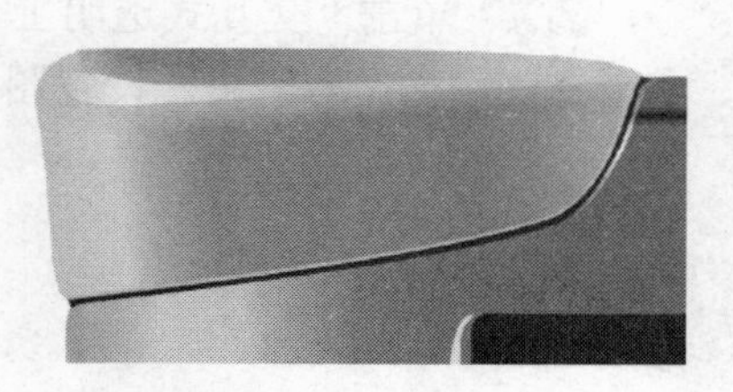

图 4-30 掌上电脑左上角

12 根据左上角绘制其他 3 个角，如图 4-31 所示，由于 4 个角很相似，可以使用镜像复制的方法进行复制，然后适当对高光部分进行改动。

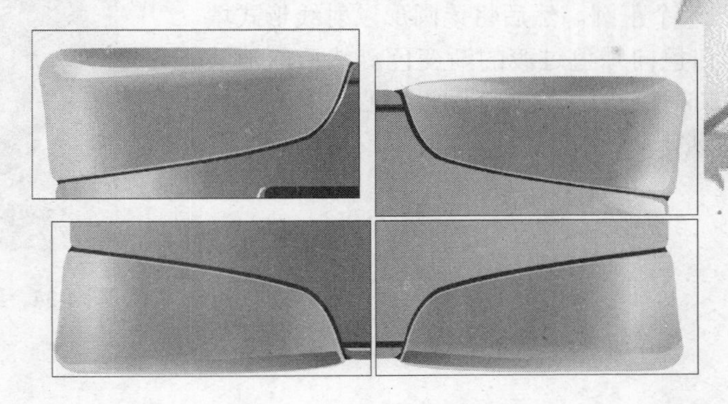

图 4-31　绘制其他 3 个角

4.1.3　绘制按钮

最后绘制按钮，按钮的绘制是整个绘制过程中最复杂的，使用了很多工具，并且需要精确绘制。

1 在对象管理器中单击“新建图层”按钮，创建一个新图层。将该图层命名为“按钮”。在工具箱中单击“椭圆工具”按钮，按住 Ctrl 键，在如图 4-32 所示的位置绘制一个正圆。然后将该圆形填充为由浅灰向白色过渡的渐变色，并取消其轮廓线。

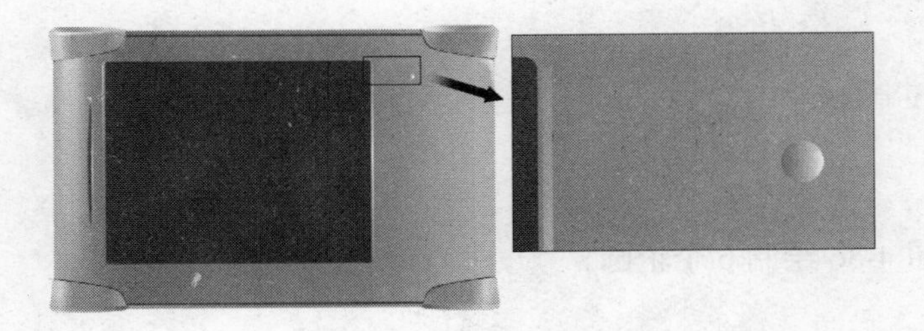

图 4-32　绘制正圆并填充

2 绘制第 2 个正圆。然后将该圆形填充为由白色向浅灰过渡的渐变色。然后取消其轮廓线。再使其与上一个圆沿中心点对齐，如图 4-33 所示。

图 4-33　绘制第 2 个圆

3 绘制第 3 个正圆。然后将该圆形以射线形式填充为由白色向绿色过渡的渐变色。然后取消其轮廓线。再使其与第 2 个圆沿中心点对齐，如图 4-34 所示。

图 4-34 绘制第 3 个圆

4 将该指示灯复制两个，并放置于如图 4-35 所示的位置。

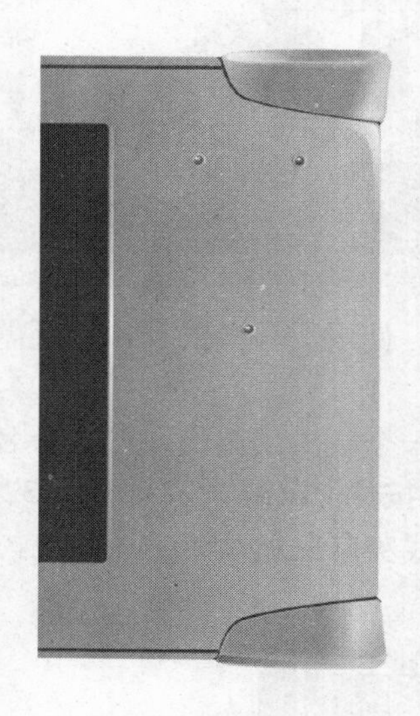

图 4-35 复制指示灯

5 参照图 4-36 绘制 6 个正圆。

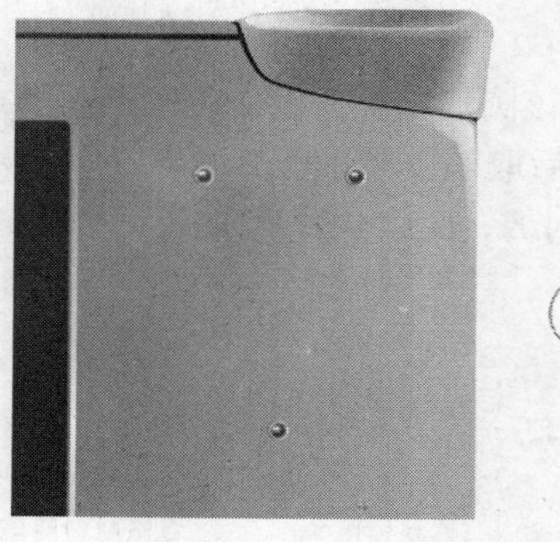

图 4-36 再绘制 5 个正圆

6 将 6 个圆形复制，并按比例放大。在属性栏中单击“焊接”按钮，将其焊接。然后将其填充为由灰绿色向浅灰绿色过渡的渐变色。然后取消其轮廓线。将其放置于如图 4-37 所示的位置。

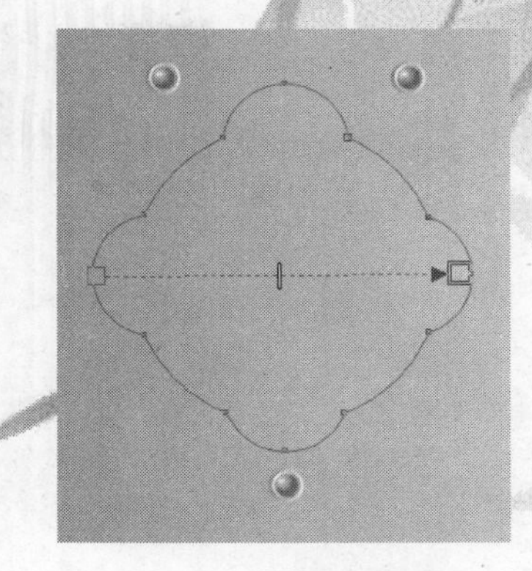

图 4-37　焊接并填充图形

提示

填充渐变色后的图形颜色与底部外壳的颜色融合在一起。

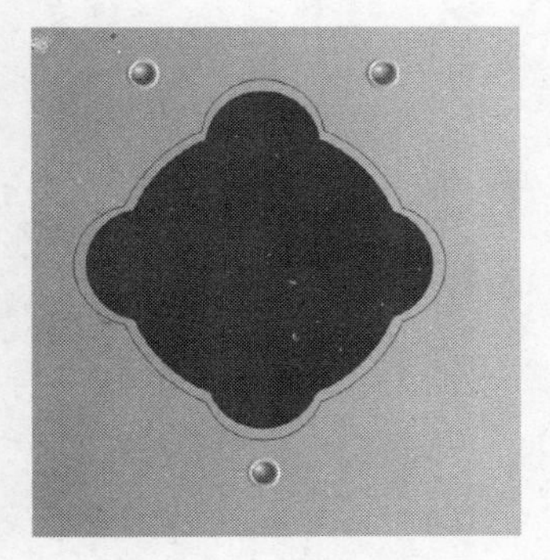

图 4-38　复制图形

7 将焊接后的图形复制。然后将复制的图形按比例缩小，将其填充为黑色，并使其与原图形沿中心点对齐，如图 4-38 所示。

8 使用“交互式调和”工具调和两个图形，如图 4-39 所示。

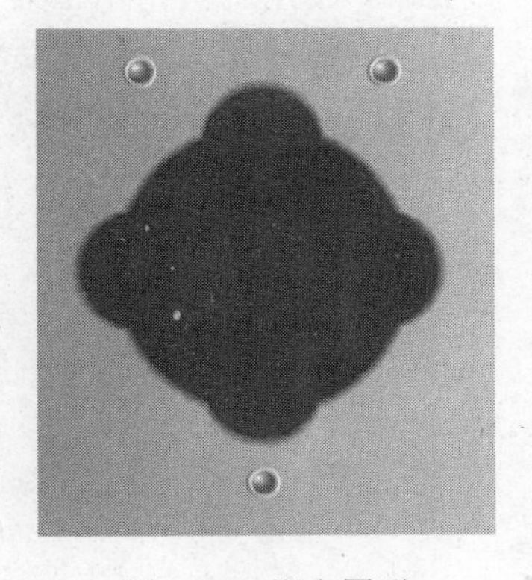

图 4-39　调和图形

9 将步骤 5 中绘制的 6 个圆形放置于如图 4-40 所示的位置。

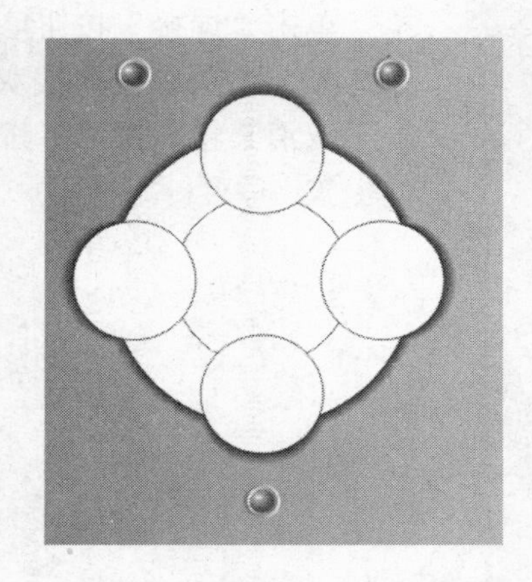

图 4-40　移动圆形到合适的位置

图 4-41　填充图形

10 将这 6 个圆形均填充为由白色向浅灰色过渡的渐变色，如图 4-41 所示。

11 使用“贝塞尔工具”在如图 4-42 所示的位置绘制一个图形。然后将新绘制的图形填充为白色，并取消其轮廓线。

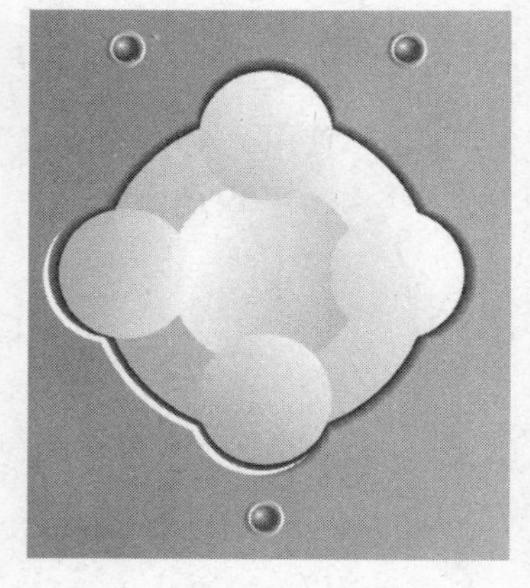

图 4-42　绘制新图形

12 单击“交互式透明工具”按钮，参照图 4-43 设置的色块，设置图形的透明效果。

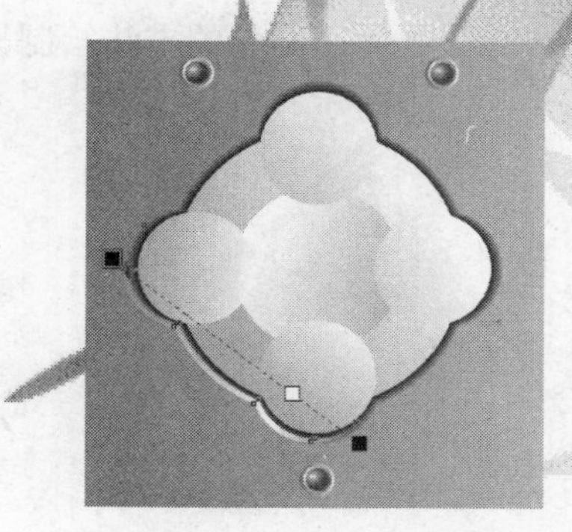

图 4-43　设置图形的透明效果

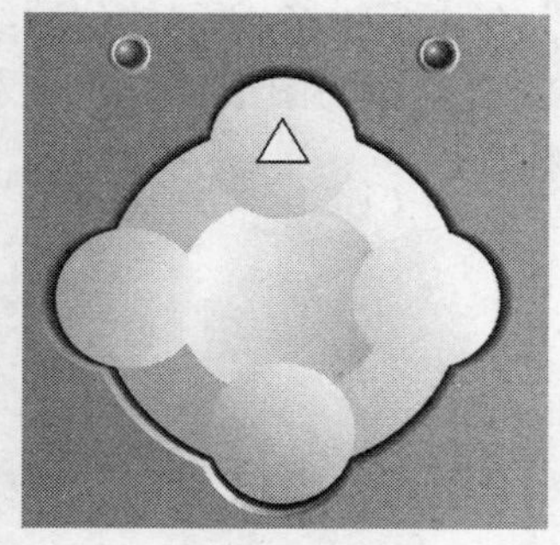

图 4-44　绘制三角形

13 在工具箱中单击“多边型工具”按钮，在属性栏的“多边型端点数”参数栏中输入 3。然后在如图 4-44 所示的位置绘制一个三角形。

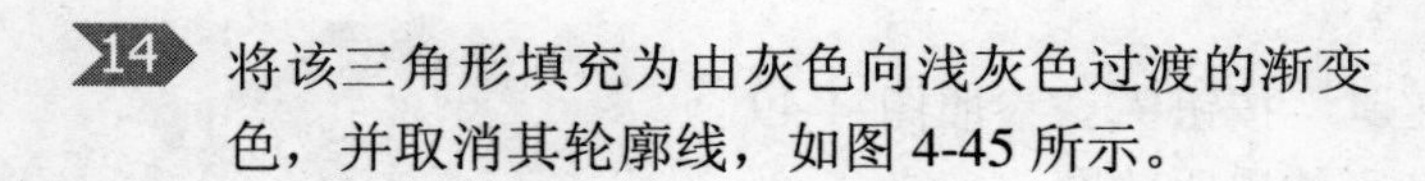

14 将该三角形填充为由灰色向浅灰色过渡的渐变色，并取消其轮廓线，如图 4-45 所示。

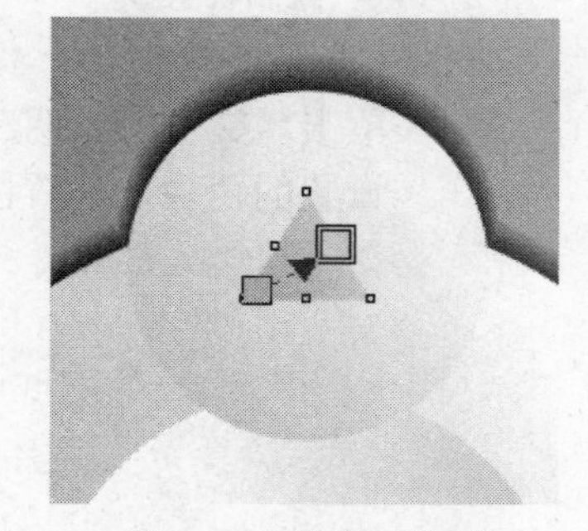

图 4-45　填充三角形

图 4-46　绘制内侧三角形

15 使用“多边型工具”绘制另一个略小的三角形。然后将其与上一个三角形沿中心点对齐。然后取消其轮廓线。再将其填充为由白色向浅灰色过渡的渐变色，如图 4-46 所示。

16 使用同样的方法绘制另外几个三角形，如图 4-47 所示。

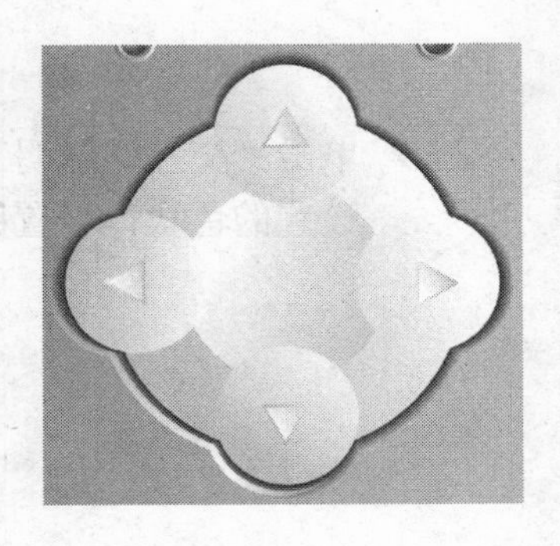

图 4-47　绘制另外几个三角形

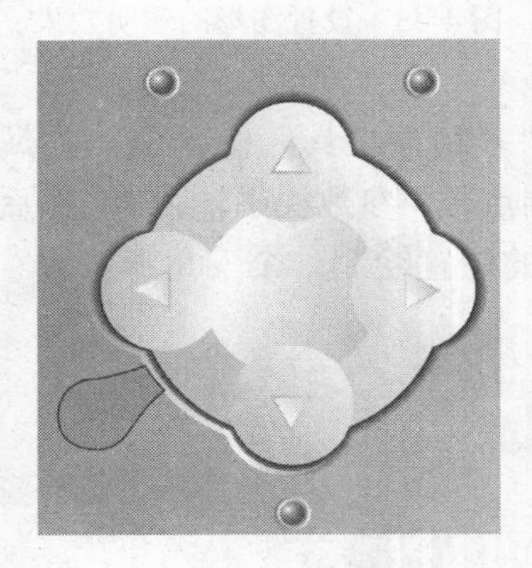

图 4-48　绘制新图形

17 使用“贝塞尔工具”在如图 4-48 所示的位置绘制一个图形。然后将新绘制的图形填充为深灰绿色，并取消其轮廓线。

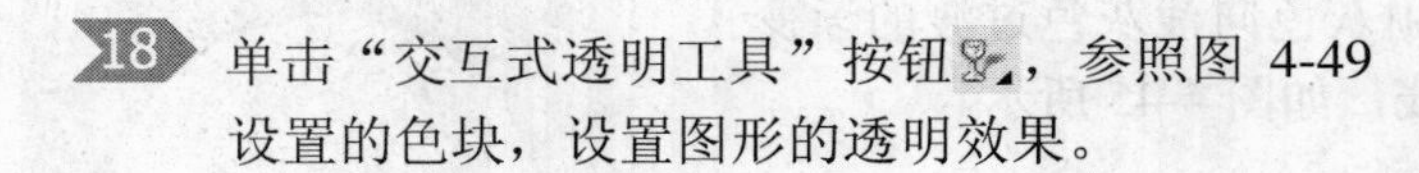

18 单击“交互式透明工具”按钮，参照图 4-49 设置的色块，设置图形的透明效果。

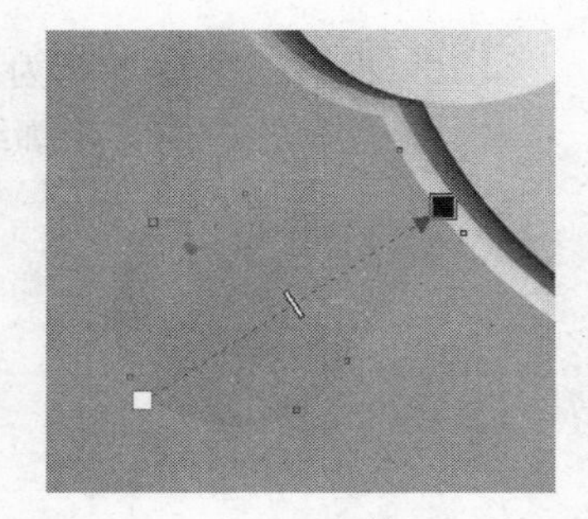

图 4-49　设置图形的透明效果

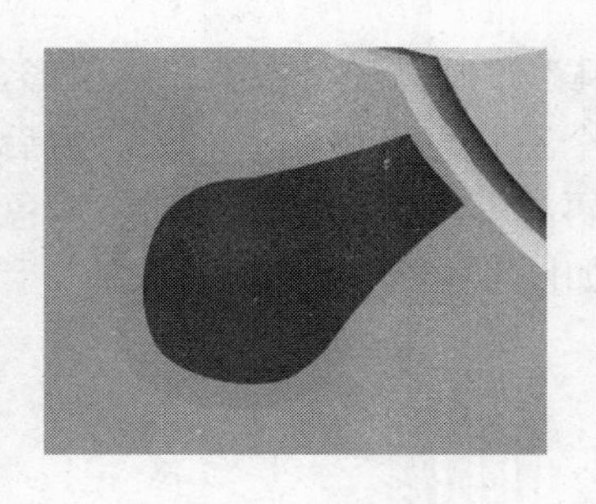

图 4-50　绘制新图形

19 使用“贝塞尔工具”在如图 4-50 所示的位置绘制一个图形。然后将新绘制的图形填充为黑色，并取消其轮廓线。

20 单击“交互式透明工具”按钮，参照图 4-51 设置的色块，设置图形的透明效果。

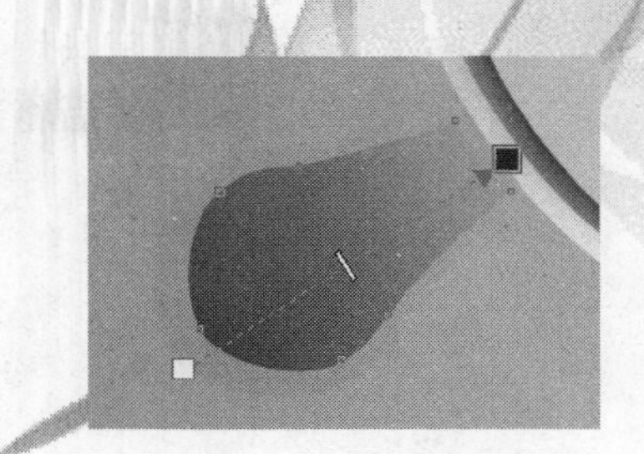

图 4-51　设置图形的透明效果

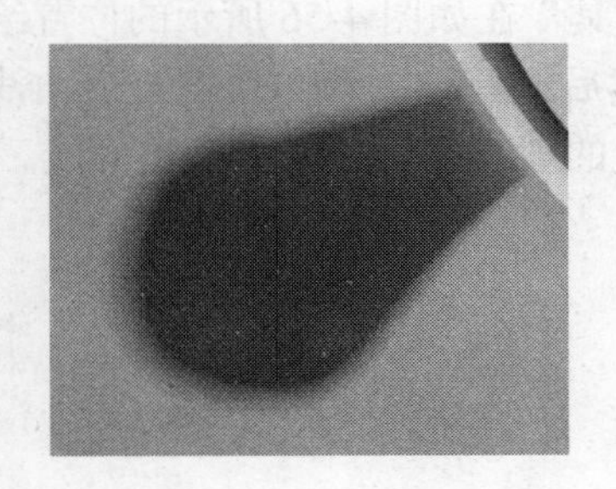

图 4-52　调和两个图形

21 使用“交互式调和”工具调和两个图形，如图 4-52 所示。

22 使用“贝塞尔工具”在如图 4-53 所示的位置绘制一个图形。然后将新绘制的图形填充为白色，并取消其轮廓线。该图形为边缘部分的高光。

图 4-53　绘制边缘部分高光

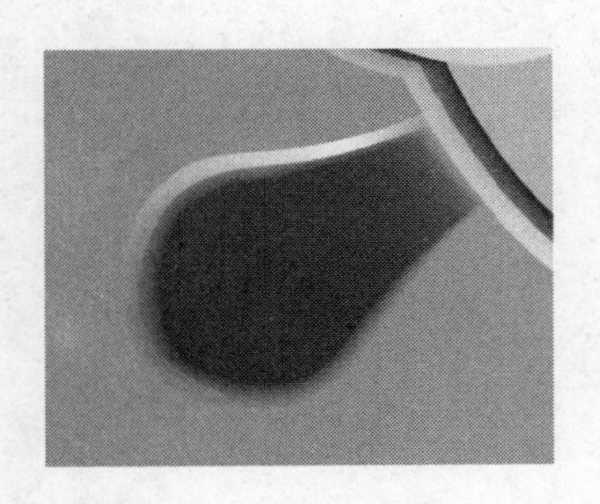

图 4-54　设置图形的透明效果

23 单击“交互式透明工具”按钮，参照图 4-54 设置的色块，设置图形的透明效果。

24 使用“贝塞尔工具”在如图 4-55 所示的位置绘制一个图形。然后将新绘制的图形填充为黑色，并取消其轮廓线。

图 4-55　绘制并填充图形

25 使用“贝塞尔工具”在如图 4-56 所示的位置绘制一个图形。然后将新绘制的图形填充为由浅灰色向白色过渡的渐变色，并取消其轮廓线。

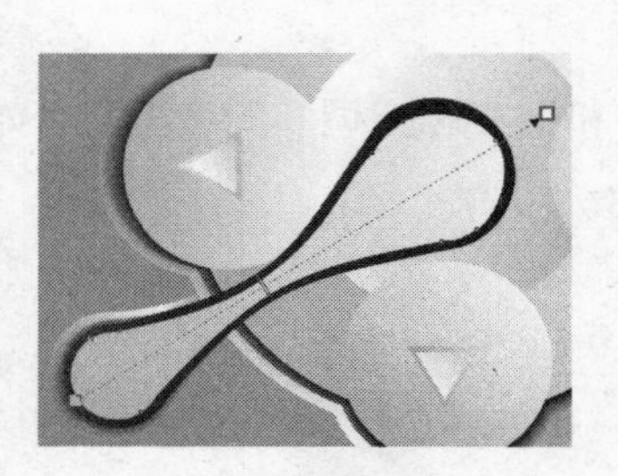

图 4-56　绘制上层图形

26 使用“交互式调和”工具调和两个图形，如图 4-57 所示。

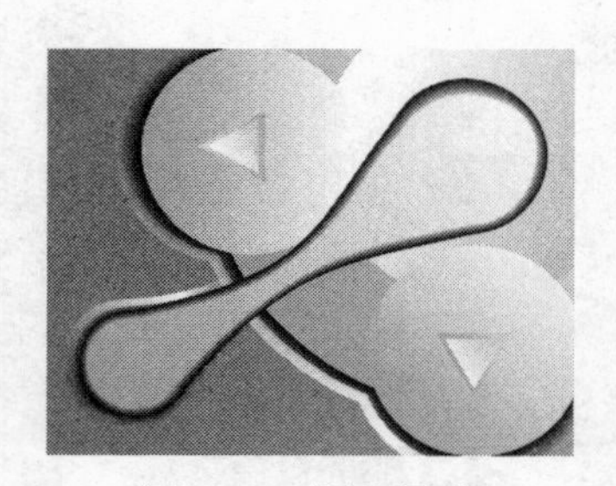

图 4-57　调和图形

27 参照图 4-58 绘制并填充几个正圆。这些圆形为按钮部分。

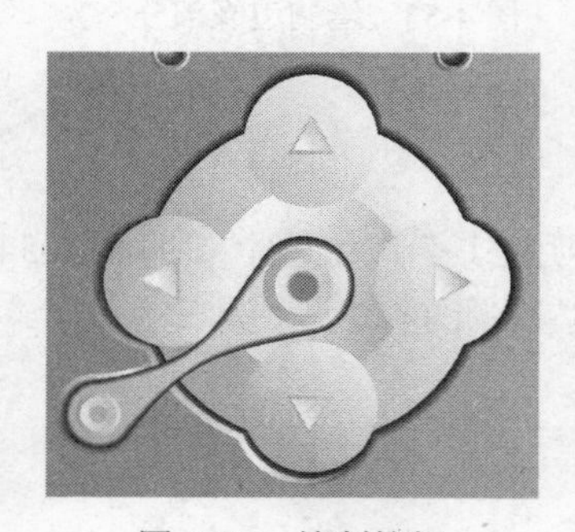

图 4-58　绘制按钮

28 接下来绘制横向的按钮。使用“贝塞尔工具”在如图 4-59 所示的位置绘制一个图形。然后将新绘制的图形填充为由浅灰绿色向灰绿色过渡的渐变色，并取消其轮廓线。

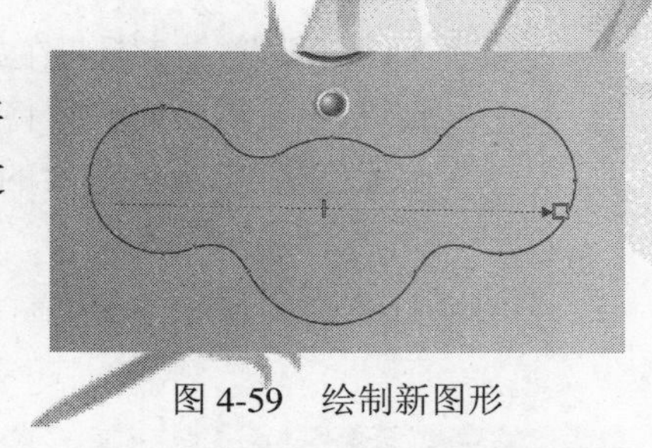

图 4-59　绘制新图形

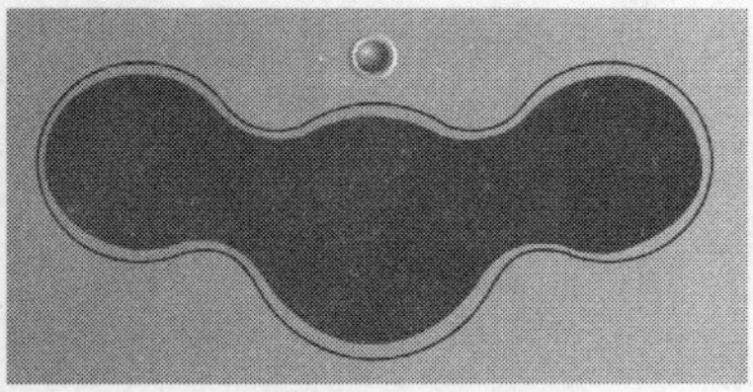

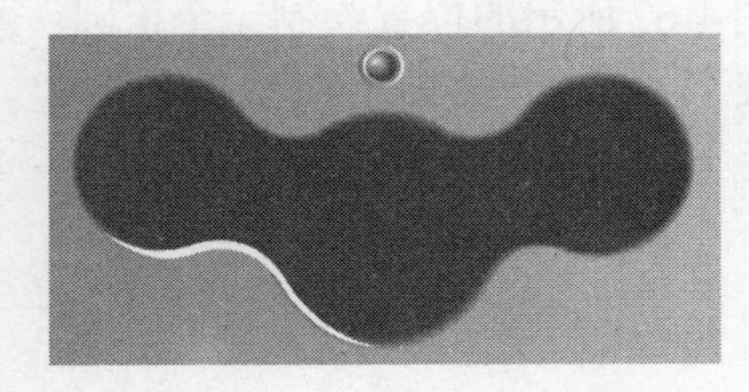

图 4-60　绘制按钮凹槽

29 使用“贝塞尔工具”在如图 4-60 所示的位置绘制一个图形。然后将新绘制的图形填充为黑色，并取消其轮廓线。

30 使用“交互式调和”工具调和两个图形，如图 4-61 所示。

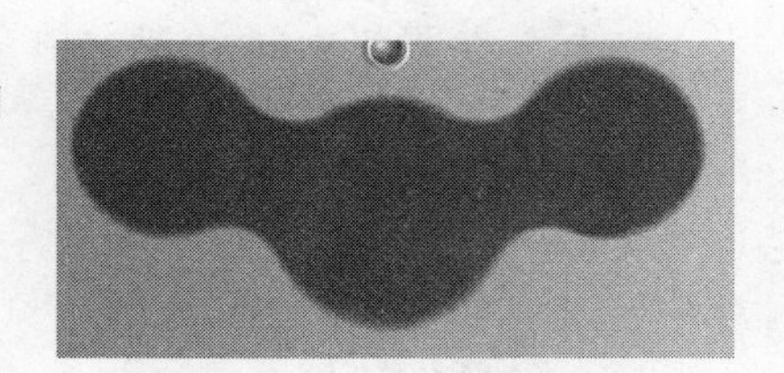

图 4-61　调和图形

31 使用“贝塞尔工具”在如图 4-62 所示的位置绘制一个图形。然后将新绘制的图形填充为白色，并取消其轮廓线，该图形为边缘部分的高光。

图 4-62　绘制边缘部分的高光

32 单击“交互式透明工具”按钮，参照图 4-63 设置的色块，设置图形的透明效果。

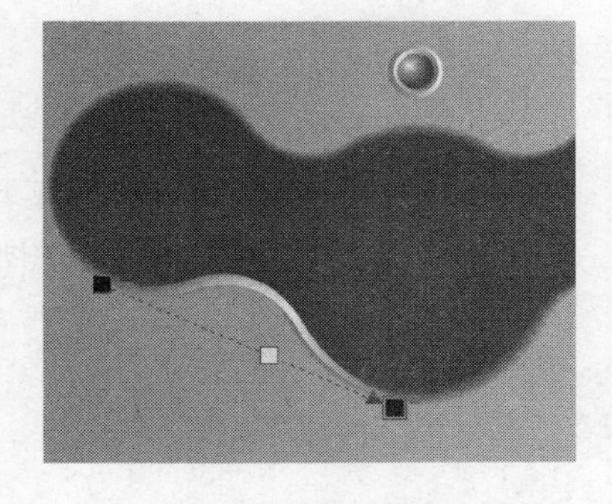

图 4-63　设置图形的透明效果

33 使用“贝塞尔工具”在如图 4-64 所示的位置绘制一个图形。然后将新绘制的图形填充为由浅灰色向灰色过渡的渐变色，并取消其轮廓线。

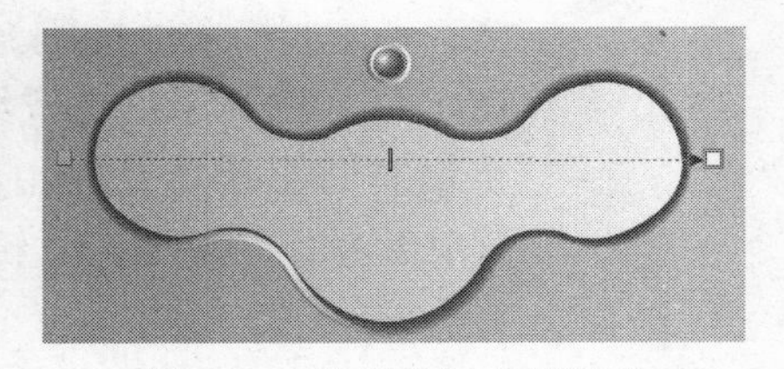

图 4-64　绘制按钮底部图形

34 使用“贝塞尔工具”在如图 4-65 所示的位置绘制一个图形。然后将新绘制的图形填充为由浅灰色向白色过渡的渐变色，并取消其轮廓线。

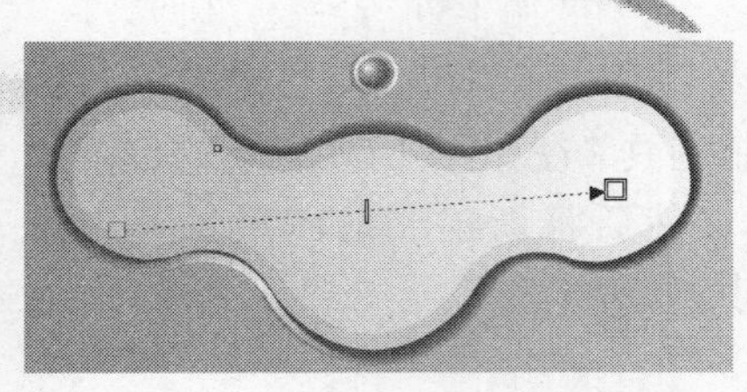

图 4-65　绘制按钮顶部图形

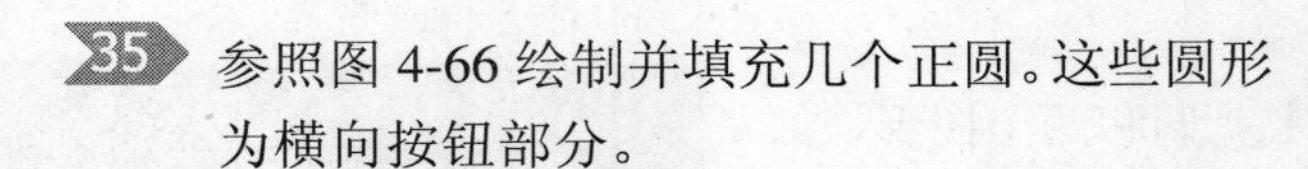

35 参照图 4-66 绘制并填充几个正圆。这些圆形为横向按钮部分。

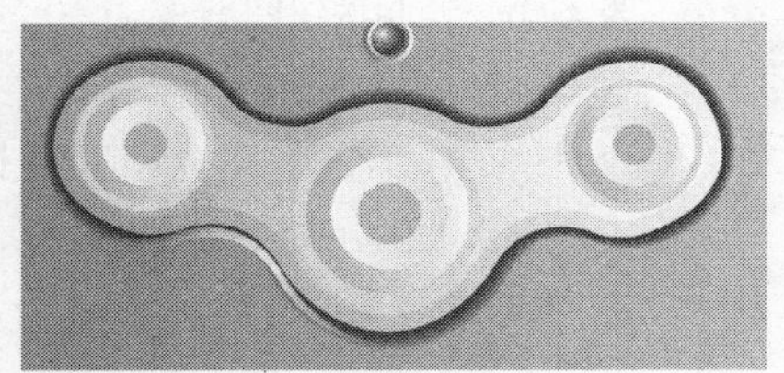

图 4-66　绘制横向按钮

36 在工具箱中单击“椭圆工具”按钮，按住 Ctrl 键，如图 4-67 所示的位置绘制一个正圆。然后将该圆形填充为由浅灰绿色向深灰绿色过渡的渐变色，并取消其轮廓线。

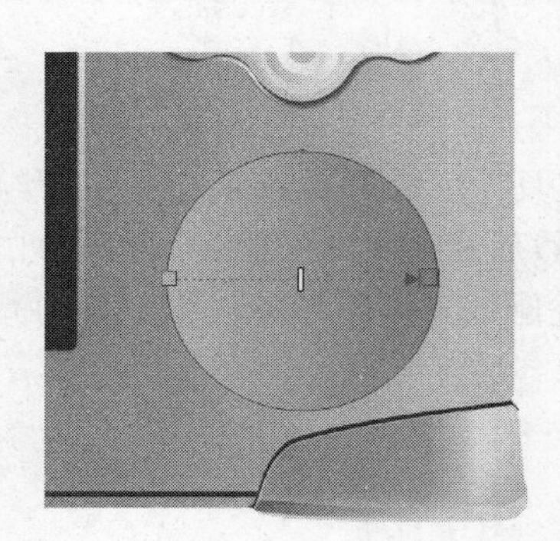

图 4-67　绘制并填充正圆

37 单击“交互式透明工具”按钮，参照图 4-68 设置的色块，设置图形的透明效果。

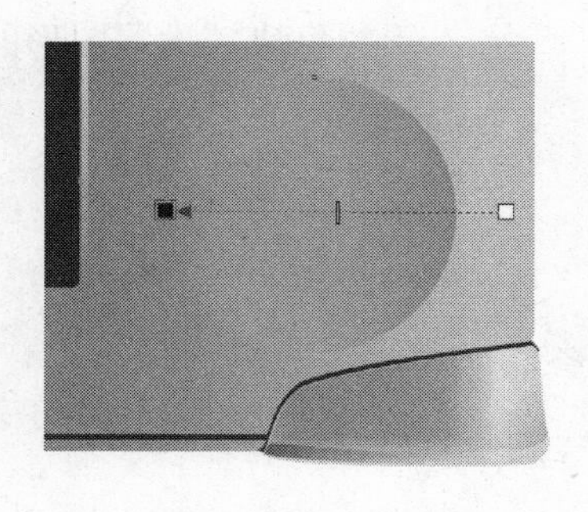

图 4-68　设置图形的透明效果

38 在如图 4-69 所示的位置绘制一竖排正圆。然后将这些正圆填充为黑色，并使其与新绘制的圆形在垂直方向沿中心点对齐。

39 单击“焊接”按钮，将黑色的小圆形焊接。选择底部的大圆，选择“窗口”/“泊坞窗”/“变换”/“旋转”命令，打开“旋转”泊坞窗。这时可以看到，在 H 参数栏中的值为 139，V 参数栏中的参数为 153。选择焊接后的黑色的小圆形，进入“旋转”泊坞窗。在 H 参数栏中输入 139，在 V 参数栏中输入 153。

图 4-69　沿垂直中心对齐图形

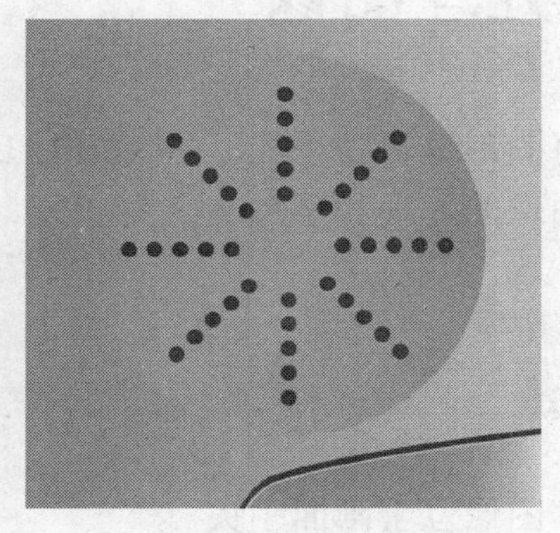

图 4-70　复制并旋转对象

40 在“角度”参数栏中输入 45。然后连续单击 7 次“应用到再制”按钮（需要单击 7 次，共复制 7 组图形），将该图形旋转并复制，如图 4-70 所示。

注意

H 参数和 V 参数是旋转的中心点的位置。在设置时需要根据自己绘制的圆的中心设置该值。

41 选择所有的黑色圆点。单击“焊接”按钮将其焊接。

42 选择焊接后的黑色圆点。在工具箱中单击“交互式透明工具”按钮，在属性栏中的渐变类型下拉列表框中选择“射线”选项，然后参照图 4-71 所示的色块编辑对象的透明效果。

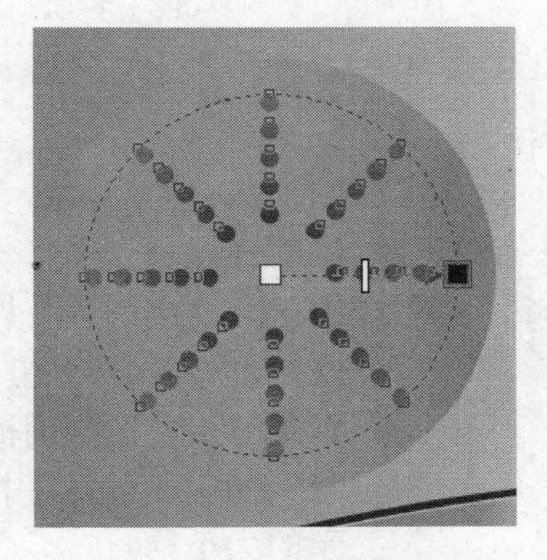

图 4-71　编辑对象的透明效果

43 现在掌上电脑图形的绘制工作全部完成了，效果如图 4-72 所示。

44 将图形导出为 PSD 格式的文件，并将文件命名为“掌上电脑”。

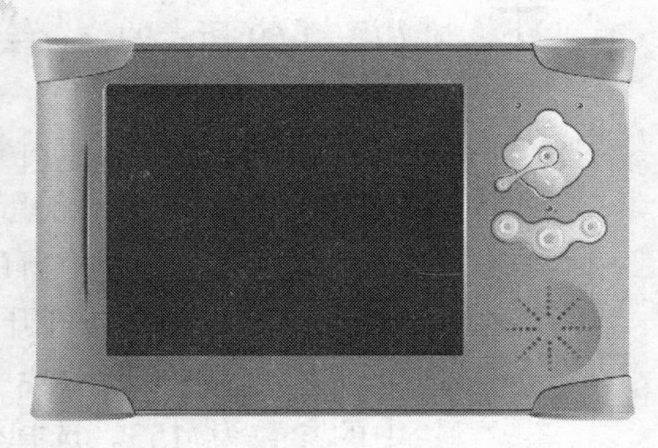

图 4-72　完成后的掌上电脑

4.2　在 Photoshop CS2 中处理图像

当图形的绘制工作完成后，需要在 Photoshop CS2 中将图形编辑为平面广告。主要工作包括添加背景和文字等。本节将该制作过程分为背景和图像的处理和添加文字两部分。

4.2.1　背景和图像的处理

首先对背景和图像进行编辑。本广告为蓝天背景，主体图像位于画面中央。

1 启动 Photoshop CS2。选择“文件”/“新建”命令，打开“新建”对话框。在“名称”文本框中输入“掌上电脑广告”，在“宽度”参数栏内输入 2954，在“高度”参数栏中输入 1778，设置单位为“像素”，在“分辨率”参数栏中输入 150，在“颜色模式”下拉列表框中选择 RGB 选项，设置背景颜色为白色。单击“好”按钮，退出该对话框，创建一个新的文件。

2 从本书附带的光盘中打开“Sura-4/蓝天.jpg”文件，如图 4-73 所示。

图 4-73　“蓝天.jpg”文件

3 按 Ctrl+A 组合键，全选图片，然后按 Ctrl+C 组合键，复制图片。切换到“掌上电脑广告.psd”文件，按 Ctrl+V 组合键，将复制的图片粘贴到该文件中。图层调板中会增加“图层 1”图层。将“图层 1”图层中的内容缩放至如图 4-74 所示的大小。

图 4-74　缩放图形

4 在工具箱中激活“以快速蒙版模式编辑”按钮，进入快速蒙版编辑模式。

5 在工具箱中的“油漆桶工具”按钮下的下拉按钮组选择“渐变工具”按钮，在如图 4-75 所示的位置创建一个选区。

图 4-75　使用渐变工具设置渐变模式

6 在工具箱中激活“以标准模式编辑”按钮，进入标准编辑模式，此时文档中出现如图 4-76 所示的选区。

图 4-76　将渐变填充区域设置为选区

7 按 Delete 键，删除选区内容，然后按 Ctrl+D 组合键，取消选区，此时的效果如图 4-77 所示。

图 4-77　删除选区内容

8 从本书附带的光盘中打开“Sura-4/掌上电脑.psd”文件。按 Ctrl+A 组合键，全选图片。然后按 Ctrl+C 组合键，复制图片。切换到“掌上电脑广告.psd”文件，按 Ctrl+V 组合键，将复制的图片粘贴到该文件中。图层调板中会增加“图层 2”图层。将“图层 2”图层中的内容移动至如图 4-78 所示的位置。

图 4-78　粘贴并移动图形

9 在图层调板中选择“图层 2”图层。在该面板底部单击“添加图层样式”按钮，在弹出的菜单中选择“投影”命令，进入“投影”面板。在“不透明度”参数栏中输入 50，在“距离”参数栏中输入 5，在“扩展”参数栏中输入 10，在“大小”参数栏中输入 40。单击“好”按钮，退出该对话框，图层效果如图 4-79 所示。

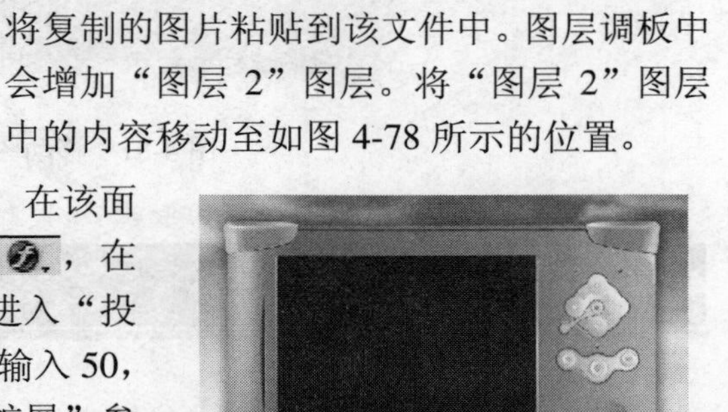

图 4-79　设置图层投影效果

10 从本书附带的光盘中打开“Sura-4/屏幕界面.jpg”文件，如图 4-80 所示。

图 4-80 “屏幕界面.jpg”文件

11 按 Ctrl+A 组合键，全选图片。然后按 Ctrl+C 组合键，复制图片。切换到“掌上电脑广告.psd”文件，按 Ctrl+V 组合键，将复制的图片粘贴到该文件中。图层调板中会增加“图层 3”图层。将“图层 3”图层中的内容移动至电脑屏幕的位置，如图 4-81 所示。

图 4-81 移动图形至电脑屏幕位置

4.2.2 添加文字

接下来在广告中添加文字，包括广告文字和掌上电脑上的文字。

1 在工具箱中单击“设置前景色”色块，打开“拾色器”对话框，将前景色设置为白色。在工具箱中单击“横排文字”工具 T，在选项栏中会出现文字的属性设置。在“字体”下拉列表框中选择 Heattenschweiler 选项，在“字体尺寸”下拉列表框中输入 10。然后在如图 4-82 所示的位置输入文字“FREEDOM”，这时在图层调板中会出现“FREEDOM”图层。

图 4-82　添加标志

2 在工具箱中单击“设置前景色”色块，打开“拾色器”对话框，将前景色设置为黑色。在工具箱中单击“横排文字”工具 T，在选项栏中会出现文字的属性设置。在“字体”下拉列表框中选择 Vrinda 选项，在“字体尺寸”下拉列表框中输入 8。然后在掌上电脑顶部的位置输入文字“POCKET VIDEO RECORDER AV400”，这时在图层调板中会出现“POCKET VIDEO RECORDER AV400”图层，如图 4-83 所示。

图 4-83　输入文字

3 将文字“AV400”设置为橘黄色，如图 4-84 所示。

图 4-84　设置“AV400”文字的颜色

4 在工具箱中单击“设置前景色”色块，打开“拾色器”对话框，将前景色设置为白色。在工具箱中单击“横排文字”工具 T，在选项栏中会出现文字的属性设置。在“字体”下拉列表框中选择 Vrinda 选项，在“字体尺寸”下拉列表框中输入 4。然后在掌上电脑右上部的位置输入文字“OFF”，这时在图层调板会出现“OFF”图层，如图 4-85 所示。

图 4-85　输入文字

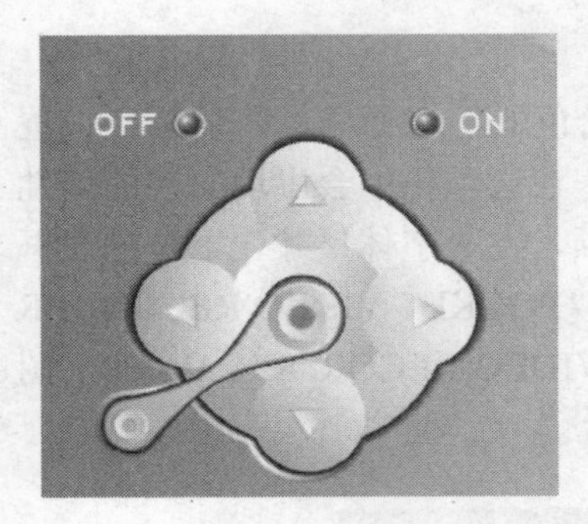

图 4-86　输入另一侧的文字

5 使用同样的设置在另一侧输入 ON，如图 4-86 所示。

6 在工具箱中单击“设置前景色”色块，打开“拾色器”对话框，将前景色设置为黑色。在工具箱中单击“横排文字”工具 T，在选项栏中会出现文字的属性设置。在“字体”下拉列表框中选择“黑体”选项，在“字体尺寸”下拉列表框中输入 20。然后在画面右上的位置输入文字“自由就是”，这时在图层调板中会出现“自由就是”图层，如图 4-87 所示。

图 4-87　输入文字

7 在如图 4-88 所示的位置输入文字“像云一样飘荡……”。然后将其字体尺寸设为 25，将字体设为“黑体”。

8 在如图 4-89 所示的位置输入“放飞我的梦想”。然后将其字体尺寸设为 20。

图 4-88　输入第 2 行字体

图 4-89　输入广告语

9 在工具箱中单击“设置前景色”色块，打开“拾色器”对话框，将前景色设置为灰色。在工具箱中单击“横排文字”工具 T，在选项栏中会出现文字的属性设置。在“字体”下拉列表框中选择 AvantGarde Md BT 选项，在“字体尺寸”下拉列表框中输入 60。然后在画面中下部的位置输入文字“FREEDOM”，这时在图层调板中会出现第 2 个“FREEDOM”图层，如图 4-90 所示。

图 4-90　输入标志

10 在图层调板中选择第 2 个“FREEDOM”图层，在该面板底部单击“添加图层样式”按钮 ，在弹出的菜单中选择“投影”命令，进入“投影”面板。在“不透明度”参数栏中输入 50，在“距离”参数栏中输入 10，在“扩展”参数栏中输入 10，在“大小”参数栏中输入 10。单击“好”按钮，退出该对话框，图层效果如图 4-91 所示。

FREEDOM

图 4-91　设置字体投影

11 从本书附带的光盘中打开“Sura-3/蓝天.jpg”文件，按 Ctrl+A 组合键，全选图片，然后按 Ctrl+C 组合键，复制图片。切换到“掌上电脑广告.psd”文件，按 Ctrl+V 组合键，将复制的图片粘贴到该文件中。然后将其缩放并移动至如图 4-92 所示的位置。

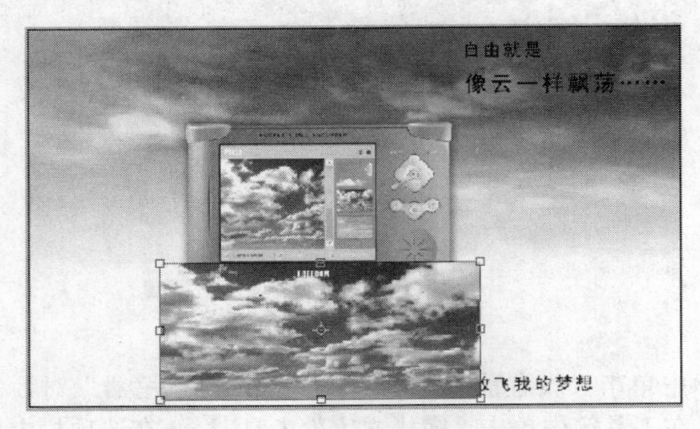

图 4-92　缩放并移动蓝天图片

12 在图层调板中选择新图层，然后单击第 2 个“FREEDOM”图层前的缩略图，将该层设置为选区。按 Ctrl+Shift+I 组合键，反选选区，然后按 Delete 键删除选区，如图 4-93 所示。

FREEDOM

图 4-93　删除选区

13 在工具箱中单击“横排文字”工具 T，在选项栏中出现文字的属性设置。在“字体”下拉列表框中选择“宋体”选项，在“字体尺寸”下拉列表框中输入 30。然后在画面右下方的位置输入文字“掌上电脑”，这时在图层调板中会出现“掌上电脑”图层，如图 4-94 所示。

图 4-94 输入文字

14 在工具箱中单击“设置前景色”色块，打开“拾色器”对话框，将前景色设置为黑色。在工具箱中单击“横排文字”工具 T，在选项栏中会出现文字的属性设置。在“字体”下拉列表框中选择“黑体”选项，在“字体尺寸”下拉列表框中输入 11。然后在画面左侧的位置输入文字“无线上网”，这时在图层调板中会出现“无线上网”图层，如图 4-95 所示。

图 4-95 输入广告语

15 将“无线上网”图层并将该层复制，在图层调板中会出现“无线上网副本”图层。

16 选择“无线上网”图层。选择“滤镜”/“模糊”/“动感模糊”命令，弹出 Adobe Photoshop 对话框，提示是否栅格化图层，如图 4-96 所示。

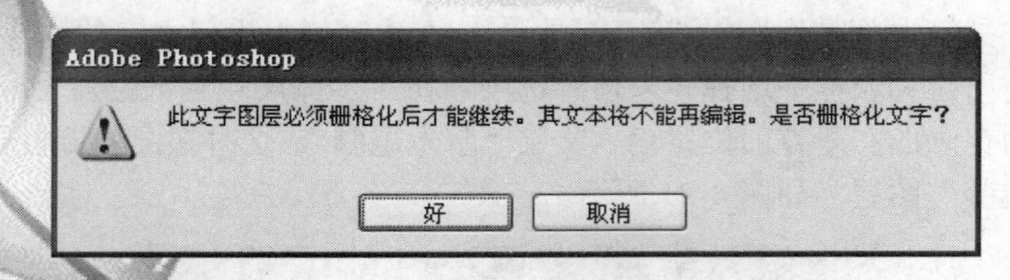

图 4-96　Adobe Photoshop 对话框

17 单击“好”按钮，打开“动感模糊”对话框。在该对话框中的“角度”参数栏中输入 0，在“距离”参数栏中输入 50，如图 4-97 所示，单击“好”按钮，退出该对话框。

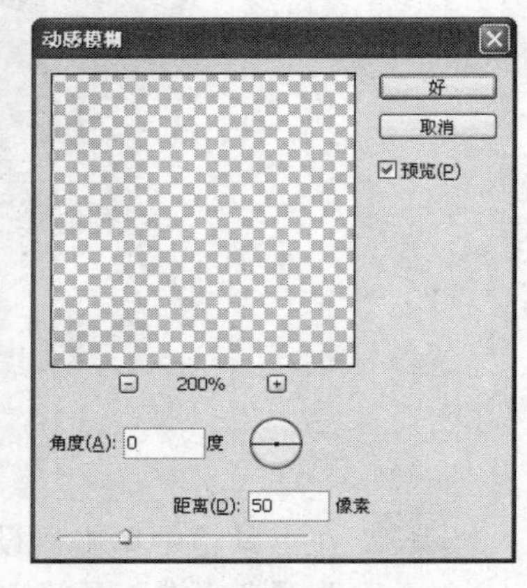

图 4-97　“动感模糊”对话框

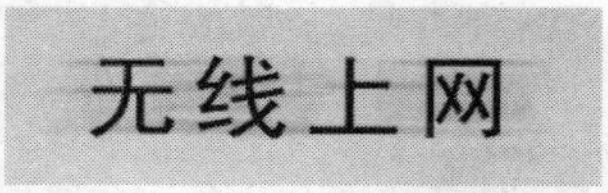

无线上网

图 4-98　设置图层的不透明度

18 设置“无线上网”图层的不透明度为 30%，效果如图 4-98 所示。

19 使用同样的方法设置其他文字，如图 4-99 所示。

图 4-99　设置其他文字

20 在工具箱中单击“设置前景色”色块，打开“拾色器”对话框，将前景色设置为浅蓝色。

21 在图层调板中创建一个新的图层。然后在工具箱中单击“自定义形状”按钮，在选项栏中的“形状”下拉列表框中选择五角星的形状★。在“无线上网”文字前绘制一个五角星，如图 4-100 所示。

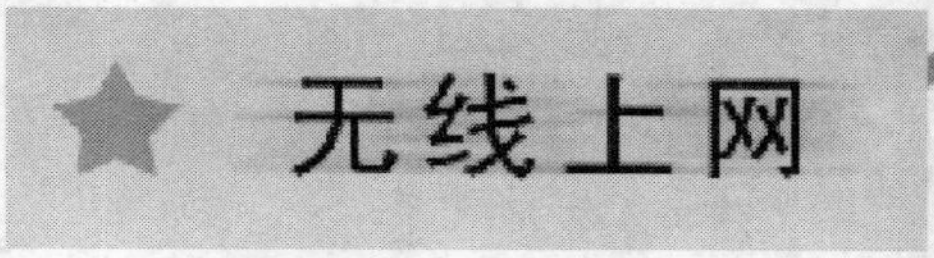

图 4-100　绘制五角星

22 使用同样的方法，在其他文字前绘制五角星，如图 4-101 所示。

图 4-101　在其他文字前绘制五角星

23 选择五角星所在的图层。在图层调板底部单击“添加图层样式”按钮，在弹出的菜单中选择“投影”命令，进入“投影”面板。在“不透明度”参数栏中输入 50，在“距离”参数栏中输入 3，在“扩展”参数栏中输入 5，在“大小”参数栏中输入 5。单击“好”按钮，退出该对话框，图层效果如图 4-102 所示。

图 4-102　设置图层的投影效果

24 现在本例就全部完成了，效果如图 4-103 所示。如果在设置过程中遇到了什么问题，可以打开本书附带光盘中的文件“Sura-4/掌上电脑广告.psd”，这是本例完成后的文件。

图 4-103　FREEDOM 掌上电脑的广告

第5章 制作杂志广告(2)

本章重点：

1. 杂志广告的制作方法
2. 在 Photoshop CS2 中调整图像
3. CorelDRAW X3 交互工具的应用

本章将继续指导读者制作 FREEDOM 数码产品系列广告的第 2 幅广告——FREEDOM 摄像机的广告。FREEDOM 摄像机形状很不规则，因此，其绘制过程也更为复杂。由于系列广告在形式上较为相似，所以在 Photoshop CS2 中的编辑过程较为简单。本例的制作分为在 CorelDRAW X3 中绘制摄像机和在 Photoshop CS2 中处理图像两部分。

5.1 在 CorelDRAW X3 中绘制摄像机

摄像机的造型较为复杂。在绘制时，将分为显示屏、镜头和机身三部分来进行，与前面章节的绘制不同的是，本例是使用整体同步绘制的方法来完成的。这是因为较复杂的图形包含太多的元素，如果较为完整地完成一部分，然后再去制作另一部分，很容易使作品缺乏整体感，在细节上也很容易陷入局部。本例在绘制时，首先整体完成摄像机轮廓和基本色部分，然后再去刻画细节部分。图 5-1 为本例完成后的效果。

图 5-1 FREEDOM 摄像机杂志广告

5.1.1 绘制镜头轮廓

首先绘制镜头轮廓。这部分主要确定镜头各部分的位置和主要的明暗关系。

1. 启动 CorelDRAW X3，创建一个 A4 的页面。选择“窗口”/“泊坞窗”/“对象编辑器”命令，打开对象管理器。在对象管理器中右击“图层 1”名称，在弹出的快捷菜单中选择“重命名”选项，将其命名为“镜头”。

2 在工具箱中单击“贝塞尔工具”按钮，绘制如图 5-2 所示的图形。然后将其填充为棕黄色，并取消其轮廓线。

图 5-2　绘制镜头底部图形

图 5-3　绘制镜头底层

3 在工具箱中单击“椭圆工具”按钮，在如图 5-3 所示的位置绘制一个椭圆。然后将其填充为黑色，并取消其轮廓线。

4 在工具箱中单击“椭圆工具”按钮，在如图 5-3 所示的位置绘制一个椭圆。然后将其填充为白色，并取消其轮廓线。

图 5-4　绘制镜头边缘

图 5-5　渐变填充图形

5 单击“椭圆工具”按钮，在如图 5-5 所示的位置绘制一个椭圆。然后取消其轮廓线，并将其填充为由浅灰至白色过渡的渐变色。

6 单击“椭圆工具”按钮，在如图 5-6 所示的位置绘制一个椭圆。然后取消其轮廓线，并将其填充为黑色。

图 5-6　绘制镜头内径

图 5-7　绘制镜头内部

7 单击“椭圆工具”按钮，在如图 5-7 所示的位置绘制一个椭圆。然后取消其轮廓线，并将其填充为深蓝色。

8 单击“贝塞尔工具”按钮，绘制如图 5-8 所示的图形。然后将其填充为黑色，并取消其轮廓线。

图 5-8　绘制镜头

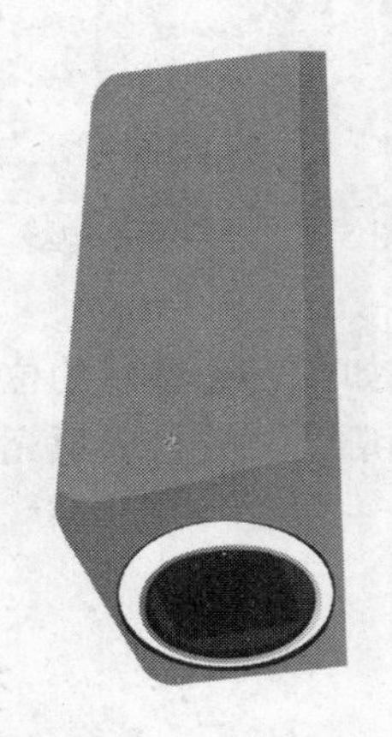

图 5-9　绘制暗部边缘

9 单击“贝塞尔工具”按钮，绘制如图 5-9 所示的图形。然后将其填充为浅棕色，并取消其轮廓线。

10 单击“贝塞尔工具”按钮，绘制如图 5-10 所示的图形。然后将其填充为由棕色向深棕色过渡的渐变色，并取消其轮廓线。

图 5-10　渐变填充图形

11 使用“交互式调和”工具调和两个图形，如图 5-11 所示。

图 5-11　调和图形

5.1.2　绘制机身轮廓

接下来绘制机身轮廓，机身轮廓具有皮革和金属两种质感。

1 在对象管理器中单击“新建图层”按钮，创建一个新图层，并将该图层命名为“机身”。

2 单击“贝塞尔工具”按钮，绘制如图 5-12 所示的图形。然后将其填充为棕黄色，并取消其轮廓线。

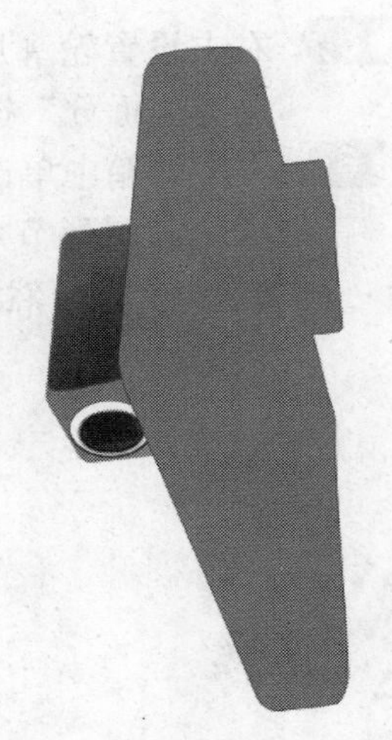

图 5-12　绘制机身轮廓

3 单击“贝塞尔工具”按钮，绘制如图 5-13 所示的图形。然后将其填充为黑色，并取消其轮廓线。

图 5-13　绘制金属部分底层

4 选择新绘制的图形，在工具箱中单击“交互式轮廓线工具”按钮，在图形内部设置新绘制的图形的轮廓线。在属性栏中的“轮廓图步数”参数栏中输入 1，在“轮廓图偏移”参数栏中输入 0.5，轮廓线效果如图 5-14 所示。

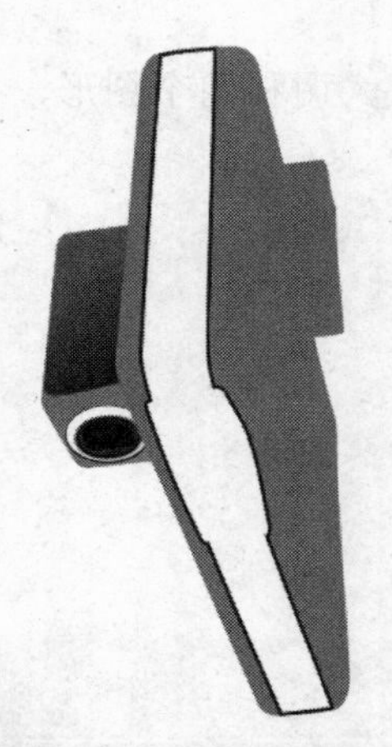

图 5-14　轮廓线效果

5 右击设置轮廓后的图形，在弹出的快捷菜单中选择“拆分”按钮，将图形拆分。

6 在工具箱中单击“形状工具”按钮，对拆分后内部图形节点进行编辑，编辑后的图形如图 5-15 所示。然后将其填充为浅灰色，并取消其轮廓线。

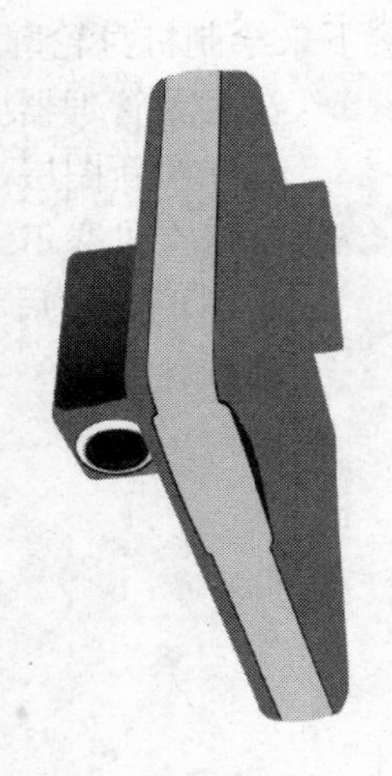

图 5-15　编辑图形外形

7 单击“贝塞尔工具”按钮，绘制如图 5-16 所示的两个图形。然后将其均填充为浅灰色，并取消轮廓线。这是金属部分的两个凹槽。

图 5-16　绘制新图形

8 单击“贝塞尔工具”按钮，绘制如图 5-17 所示的图形。然后将其填充为灰色，并取消其轮廓线。

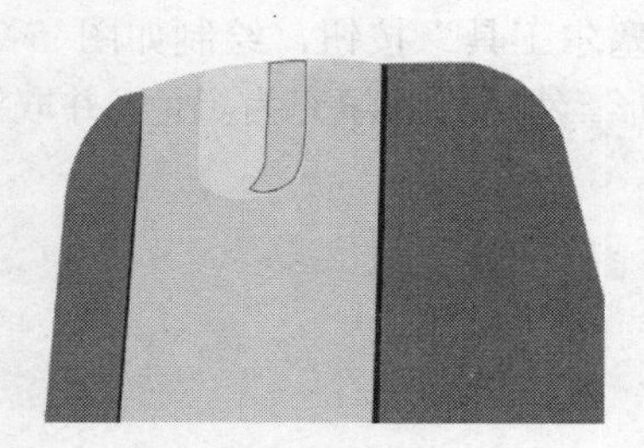

图 5-17　绘制凹槽一侧

9 单击“贝塞尔工具”按钮，绘制如图 5-18 所示的图形。然后将其填充为灰色向黑色过渡的渐变色，并取消其轮廓线。

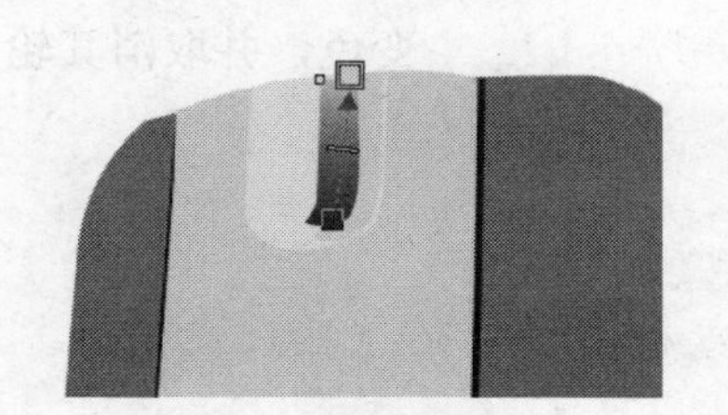

图 5-18　渐变填充

10 使用“交互式调和”工具调和两个图形，如图 5-19 所示。

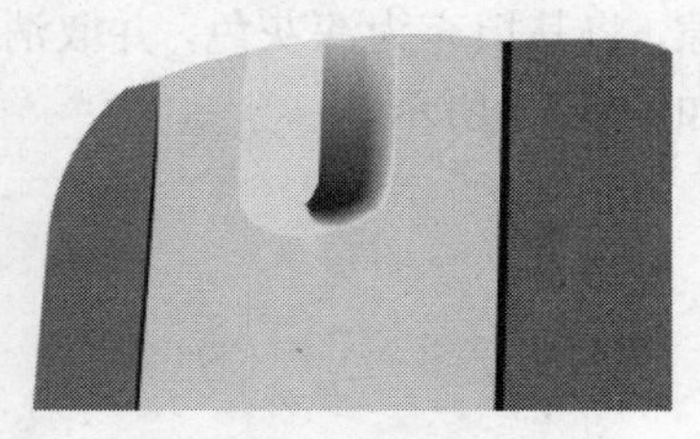

图 5-19　调和图形

11 使用同样的方法，绘制另一侧凹槽的阴影。绘制完成的效果如图 5-20 所示。

图 5-20　绘制另一侧凹槽的阴影

图 5-21　绘制转折部分底部

12 单击“贝塞尔工具”按钮，绘制如图 5-21 所示的图形。然后将其填充为黑色，并取消其轮廓线。

13 单击“贝塞尔工具”按钮，绘制如图 5-22 所示的图形。然后将其填充为灰色向白色过渡的渐变色，并取消其轮廓线。

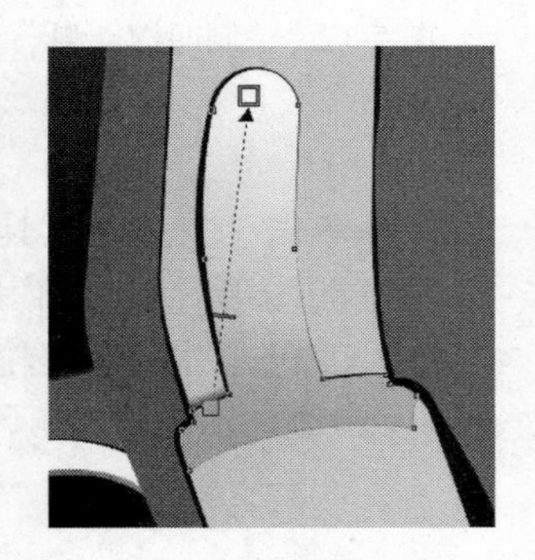

图 5-22　渐变填充图形

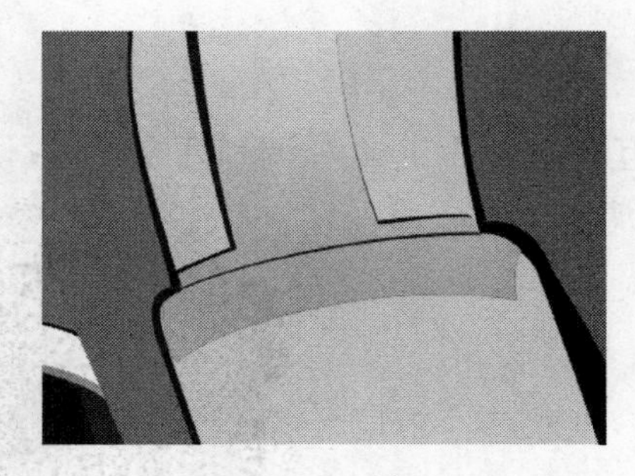

图 5-23　绘制图形

14 单击“贝塞尔工具”按钮，在视图中绘制转折处的缝隙，将其填充为深灰色，并取消其轮廓线，如图 5-23 所示。

15 单击“贝塞尔工具”按钮，绘制如图 5-24 所示的图形。然后将其填充为灰色向黑色过渡的渐变色，并取消其轮廓线。该图形为金属部分的暗面。

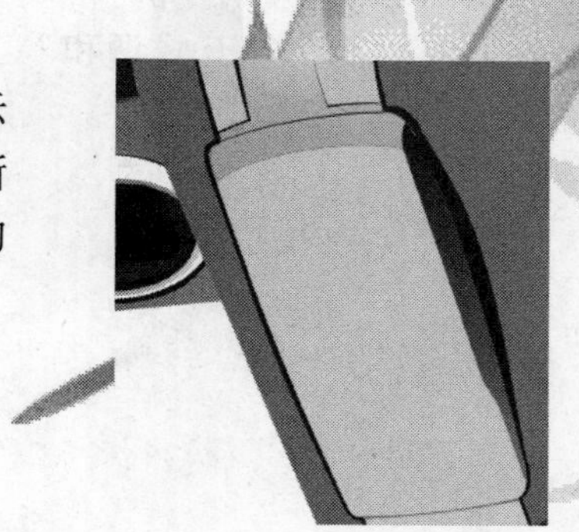

图 5-24　绘制金属部分的暗面

16 单击“贝塞尔工具”按钮，绘制如图 5-25 所示的图形。然后将其填充为浅灰色，并取消其轮廓线。

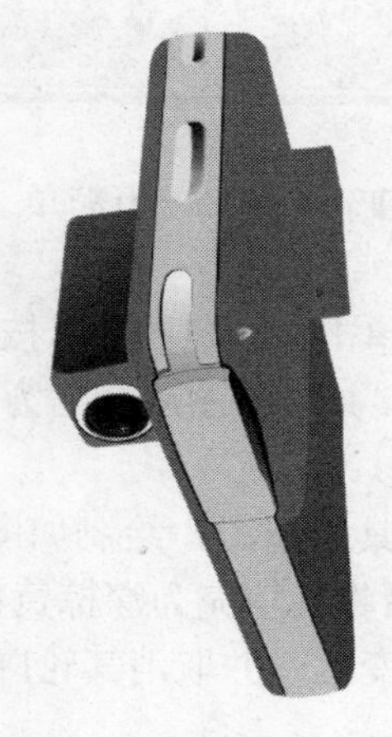

图 5-25　绘制机身暗面

17 单击“贝塞尔工具”按钮，绘制如图 5-26 所示的图形。然后将其填充为灰色向黑色过渡的渐变色，并取消其轮廓线。

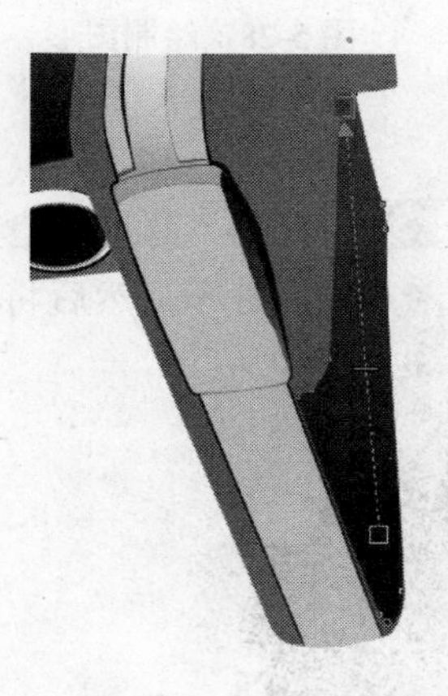

图 5-26　绘制图形

18 使用“交互式调和”工具调和两个图形，如图 5-27 所示。

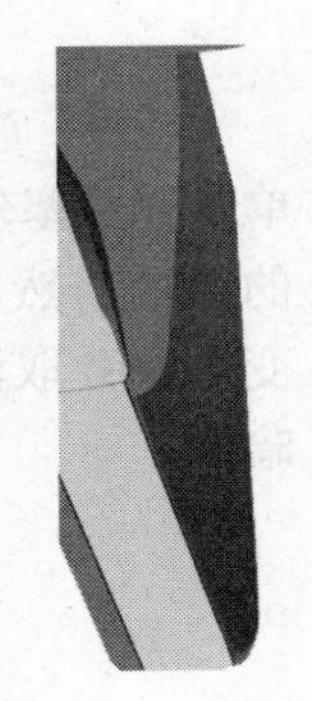

图 5-27　调和图形

5.1.3　绘制显示屏轮廓

接下来绘制显示屏的轮廓。显示屏为长方体形状，造型和明暗关系都较为简单。

1 在对象管理器中单击“新建图层”按钮，创建一个新图层，并将该图层命名为“显示屏”。

2 单击“贝塞尔工具”按钮，绘制如图 5-28 所示的图形。然后将其填充为深棕黄色向浅棕黄色过渡的渐变色，并取消其轮廓线。

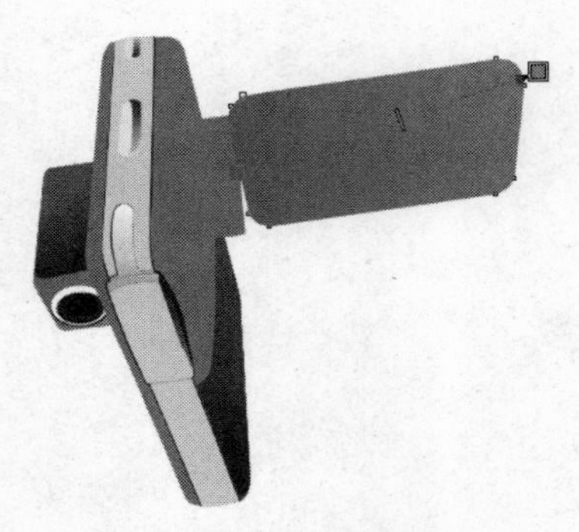

图 5-28　绘制图形

3 单击“贝塞尔工具”按钮，绘制如图 5-29 所示的图形。然后将其填充为棕黄色，并取消其轮廓线。

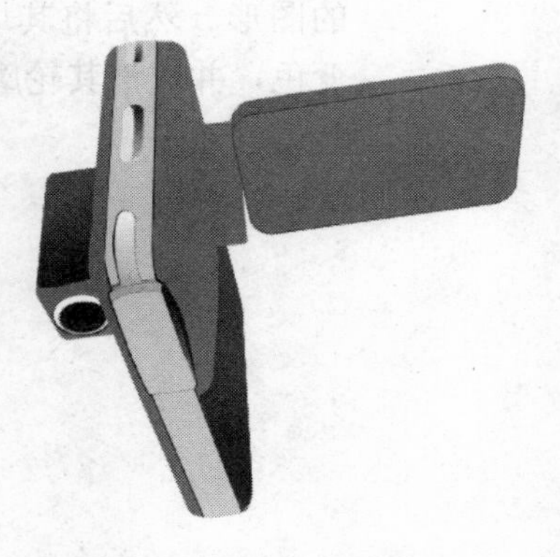

图 5-29　绘制显示屏前立面

4 单击“贝塞尔工具”按钮，绘制如图 5-30 所示的图形。然后将其填充为黑色，并取消其轮廓线。

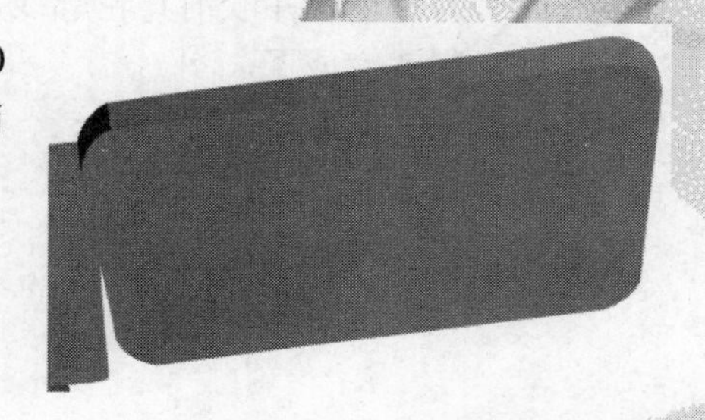

图 5-30　绘制暗部图形

5 单击“交互式透明工具”按钮，参照图 5-31 设置的色块，设置图形的透明效果。

图 5-31　设置图形透明效果

6 单击“贝塞尔工具”按钮，绘制如图 5-32 所示的图形。然后将其填充为深棕色向浅棕色过渡的渐变色，并取消其轮廓线。

图 5-32　绘制屏幕

7 单击“贝塞尔工具”按钮，绘制如图 5-33 所示的图形。然后将其填充为黑色，并取消其轮廓线。

图 5-33　绘制屏幕内侧

8 绘制如图 5-34 所示的图形。然后将其填充为白色，并取消其轮廓线。显示屏轮廓的绘制就完成了。

图 5-34 绘制图形

5.1.4 绘制镜头细节

下面重新进入到“镜头”图层，绘制该图层的细节部分。

图 5-35 绘制圆点

1 在对象管理器中选择“镜头”图层。新的绘制工作将在该层展开。

2 单击“椭圆工具”按钮，绘制如图 5-35 所示的圆点。

3 选择所有的圆点。在属性栏中单击“焊接”按钮，将所有的圆点焊接。

4 选择焊接后的圆点，在工具箱中单击“封套”按钮，为所选择的对象添加一个封套，如图 5-36 所示。

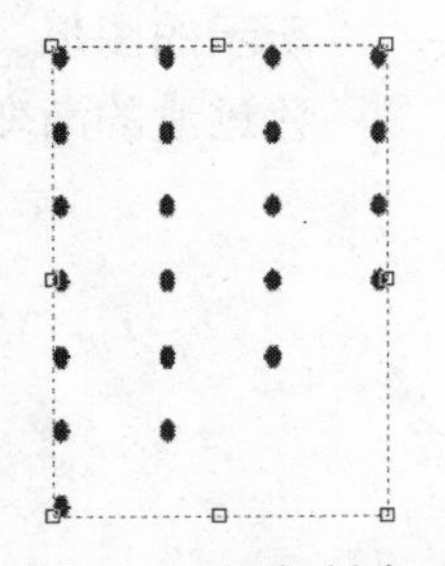

图 5-36 添加封套

5 删除除了封套 4 个角之外的节点之外的所有节点。选择所有剩余节点。右击任意一个节点，在弹出的快捷菜单中选择“到直线”命令，设置这 4 个节点均为直线，如图 5-37 所示。

图 5-37 设置节点属性

6 将封套编辑为如图 5-38 所示的形态。

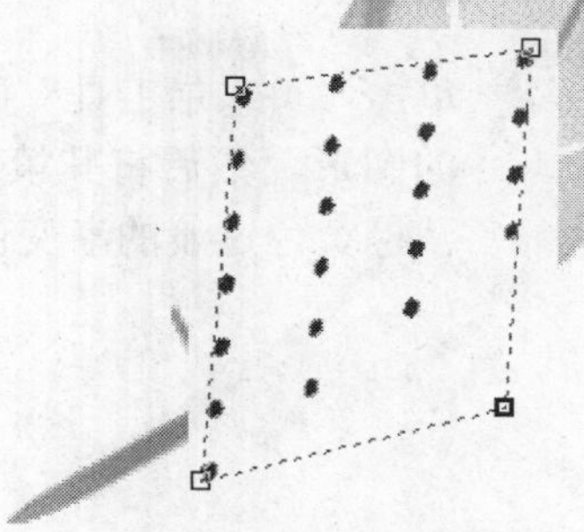

图 5-38　编辑封套

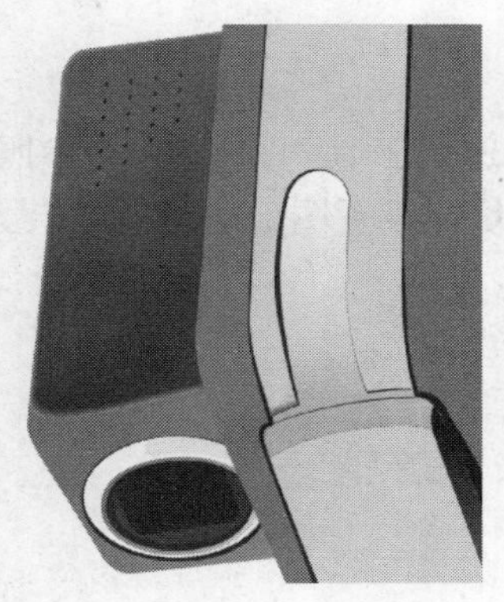

图 5-39　移动图形

7 将编辑后的圆点移动到如图 5-39 所示的位置。

8 单击“贝塞尔工具”按钮，绘制如图 5-40 所示的图形。然后将其填充为棕黄色，并取消其轮廓线。

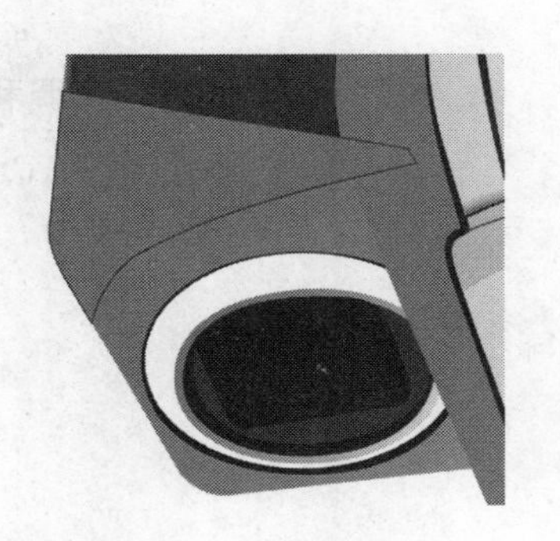

图 5-40　绘制图形

图 5-41　设置图形的透明效果

9 使用“交互式透明工具”按钮，参照图 5-41 设置的色块，设置图形的透明效果。

10 单击“贝塞尔工具”按钮，绘制如图 5-42 所示的图形。然后将其填充为由白色到棕黄色再到浅棕黄色过渡的渐变色，并取消其轮廓线。

图 5-42　渐变填充图形

图 5-43　设置图形的透明效果

11 单击“交互式透明工具”按钮，参照图 5-43 设置的色块，设置图形的透明效果。

12 使用“交互式调和”工具调和两个图形，如图 5-44 所示。

图 5-44　调和图形

图 5-45　移动图层位置

13 在对象管理器中将调和后的图形移动到暗部图层之下，如图 5-45 所示。

14 单击“贝塞尔工具”按钮，绘制如图 5-46 所示的图形。然后将其填充为白色，并取消其轮廓线。

图 5-46 绘制高光点

图 5-47 设置高光部分的透明效果

15 单击“交互式透明工具”按钮，参照图 5-47 设置的色块，使用射线方式设置图形的透明效果。

16 单击“贝塞尔工具”按钮，绘制如图 5-48 所示的图形。然后将其填充为由棕黄色到白色再到棕黄色过渡的渐变色，并取消其轮廓线。

图 5-48 渐变填充图形

图 5-49 设置图形的透明效果

17 单击“交互式透明工具”按钮，参照图 5-49 设置的色块，设置图形的透明效果。

18 单击“贝塞尔工具”按钮，绘制如图 5-50 所示的图形。然后将其填充为由白色到浅灰色再到白色过渡的渐变色，并取消其轮廓线。

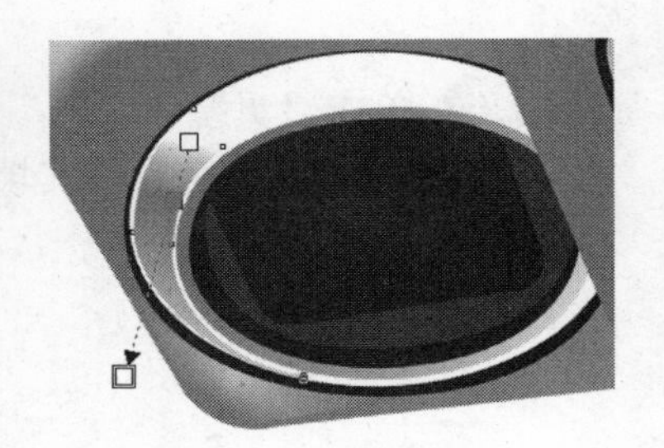

图 5-50　渐变填充图形

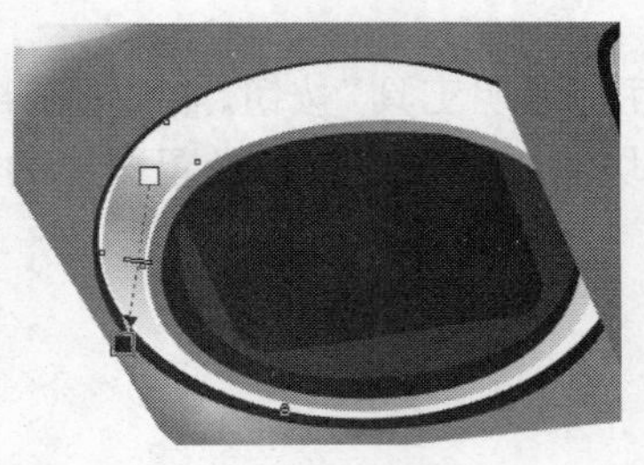

图 5-51　设置镜头反光

19 单击“交互式透明工具”按钮，参照图 5-51 设置的色块，设置图形的透明效果。

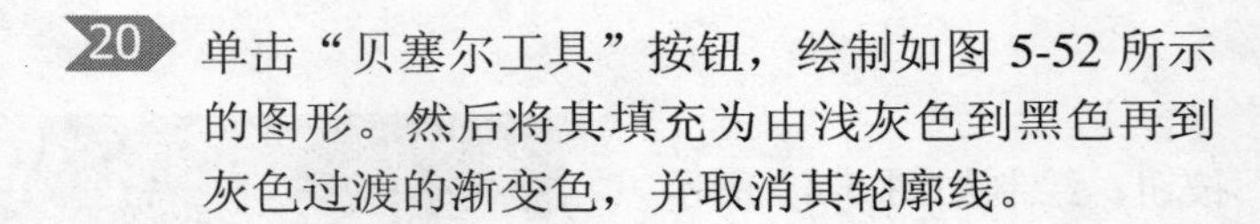

20 单击“贝塞尔工具”按钮，绘制如图 5-52 所示的图形。然后将其填充为由浅灰色到黑色再到灰色过渡的渐变色，并取消其轮廓线。

图 5-52　绘制镜头底部高光

图 5-53　设置镜头底部高光的透明效果

21 单击“交互式透明工具”按钮，参照图 5-53 设置的色块，设置图形的透明效果。

22 单击“贝塞尔工具”按钮，绘制如图 5-54 所示的图形。然后将其填充为浅灰色，并取消其轮廓线。

图 5-54　绘制底部图形

图 5-55　绘制图形

23 单击“贝塞尔工具”按钮，绘制如图 5-55 所示的图形。然后将其填充为黑色，并取消其轮廓线。

24 使用“交互式调和”工具调和两个图形，如图 5-56 所示。

图 5-56　调和图形

5.1.5　绘制机身细节

接下来绘制机身的细节。机身的细节包括金属部分的反光和暗部的细节部分。

1 在对象管理器中选择“机身”图层，新的绘制工作将在该层展开。单击“贝塞尔工具”按钮，绘制如图 5-57 所示的图形。然后将其填充为棕黄色，并取消其轮廓线。

图 5-57 绘制并填充图形

2 单击“交互式透明工具”按钮，参照图 5-58 设置的色块，设置图形的透明效果。

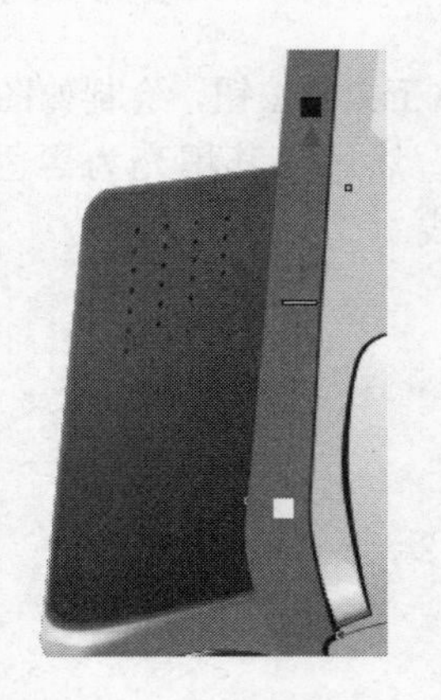

图 5-58 设置图形的透明效果

3 单击“贝塞尔工具”按钮，绘制如图 5-59 所示的图形。然后将其填充为黑色，并取消其轮廓线。

图 5-59 绘制阴影部分

4 单击“交互式透明工具”按钮，参照图 5-60 设置的色块，设置图形的透明效果。

图 5-60　设置图形透明效果

图 5-61　调和图形

5 使用“交互式调和”工具调和两个图形，如图 5-61 所示。

6 单击“贝塞尔工具”按钮，绘制如图 5-62 所示的图形。然后将其填充为浅棕色，并取消其轮廓线。

图 5-62　绘制新图形

7 单击“贝塞尔工具”按钮，绘制如图 5-63 所示的图形。然后将其填充为棕色，并取消其轮廓线。

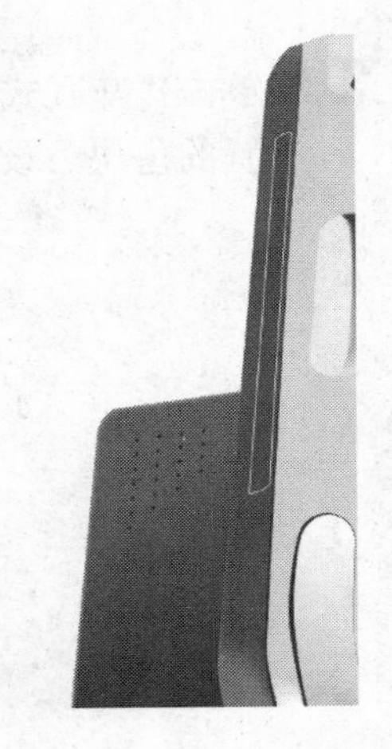

图 5-63　绘制顶部图形

8 使用“交互式调和”工具调和两个图形，如图 5-64 所示。

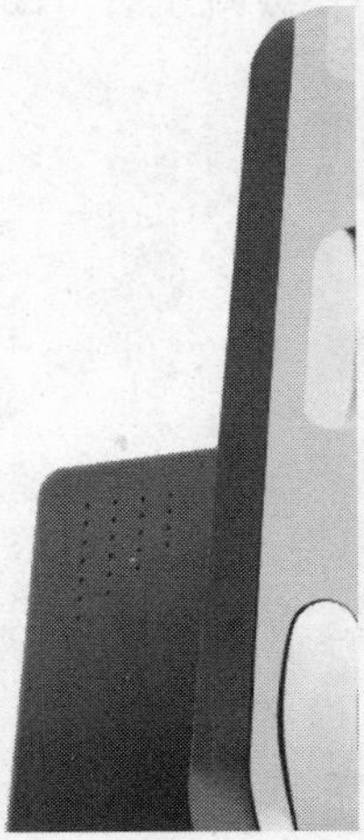

图 5-64　调和图形

9 进入对象管理器，将这组调和后的图形移动到上一组调和后的图形的下一层，如图 5-65 所示。

图 5-65　移动图层

10 单击“贝塞尔工具”按钮，绘制如图 5-66 所示的图形。然后将其填充为由黑色向灰色过渡的渐变色，并取消其轮廓线。

图 5-66　填充图形

图 5-67　绘制图形

11 单击“贝塞尔工具”按钮，绘制如图 5-67 所示的图形。然后将其填充为灰色，并取消其轮廓线。

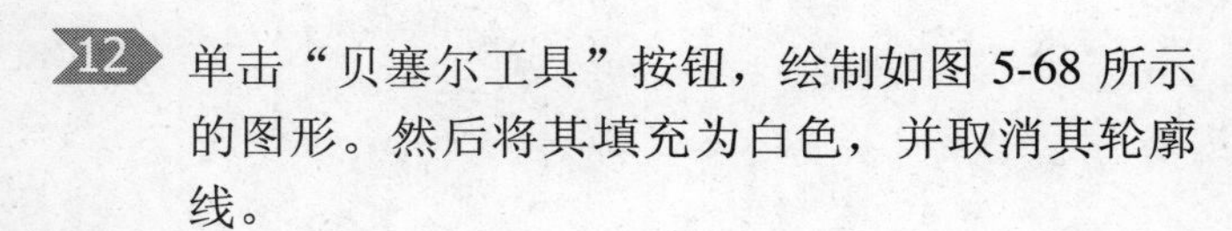

12 单击“贝塞尔工具”按钮，绘制如图 5-68 所示的图形。然后将其填充为白色，并取消其轮廓线。

图 5-68　绘制高光点

图 5-69　调和图形

13 使用“交互式调和”工具调和两个图形，如图 5-69 所示。

14 单击“贝塞尔工具”按钮，绘制如图 5-70 所示的图形。然后将其填充为灰色，并取消其轮廓线。

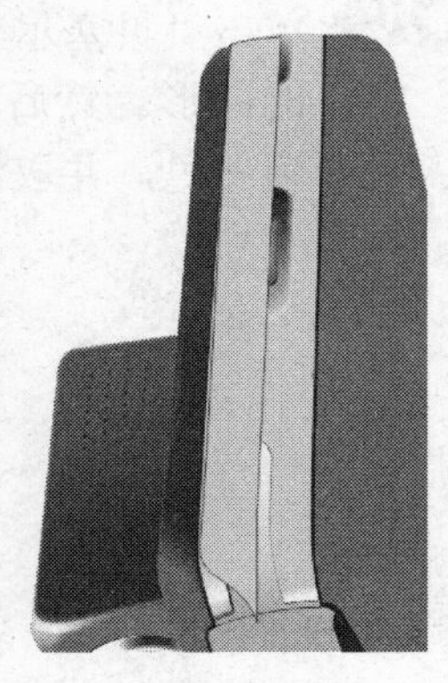

图 5-70　绘制图形

15 单击“交互式透明工具”按钮，参照图 5-71 设置的色块，设置图形的透明效果。

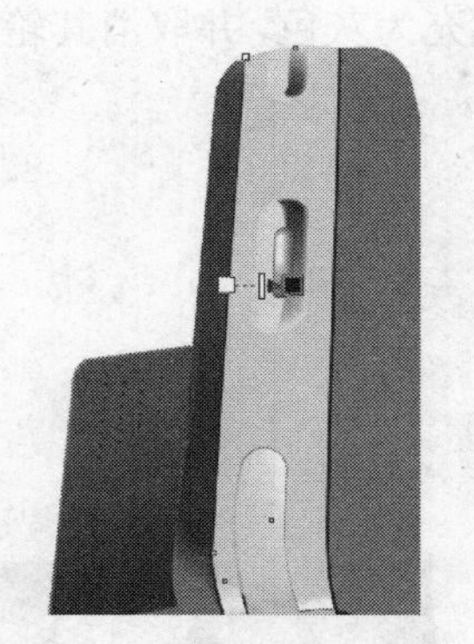

图 5-71　设置图形的透明效果

16 单击“贝塞尔工具”按钮，绘制如图 5-72 所示的图形。然后将其填充为由黑色向白色过渡的渐变色，并取消其轮廓线。

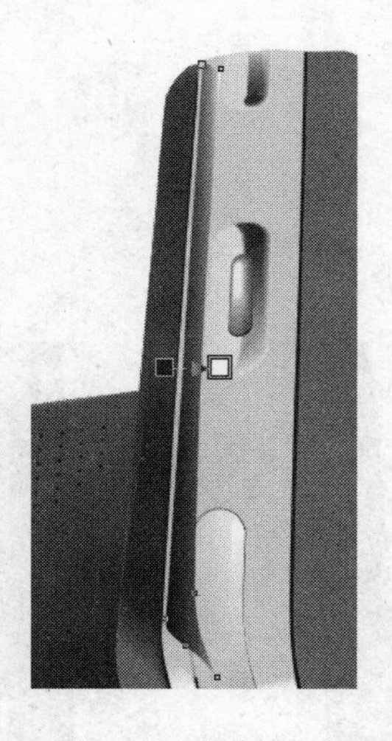

图 5-72　绘制图形

17 单击“交互式透明工具”按钮，参照图 5-73 设置的色块，设置图形的透明效果。

图 5-73　设置图形的透明效果

18 使用“交互式调和”工具调和两个图形，如图 5-74 所示。

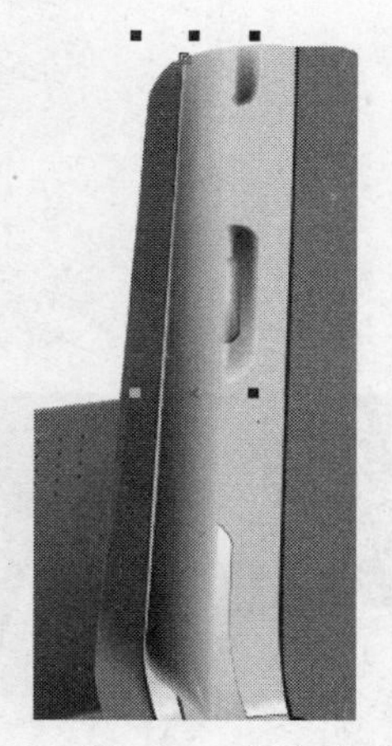

图 5-74　调和图形

19 将调和后的图形移动到凹槽图形的下一层，如图 5-75 所示。

图 5-75　移动图层

20 使用各种交互式编辑工具，参照图 5-76 设置转折处的高光和阴影。

图 5-76　设置转折处的高光和阴影

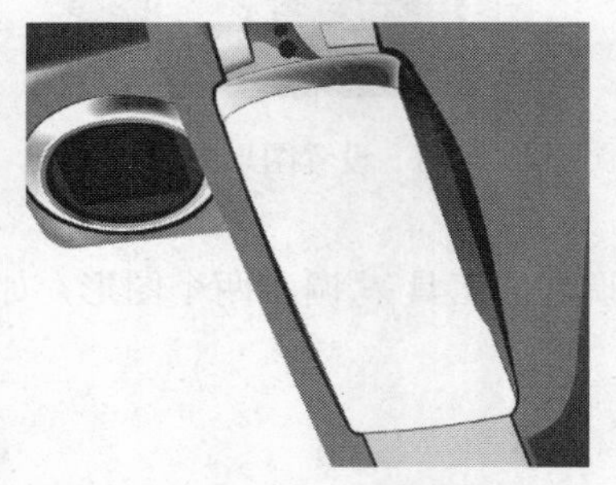

图 5-77　绘制底部图形

21 单击“贝塞尔工具”按钮，绘制如图 5-77 所示的图形。然后将其填充为白色，并取消其轮廓线。

22 单击“交互式透明工具”按钮，参照图 5-78 设置的色块，设置图形的透明效果。

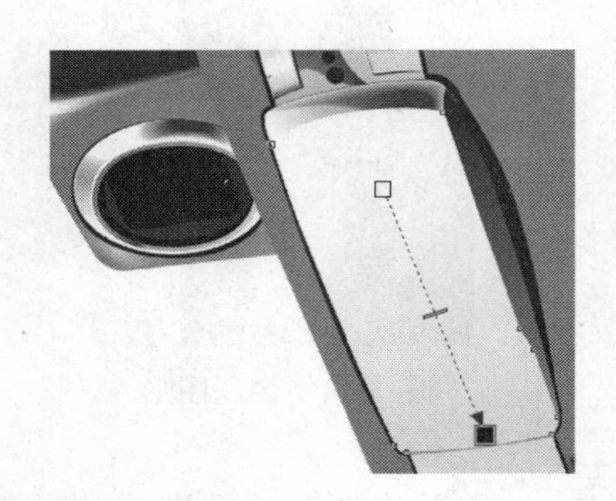

图 5-78　设置图形的透明效果

图 5-79　绘制图形

23 单击“贝塞尔工具”按钮，绘制如图 5-79 所示的图形。然后将其填充为灰色，并取消其轮廓线。

24 使用“交互式调和”工具调和两个图形，如图 5-80 所示。

图 5-80　调和图形

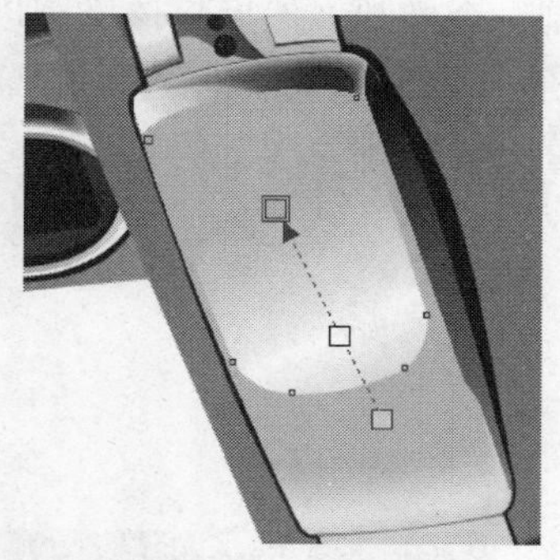

图 5-81　渐变填充图形

25 单击“贝塞尔工具”按钮，绘制如图 5-81 所示的图形。然后将其填充为由灰色向白色过渡的渐变色，并取消其轮廓线。

26 单击“交互式透明工具”按钮，参照图 5-82 设置的色块，设置图形的透明效果。

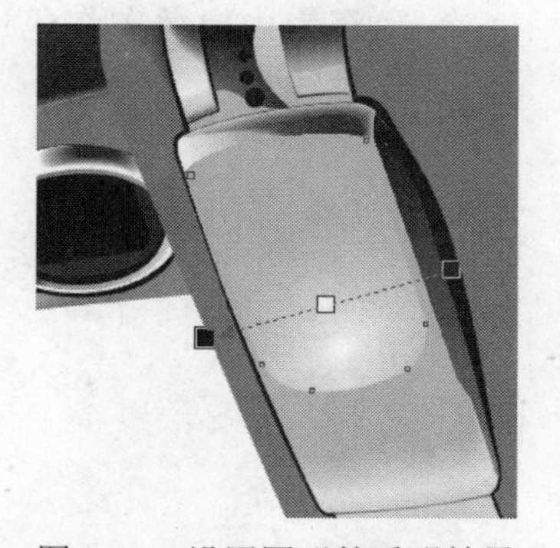

图 5-82　设置图形的透明效果

图 5-83　绘制图形

27 单击“贝塞尔工具”按钮，绘制如图 5-83 所示的图形。然后将其填充为深灰色，并取消其轮廓线。

28 单击“贝塞尔工具”按钮，绘制如图 5-84 所示的图形。然后将其填充为浅灰色，并取消其轮廓线。

图 5-84 填充图形

29 单击“椭圆工具”按钮，在如图 5-85 所示的位置绘制一个椭圆。然后将该椭圆以射线方式填充为由白色向灰色过渡的渐变色，并设置其轮廓线为深灰色。

图 5-85 绘制椭圆

30 单击“椭圆工具”按钮，在如图 5-86 所示的位置绘制一个椭圆。然后将该椭圆以射线方式填充为由白色向红色过渡的渐变色，并取消其轮廓线。

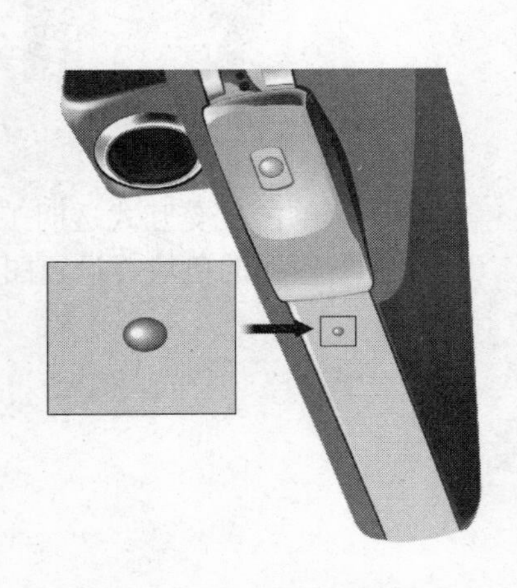

图 5-86 渐变填充椭圆

31 将新绘制的椭圆复制两个，并将其放置于如图 5-87 所示的位置。

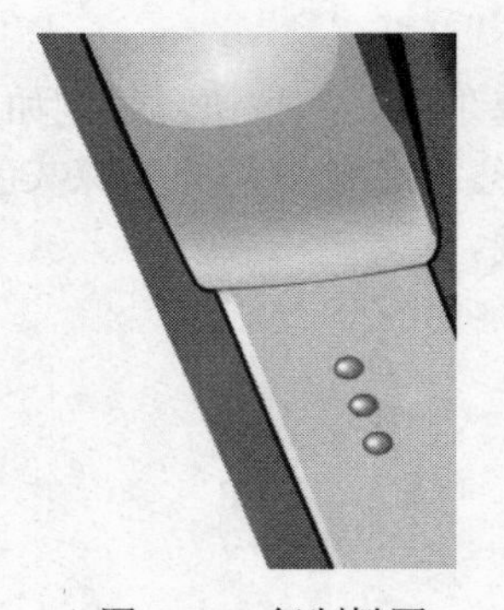

图 5-87 复制椭圆

32 单击“椭圆工具”按钮，在如图 5-88 所示的位置绘制插孔。

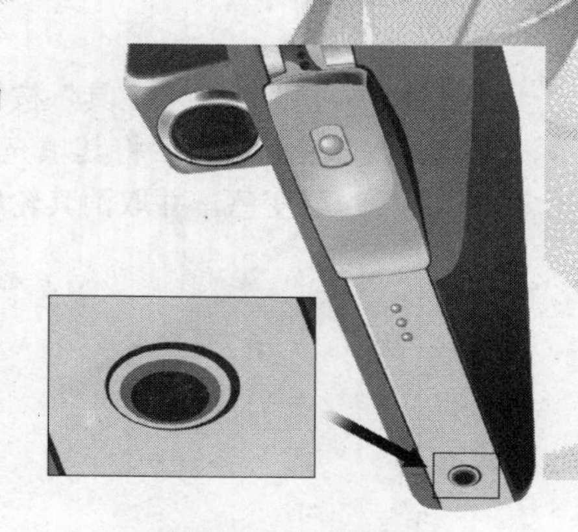

图 5-88　绘制插孔

33 参照图 5-89 所示，绘制转折部分的高光。

图 5-89　绘制转折部分的高光

5.1.6　绘制机身暗部

接下来绘制机身暗部的图形。

1 单击“贝塞尔工具”按钮，绘制如图 5-90 所示的图形。然后将其填充为棕黄色，并取消其轮廓线。

图 5-90　绘制图形

2 单击“贝塞尔工具”按钮，绘制如图 5-91 所示的图形。然后将其填充为由深灰色向黑色过渡的渐变色，并取消其轮廓线。

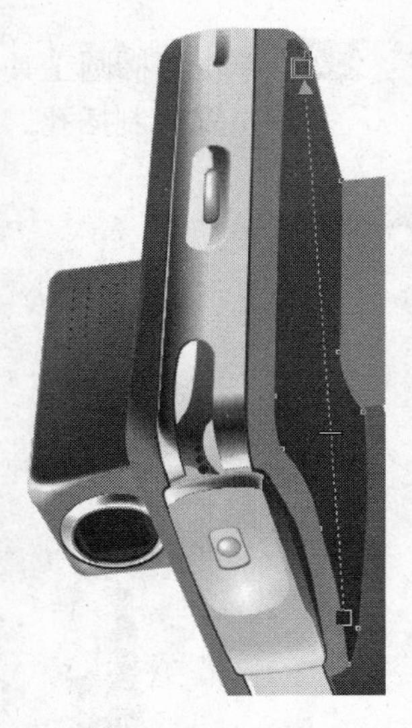

图 5-91　绘制暗部图形

3 使用“交互式调和”工具调和两个图形，如图 5-92 所示。

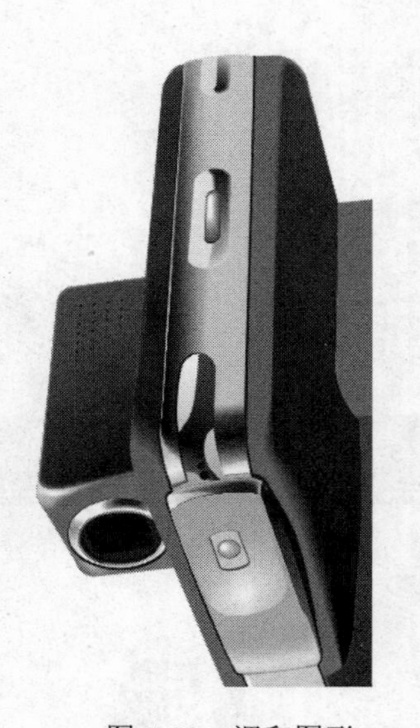

图 5-92　调和图形

4 单击“贝塞尔工具”按钮，绘制如图 5-93 所示的图形。然后将其填充为棕黄色，并取消其轮廓线。

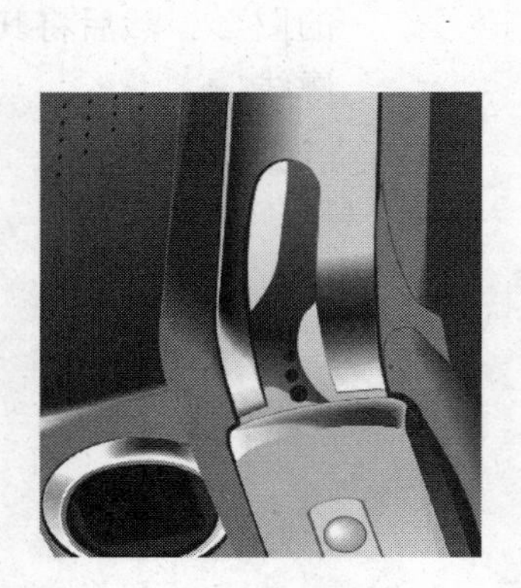

图 5-93　绘制图形

5 单击“贝塞尔工具”按钮，绘制如图 5-94 所示的图形。然后将其填充为黑色，并取消其轮廓线。

图 5-94　绘制转折处的阴影

图 5-95　调和图形

6 使用“交互式调和”工具调和两个图形，如图 5-95 所示。

7 单击“贝塞尔工具”按钮，绘制如图 5-96 所示的图形。然后将其填充为由灰色向黑色过渡的渐变色，并取消其轮廓线。

图 5-96　绘制图形

8 单击“交互式透明工具”按钮，参照图 5-97 设置的色块，设置图形的透明效果。

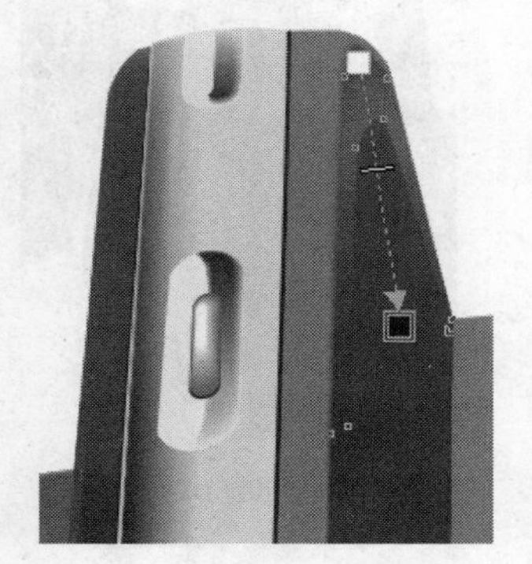

图 5-97　设置图形的透明效果

9 单击“贝塞尔工具”按钮，绘制如图 5-98 所示的图形。然后将其填充为由灰色向黑色过渡的渐变色，并取消其轮廓线。

图 5-98　绘制图形

10 单击“交互式透明工具”按钮，参照图 5-99 设置的色块，设置图形的透明效果。

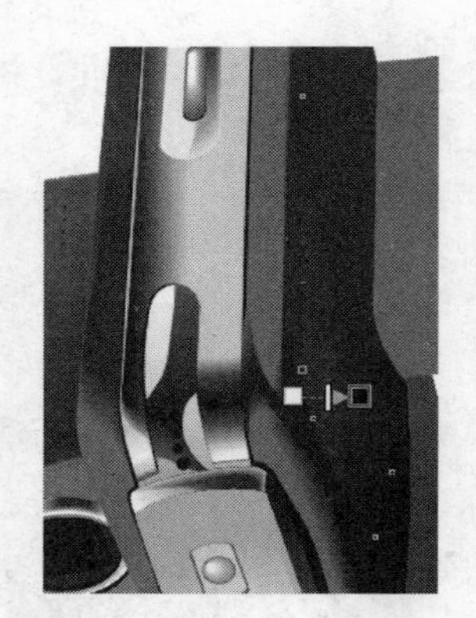

图 5-99　设置图形的透明效果

11 单击“贝塞尔工具”按钮，绘制如图 5-100 所示的图形。然后将其填充为黑色，并取消其轮廓线。

图 5-100　绘制图形

12 单击“贝塞尔工具”按钮，绘制如图 5-101 所示的图形。然后将其填充为黑色，并取消其轮廓线。

图 5-101　绘制阴影

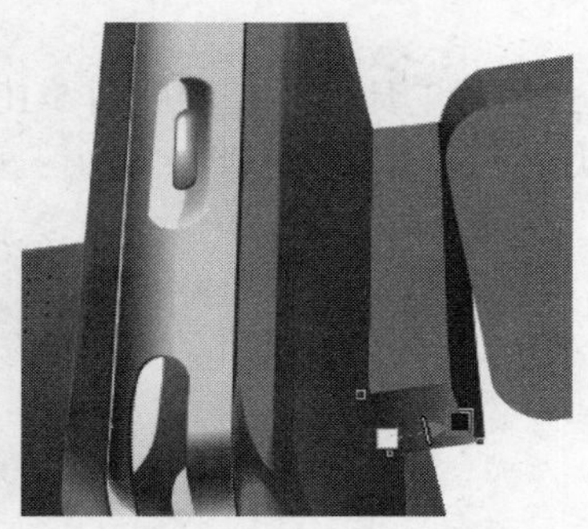
图 5-102　设置阴影的透明效果

13 单击“交互式透明工具”按钮，参照图 5-102 设置的色块，设置图形的透明效果。

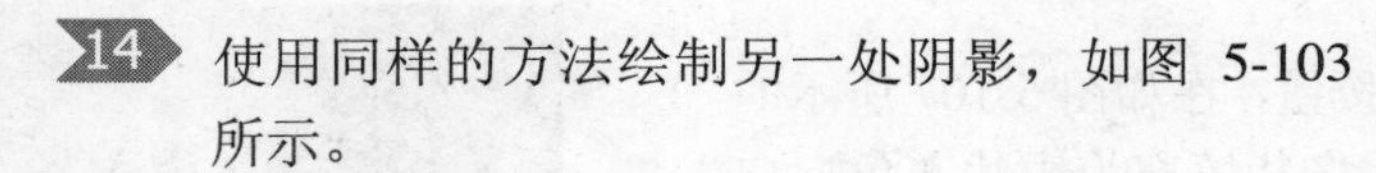
14 使用同样的方法绘制另一处阴影，如图 5-103 所示。

图 5-103　绘制阴影

图 5-104　绘制图形

15 单击“贝塞尔工具”按钮，在如图 5-104 所示的位置绘制图形。然后将其填充为黑色，并取消其轮廓线。

16 单击“贝塞尔工具”按钮，在如图 5-105 所示的位置绘制图形。然后将其填充为浅灰色，并取消其轮廓线。

图 5-105　绘制边缘图形

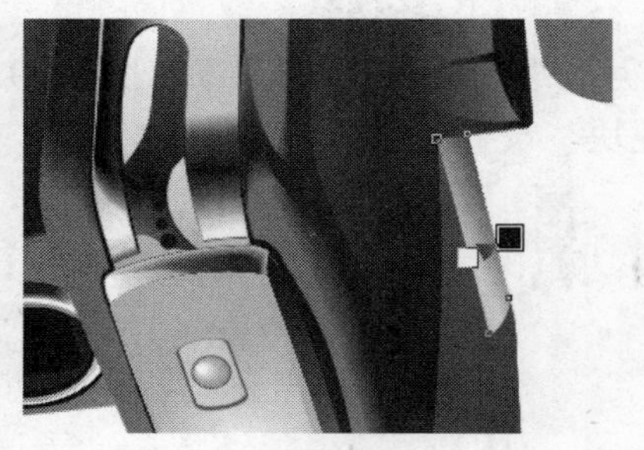

图 5-106　设置图形的透明效果

17 单击“交互式透明工具”按钮，参照图 5-106 设置的色块，设置图形的透明效果。

18 单击“贝塞尔工具”按钮，在如图 5-107 所示的位置绘制图形。然后将其填充为由浅灰色向白色过渡的渐变色，并取消其轮廓线。

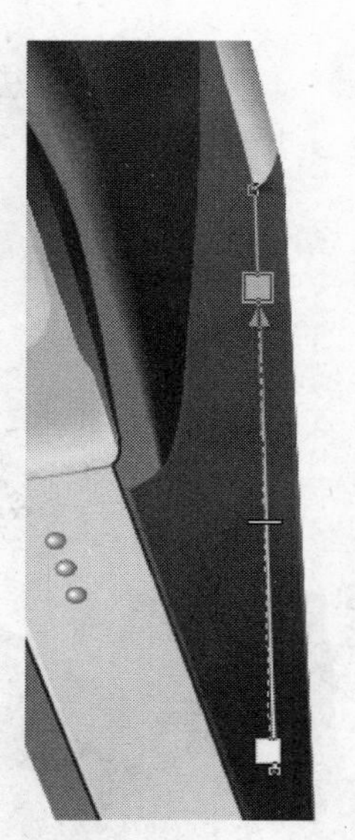

图 5-107　绘制图形

19 单击“贝塞尔工具”按钮，在如图 5-108 所示的位置绘制图形。然后将其填充为浅灰色，并取消其轮廓线。

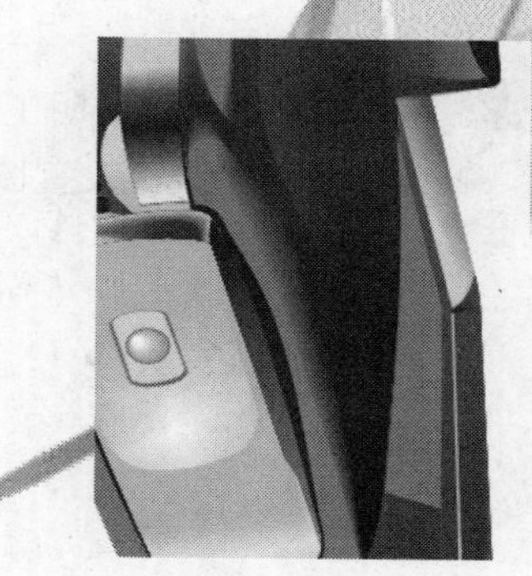

图 5-108　绘制图形

20 单击“交互式透明工具”按钮，参照图 5-109 设置的色块，设置图形的透明效果。

图 5-109　设置图形的透明效果

5.1.7　绘制显示屏细节

最后绘制显示屏的细节部分。

1 单击“贝塞尔工具”按钮，在如图 5-110 所示的位置绘制图形。然后将其填充为白色，并取消其轮廓线。

图 5-110　绘制高光

2 单击“交互式透明工具”按钮，参照图 5-111 设置的色块，设置图形的透明效果。

图 5-111　设置图形的透明效果

3 单击“贝塞尔工具”按钮，在如图 5-112 所示的位置绘制图形。然后将其填充为浅棕色，并取消其轮廓线。

图 5-112　绘制图形

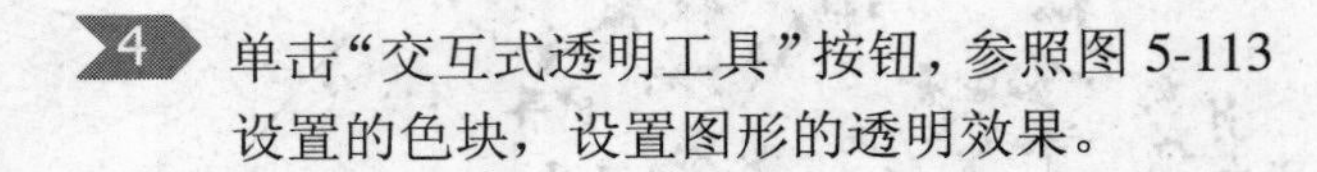

4 单击“交互式透明工具”按钮，参照图 5-113 设置的色块，设置图形的透明效果。

图 5-113　设置图形的透明效果

5 单击“贝塞尔工具”按钮，在如图 5-114 所示的位置绘制图形。然后将其填充为黑色，并取消其轮廓线。

图 5-114　绘制图形

6 单击“交互式透明工具”按钮，参照图 5-115 设置的色块，设置图形的透明效果。

图 5-115　设置图形的透明效果

图 5-116　绘制图形

7 使用同样的方法在如图 5-116 所示的位置绘制图形，并设置其透明效果。

8 现在图形绘制部分就全部完成了，效果如图 5-117 所示。

图 5-117　完成后的图形

9 将图形导出为 PSD 格式的文件，并将文件命名为“摄像机”。

5.2　在 Photoshop CS2 中编辑图形

接下来在 Photoshop CS2 中编辑图形，添加背景和文字等，使其成为一个完整的广告作品。

1 启动 Photoshop CS2。选择“文件”/“新建”命令，打开“新建”对话框。在“名称”文本框中输入“摄像机广告”，在“宽度”参数栏中输入 2954，在“高度”参数栏中输入 1778，设置单位为“像素”，在“分辨率”参数栏中输入 150，在“颜色模式”下拉列表框中选择 RGB 选项，设置背景颜色为白色。单击“好”按钮，退出该对话框，创建一个新的文件。

2 从本书附带的光盘中打开“Sura-5/蓝天.jpg”文件。按 Ctrl+A 组合键，全选图片，然后按 Ctrl+C 组合键，复制图片。切换到“摄像机广告.psd”文件，按 Ctrl+V 组合键，将复制的图片粘贴到该文件中。图层调板中会增加“图层 1”图层。将“图层 1”图层缩放为如图 5-118 所示的形态。

图 5-118　设置图形大小

3 在工具箱中激活“以快速蒙版模式编辑”按钮，进入快速蒙版编辑模式。在工具箱中的“油漆桶工具”按钮下的下拉按钮组中选择“渐变工具”按钮，在如图 5-119 所示的位置由上至下拖动鼠标，创建一个选区。

图 5-119　进入快速蒙版编辑模式

4 在工具箱中激活“以标准模式编辑”按钮，进入标准编辑模式，视图中出现如图 5-120 所示的选区。

图 5-120　设置选区

5 按 Delete 键，删除选区内容，然后按 Ctrl+D 组合键，取消选区。图像处理后的效果如图 5-121 所示。

图 5-121 删除选区内的图形

图 5-122 移动图层内容

6 从本书附带的光盘中打开“Sura-4/摄像机.psd”文件。按 Ctrl+A 组合键，全选图片，然后按 Ctrl+C 组合键，复制图片。切换到“摄像机广告.psd”文件，按 Ctrl+V 组合键，将复制的图片粘贴到该文件中。图层调板中会增加“图层 2”图层。将“图层 2”图层移动到如图 5-122 所示的位置。

7 在图层调板中选择“图层 2”图层，在该面板底部单击“添加图层样式”按钮 ，在弹出的菜单中选择“投影”命令，进入“投影”面板。在“不透明度”参数栏中输入 50，在“距离”参数栏中输入 5，在“扩展”参数栏中输入 10，在“大小”参数栏中输入 25。单击“好”按钮，退出该对话框，图层效果如图 5-123 所示。

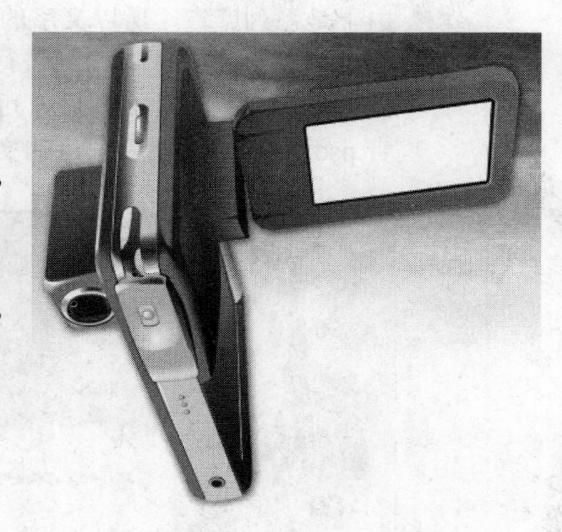
图 5-123 设置图层阴影效果

8 从本书附带的光盘中打开“Sura-5/鹰.jpg”文件，如图 5-124 所示。

图 5-124 “鹰.jpg”文件

9 按 Ctrl+A 组合键，全选图片。然后按 Ctrl+C 组合键，复制图片。切换到“摄像机广告.psd”文件，按 Ctrl+V 组合键，将复制的图片粘贴到该文件中。图层调板中会增加“图层 3”图层。按 Ctrl+T 键，按住 Ctrl 键移动图层 4 个角的节点，将其编辑为如图 5-125 所示的形态。

图 5-125 编辑图形外形

10 由于是系列广告，所以文字的添加和编辑与第 4 章中的掌上电脑广告很相似。读者可以参照第 4 章内容进行编辑。完成后的效果如图 5-126 所示。如果在设置过程中遇到了什么问题，可以打开本书附带光盘中的文件“Sura-5/摄像机广告.psd”。这是本例完成后的文件。

图 5-126 FREEDOM 摄像机杂志广告 

第6章 设计CD包装

本章重点：

1. CD包装设计及制作方法
2. CorelDRAW X3 字体工具的应用
3. CorelDRAW X3 字体编辑工具的应用

CD 包装属于包装设计范畴。通常的 CD 包装设计包括 CD 封套和 CD 光盘封面两部分。本章将指导读者制作一套名为 PASS 的音乐专辑 CD 包装。该音乐专辑为一套针对青少年的网络流行音乐专辑。为了与音乐主题相呼应，CD 包装采用了平面卡通的设计形式，完全在 CorelDRAW X3 中进行绘制。在色彩的搭配上使用了大量纯度较高的对比色。这样设计一方面可以使整体显得热情活泼，符合青少年的心态；另一方面，对比色的搭配也暗示了音乐反传统的叛逆模式，因为对比色能对视觉形成强烈的刺激，在主流设计中应用较少。对比色的应用，很容易产生视觉上的不适感。为了避免这种情况的发生，在制作过程中，对色彩进行了调和、统一、弱化等处理，使整体感觉和谐统一。由于图形绘制的过程较为复杂，所以本例将分为 CD 封套制作和 CD 光盘封面制作两部分来进行。

6.1 CD 封套制作

CD 封套的制作过程分为绘制背景和绘制前景人物两个阶段。图 6-1 所示为本 CD 封套完成后的效果。

图 6-1 CD 封套

6.1.1 绘制背景

背景包括 CD 封套的轮廓、背景颜色、文字等内容。然后根据背景的内容，绘制人物。

1.　设置背景颜色

1 启动 CorelDRAW X3，创建一个横向的 A4 页面。选择“窗口”/“泊坞窗”/“对象编辑器”命令，打开对象管理器。在对象管理器中右击“图层 1”名称，在弹出的快捷菜单中选择“重命名”选项，将其命名为“背景”。

2 在工具箱中单击“矩形工具”按钮，在绘图页面中绘制一个宽 203 mm、高 100 mm 的矩形，如图 6-2 所示。

图 6-2　绘制矩形

3 在工具箱中单击“交互式轮廓线工具”按钮，向外侧设置新绘制的图形的轮廓。在属性栏中的“轮廓图步数”参数栏中输入 1，在“轮廓图偏移”参数栏中输入 1，轮廓线效果如图 6-3 所示。

图 6-3　设置图形轮廓

4 右击设置轮廓后的图形，在弹出的快捷菜单中选择“拆分”按钮，将图形拆分。

5 选择拆分后外侧的矩形，在工具箱中单击“填充工具”下拉按钮下的“填充颜色对话框”按钮，打开“标准填充”对话框。在 C 参数栏中输入 0，在 M 参数栏中输入 100，在 Y 参数栏中输入 100，在 K 参数栏中输入 0，如图 6-4 所示。单击“确定”按钮，退出该对话框，将其填充为大红色。然后取消其轮廓线。

图 6-4 填充外侧矩形

6 选择内侧的矩形，将其填充为（C：5，M：5，Y：35，K：0）的浅土黄色，并取消其轮廓线，如图 6-5 所示。

图 6-5 填充内侧矩形

7 单击“矩形工具”按钮，在绘图页面中绘制一个宽 203 mm、高 38 mm 的矩形，选择该矩形和底部内侧的矩形。在属性栏中单击“对齐和属性”按钮，打开“对齐与分布”对话框。在该对话框中选择横排的“中”复选框和竖排的“顶”复选框，然后单击“应用”按钮，使这两个图形沿顶部对齐，如图 6-6 所示。然后单击“关闭”按钮，退出该对话框。

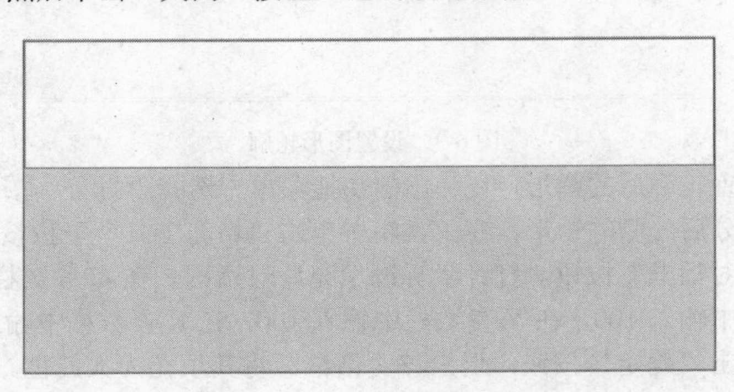

图 6-6 对齐矩形

8 选择新绘制的矩形，将其填充为（C：0，M：45，Y：85，K：0）的橙色，并取消其轮廓线，如图 6-7 所示。

图 6-7　填充图形

9 单击“矩形工具”按钮，在绘图页面中绘制一个宽 203 mm、高 28 mm 的矩形，选择该矩形和底部内侧的矩形。在属性栏中单击“对齐和属性”按钮，打开“对齐与分布”对话框。在该对话框中选择横排的“中”复选框和竖排的“底”复选框，然后单击“应用”按钮，使这两个图形沿底部对齐，如图 6-8 所示。然后单击“关闭”按钮，退出该对话框。

图 6-8　绘制矩形

10 选择新绘制的矩形，将其填充为（C：2，M：30，Y：60，K：0）的土黄色，并取消其轮廓线，如图 6-9 所示。

图 6-9　绘制底部矩形

11 单击“矩形工具”按钮，在绘图页面中绘制一个宽 3 mm、高 100 mm 的矩形。使其与底部的矩形沿中心点对齐。将其填充为（C：0，M：100，Y：100，K：0）的大红色，并取消其轮廓线，如图 6-10 所示。

图 6-10　绘制中缝

12 单击“矩形工具”按钮，在如图 6-11 所示的位置绘制两个矩形。将其均填充为（C：0，M：100，Y：100，K：0）的大红色，并取消其轮廓线。

图 6-11　绘制并填充矩形

13 单击“矩形工具”按钮，在如图 6-12 所示的位置绘制矩形。然后将其填充为白色，并取消其轮廓线。

图 6-12　绘制矩形

2. 输入文字并添加图案

1 在工具箱中单击“文本工具”按钮，输入文字“PUSS”，选择该文字，在属性栏中“字体列表”下拉列表框中选择 HaettenSchweiler 选项，在“字体大小列表”下拉列表框中选择 48，设置字体颜色为（C：100，M：0，Y：0，K：0）的蓝色。然后将其移动至如图 6-13 所示的位置。

图 6-13　输入文字

2 选择输入的文字，将其轮廓线设置为白色。在工具箱中单击“轮廓工具”按钮，打开“轮廓笔”对话框。在该对话框中的宽度参数栏中输入“.7 mm”，如图 6-14 所示。单击“确定”按钮，退出该对话框，加粗字体轮廓线。

图 6-14　“轮廓笔”对话框

“轮廓笔”对话框用于编辑轮廓线的外形。轮廓线的宽度是固定的，不会随对象的缩放而改变。所以，如果设置轮廓线的宽度后，对图形执行缩放操作，轮廓线会变粗（缩小图形）或变细（放大图形）。

3 在工具箱中单击“文本工具”按钮，输入文字“----猫咪的故事”。设置字体为黑体，设置字体尺寸为 7，颜色为（C：100，M：0，Y：0，K：0）的蓝色。然后将文字移动到如图 6-15 所示的位置。

图 6-15　输入文字

4 在工具箱中单击“文本工具”按钮字，输入文字“PUSS”。设置其字体为HaettenSchweiler，字体尺寸为15，颜色为（C：100，M：0，Y：0，K：0）的蓝色。选择文字，在属性栏中单击“垂直排列文本”按钮，使其垂直排列。然后将文字放置于如图6-16所示的位置。

图 6-16　设置中缝文字

5 参照图6-17 输入文字。

图 6-17　输入文字

6 在工具箱中单击“文本工具”按钮字，输入文字“CD”。设置其字体为HaettenSchweiler，字体尺寸为20，字体颜色（C：0，M：100，Y：100，K：0）的大红色，并取消其轮廓线。然后将文字移动到如图6-18所示的位置。

图 6-18　输入文字

7 在工具箱中单击“文本工具”按钮字，输入文字“Scene music”。设置其字体为 FuturaBlack BT，字体尺寸为 8，字体颜色为（C：0，M：100，Y：100，K：0）的大红色，并取消其轮廓线。然后将文字移动到如图 6-19 所示的位置。使用“矩形工具”在文字下方绘制一条红色的下划线。

图 6-19　设置封面左上角的字体

图 6-20　输入唱片公司名称

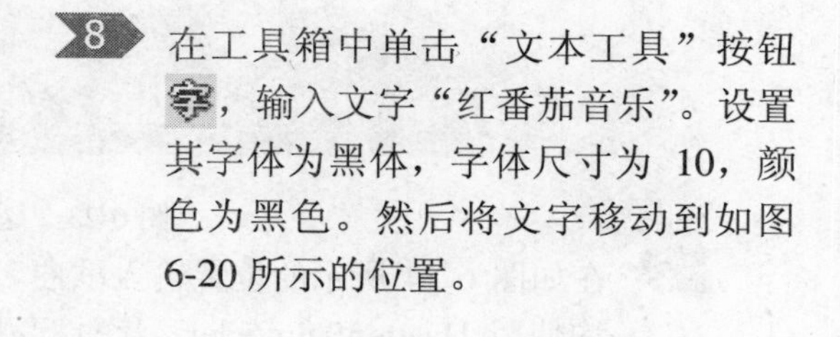

8 在工具箱中单击“文本工具”按钮字，输入文字“红番茄音乐”。设置其字体为黑体，字体尺寸为 10，颜色为黑色。然后将文字移动到如图 6-20 所示的位置。

9 在工具箱中单击“文本工具”按钮字，输入文字“Omato”。设置其字体为 HaettenSchweiler，字体尺寸为 20，字体颜色为（C：0，M：100，Y：100，K：0）的大红色，并设置其轮廓线为黑色。然后将文字移动到如图 6-21 所示的位置。

图 6-21　输入公司 LOGO

10 在工具箱中单击“文本工具”按钮字，输入字母“T”。设置其字体为 HaettenSchweiler，字体尺寸为 40，字体颜色为黑色。设置其轮廓线为（C：0，M：100，Y：100，K：0）的大红色，宽度为 0.3 mm。然后将文字旋转，并移动到如图 6-22 所示的位置。

图 6-22 输入文字

11 将公司 LOGO 复制，并移动到如图 6-23 所示的位置。

图 6-23 复制 LOGO

12 在如图 6-24 所示的位置输入歌曲名称。其字体均使用 HaettenSchweiler，字体尺寸均为 8。第 1~5 首歌曲名为黑色，第 6~10 首歌曲名为浅灰色。

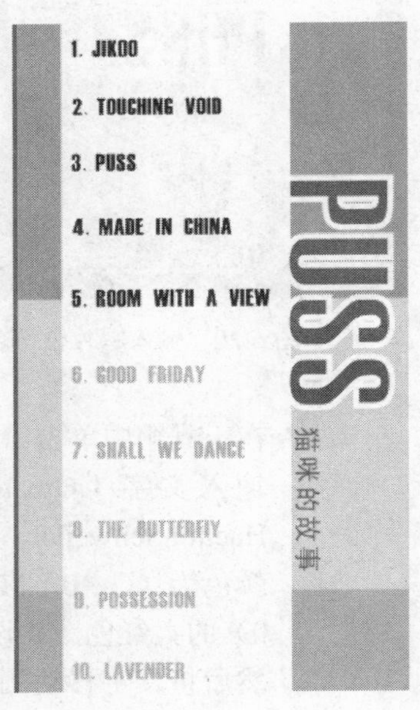

图 6-24 输入歌曲名

13 在工具箱中单击“文本工具”按钮字，输入文字“POSSESSION”。设置其字体为 HaettenSchweiler，字体尺寸为 15，字体颜色为（C：2，M：30，Y：60，K：0）的土黄色（与底部色带颜色相同），并取消其轮廓线。将其移动到如图 6-25 所示的位置。

图 6-25　输入底部文字

14 在工具箱中单击“文本工具”按钮字，输入文字“THE BUTTERFIY”。设置其字体为 HaettenSchweiler，字体尺寸为 20，字体颜色为（C：5，M：5，Y：35，K：0）的浅土黄色（与中部色带颜色相同），并取消其轮廓线，然后将其移动到如图 6-26 所示的位置。

图 6-26　设置中部字体

15 任意选择几组歌曲名称，参照图 6-27 设置其位置。然后将其设置为与背景接近的颜色，作为底纹。

图 6-27　设置底纹

16 接下来绘制两只小猫的图形。单击“椭圆工具”按钮，绘制如图 6-28 所示的椭圆。

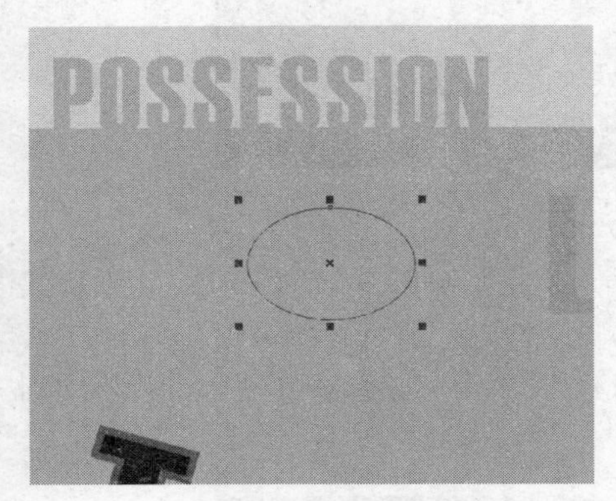

图 6-28　绘制椭圆

17 单击“多变形工具”按钮，在如图 6-29 所示的位置绘制一个三角形，并将其旋转。

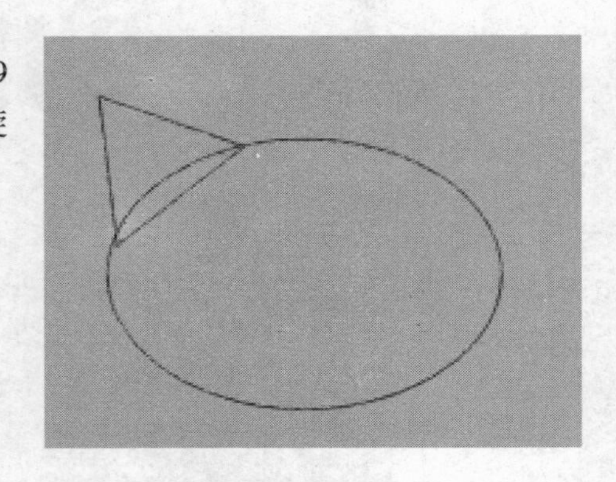

图 6-29　旋转三角形

18 使用同样的方法绘制另一个三角形，如图6-30所示。

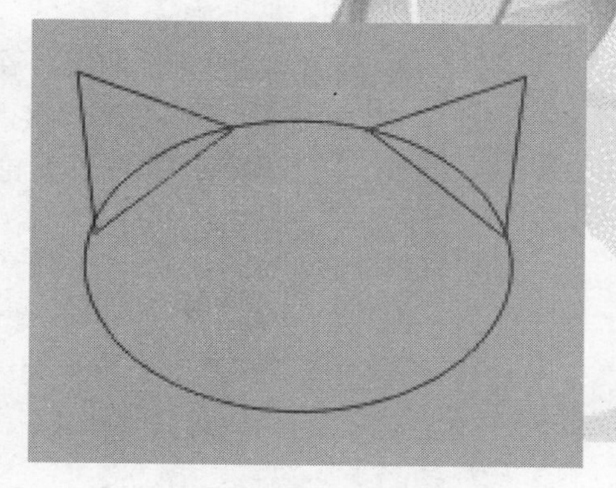

图6-30 绘制另一个三角形

19 在工具箱中单击“贝塞尔工具”按钮，绘制如图6-31所示的图形。

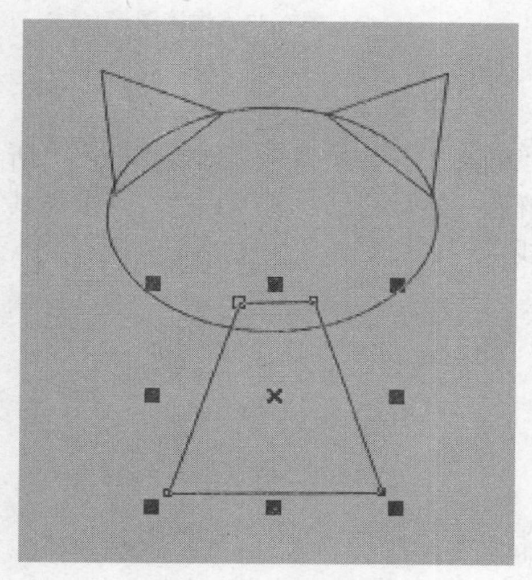

图6-31 绘制图形

20 在工具箱中单击“贝塞尔工具”按钮，绘制如图6-32所示的图形。该图形为小猫的尾巴。

图6-32 绘制小猫的尾巴

21 选择新绘制的几个图形。在属性栏中单击“焊接”按钮，将图形焊接。然后将焊接后的图形填充为黑色，并取消其轮廓线，如图 6-33 所示。

图 6-33　焊接图形

22 单击“椭圆工具”按钮绘制如图 6-34 所示的椭圆。然后将其填充为白色，并取消其轮廓线。

图 6-34　绘制并填充椭圆

23 选择新绘制的椭圆。在属性栏中单击“转换为曲线”按钮，将其转化为曲线。然后将其编辑为如图 6-35 所示的形态。

图 6-35　编辑图形

24 单击“椭圆工具”按钮，绘制如图 6-36 所示的椭圆。然后将其填充为黑色，并取消其轮廓线。

图 6-36　绘制瞳孔

图 6-37　绘制另一只眼睛

25 使用同样的方法绘制另一只眼睛，如图 6-37 所示。

26 单击“椭圆工具”按钮，绘制如图 6-38 所示的椭圆。然后将其填充为灰色，并取消其轮廓线，再将其移动至小猫下方的图层。

图 6-38　绘制阴影

27 使用同样的方法绘制另一只白猫，如图 6-39 所示。

图 6-39 绘制白猫

28 将黑猫和白猫复制，并将其分别移动到如图 6-40 所示的 3 个位置，现在背景的绘制就完成了。

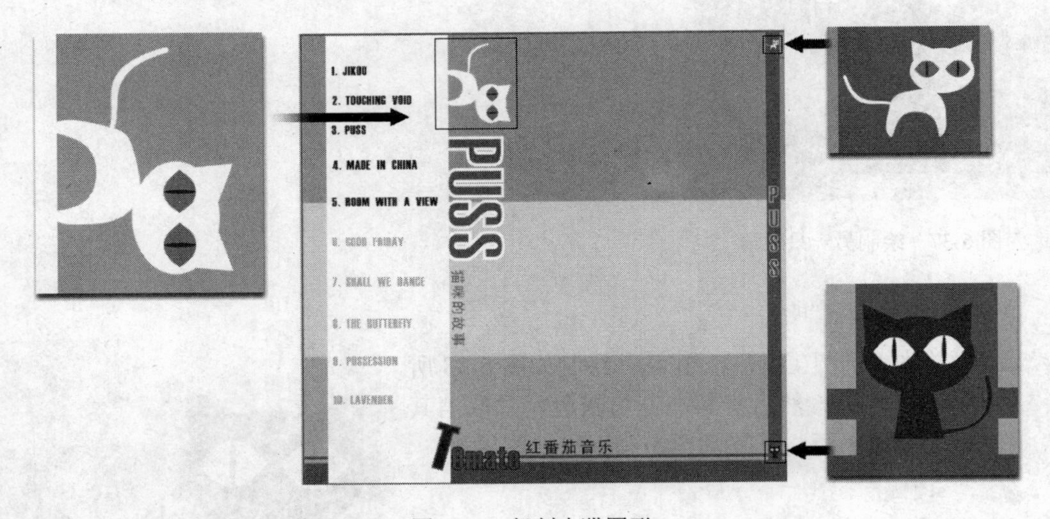

图 6-40 复制小猫图形

6.1.2 绘制人物

接下来绘制人物。由于人物是二维感觉的，所以不需要使用交互式编辑工具对其进行编辑。

1. 绘制头部

1 在对象管理器中单击“新建图层”按钮，创建一个新图层，并将该图层命名为“女孩”。在工具箱中单击“贝塞尔工具”按钮，绘制如图 6-41 所示的图形。然后将其填充为黑色，并取消其轮廓线。

图 6-41　绘制头发

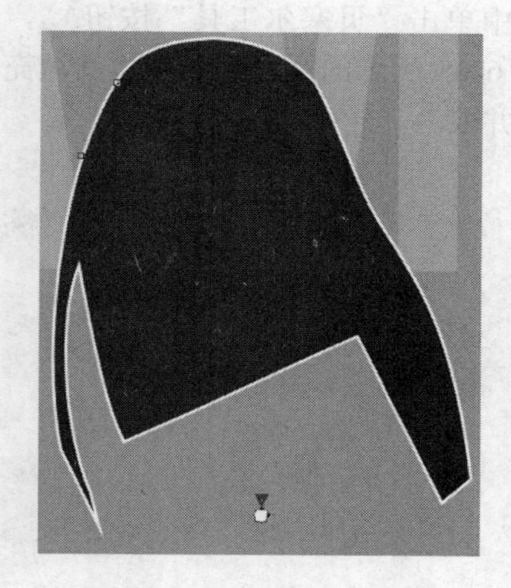

图 6-42　绘制图形轮廓线

2 在工具箱中单击“交互式轮廓线工具”按钮，设置新绘制的图形的轮廓线。在属性栏的“轮廓图步数”参数栏中输入 1，在“轮廓图偏移”参数栏中输入 0.2，轮廓线效果如图 6-42 所示。

3 将设置轮廓后的图形拆分。然后将外部轮廓图形填充为（C：0，M：100，Y：100，K：0）的大红色，将轮廓线设置为（C：0，M：65，Y：80，K：0）的橙黄色，如图 6-43 所示。

图 6-43　填充图形

4 在工具箱中单击“贝塞尔工具”按钮，绘制如图 6-44 所示的图形。然后将图形填充为（C：0，M：20，Y：35，K：0）的肉色，将轮廓线设置为（C：0，M：65，Y：80，K：0）的橙色。

图 6-44　绘制脸庞

5 在工具箱中单击“贝塞尔工具”按钮，绘制如图 6-45 所示的图形。然后将其填充为白色，并取消其轮廓线。

图 6-45　绘制反光

6 在工具箱中单击“贝塞尔工具”按钮，绘制如图 6-46 所示的图形。然后将其填充为灰色，并取消其轮廓线。

图 6-46　绘制鬓角

7 在工具箱中单击“贝塞尔工具”按钮，绘制如图 6-47 所示的图形。然后将其填充为大红色，并取消其轮廓线。

图 6-47　绘制嘴唇

2. 绘制上衣

1 在工具箱中单击“贝塞尔工具”按钮，绘制如图 6-48 所示的图形。然后将图形填充为（C：20，M：15，Y：55，K：0）的粉绿色，将轮廓线设置为（C：0，M：65，Y：80，K：0）的橙色。

图 6-48　绘制上衣

2 在工具箱中单击“贝塞尔工具”按钮，绘制如图 6-49 所示的图形。然后将其填充为（C：12，M：5，Y：405，K：0）的草绿色，并取消其轮廓线。

图 6-49　绘制衣服亮部

3 在工具箱中单击“贝塞尔工具”按钮，绘制如图 6-50 所示的图形。然后将其填充为（C：60，M：50，Y：95，K：10）的深绿色，并取消其轮廓线。

图 6-50　绘制衣服的暗部

图 6-51　绘制衣袖和徽标

4 在工具箱中单击“贝塞尔工具”按钮，绘制如图 6-51 所示的图形。然后将图形填充为（C：0，M：95，Y：95，K：0）的大红色，将轮廓线设置为（C：0，M：65，Y：80，K：0）的橙色。

5 在工具箱中单击“贝塞尔工具”按钮，绘制如图 6-52 所示的图形。然后将图形填充为（C：25，M：65，Y：95，K：0）的棕色，将轮廓线设置为（C：0，M：65，Y：80，K：0）的橙色。

图 6-52　绘制中缝和拉链

6 在工具箱中单击“贝塞尔工具”按钮，绘制如图 6-53 所示的图形。然后将图形填充为（C：0，M：20，Y：35，K：0）的肉色，将轮廓线设置为（C：0，M：65，Y：80，K：0）的橙色。

图 6-53　绘制手

图 6-54　绘制腿

3. 绘制裙子和靴子

1 在工具箱中单击“贝塞尔工具”按钮，绘制如图 6-54 所示的图形。然后将图形填充为（C：0，M：20，Y：35，K：0）的肉色，将轮廓线设置为（C：0，M：65，Y：80，K：0）的橙色。

2 在工具箱中单击“贝塞尔工具”按钮，绘制如图 6-55 所示的图形。然后将图形填充为（C：0，M：95，Y：95，K：0）的大红色，将轮廓线设置为（C：0，M：65，Y：80，K：0）的橙色。

图 6-55　绘制裙子

3 在工具箱中单击“贝塞尔工具”按钮，绘制如图 6-56 所示的图形。然后将其填充为（C：30，M：100，Y：100，K：0）的深红色，并取消其轮廓线。

图 6-56　绘制裙子暗部

4 在工具箱中单击“贝塞尔工具”按钮，绘制如图 6-57 所示的图形。然后将图形填充为（C：20，M：15，Y：55，K：0）的粉绿色，将轮廓线设置为（C：0，M：65，Y：80，K：0）的橙色。

图 6-57　绘制袜子

图 6-58　绘制靴子

5 在工具箱中单击“贝塞尔工具”按钮，绘制如图 6-58 所示的图形。然后将图形填充为（C：0，M：95，Y：95，K：0）的大红色，将轮廓线设置为（C：0，M：65，Y：80，K：0）的橙色。

6 在工具箱中单击“贝塞尔工具”按钮，绘制如图 6-59 所示的图形。然后将其填充为（C：0，M：15，Y：10，K：0）的浅粉红色，并取消其轮廓线。

图 6-59　绘制靴子亮部

7 在工具箱中单击“贝塞尔工具”按钮，绘制如图 6-60 所示的图形。然后将其填充为（C：30，M：100，Y：100，K：0）的深红色，并取消其轮廓线。

图 6-60　绘制靴子暗部

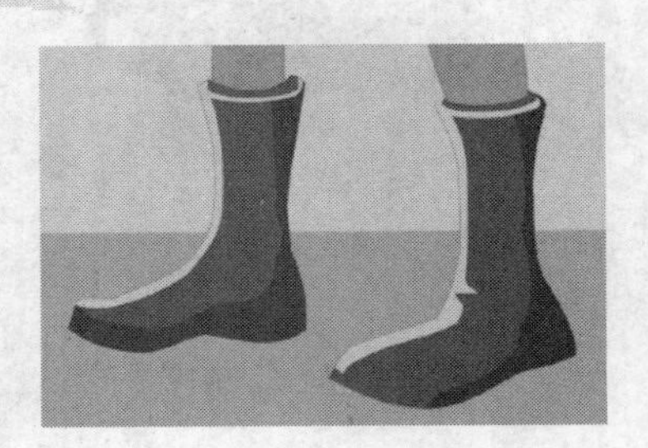

图 6-61　绘制靴子内壁

8 在工具箱中单击“贝塞尔工具”按钮，绘制如图 6-61 所示的图形。然后将其填充为（C：25，M：65，Y：95，K：0）的棕色，并取消其轮廓线。

9 在工具箱中单击“贝塞尔工具”按钮，绘制如图 6-62 所示的图形。然后将图形填充为（C：30，M：80，Y：95，K：0）的深棕色，并将轮廓线设置为黑色。

10 将所有组成女孩的图形复制，并将复制后的图形移动至页面的空白处，然后选择复制前的图形，在属性栏中单击“群组”按钮，将复制前的图形群组。

图 6-62　绘制靴底

11 删除复制的图形内部所有的图形，只保留边缘部分的图形，如图 6-63 所示。

图 6-63　删除图形

12 选择边缘部分的图形。在属性栏中单击“焊接”按钮，将图形焊接。然后将焊接后的图形轮廓线设置为（C：0，M：60，Y：60，K：0），并设置轮廓线的宽度为 0.5 mm，如图 6-64 所示。

图 6-64　设置图形廓线

提示

由于该图形会被前面的图形遮挡，所以可以任意填充一种颜色。不过为了避免出现边缘不整齐而导致漏色的情况，最好将填充色设置为与轮廓色相同的颜色。

图 6-65　对齐图形

将设置轮廓后的图形放置于群组后的女孩图形的下一层，并使其沿中心点对齐，女孩图形出现一个橙黄色的边缘，如图 6-65 所示。

提示

在只需要设置群组图形边缘轮廓线的情况下，通常使用这种方法。通过编辑下层图形的轮廓线，就可以设置群组图形的轮廓。

14 在工具箱中单击“贝塞尔工具”按钮，绘制女孩的阴影，如图 6-66 所示。

图 6-66　绘制阴影

图 6-67　复制并移动图形

15 将女孩图形复制，并移动到如图 6-67 所示的位置。

16 选择复制后的女孩图形。在属性栏中单击“取消全部群组”按钮，取消群组。然后使用灰度模式将其填充，只保留嘴唇的红色，如图 6-68 所示。

图 6-68　填充图形

17 现在 CD 封套就全部绘制完成了，效果如图 6-69 所示。

图 6-69　CD 封套

6.2　绘制 CD 光盘封面

接下来绘制如图 6-70 所示的 CD 光盘封面。CD 光盘封面的绘制过程分为背景图案的绘制、文字的添加两个阶段。

图 6-70　CD 光盘封面

6.2.1　绘制背景图案

CD 光盘封面中大部分的图形通过复制封套上的图形来完成。

1 在对象管理器中单击“新建图层”按钮，创建一个新图层，并将该图层命名为“光盘”。在工具箱中单击“椭圆工具”按钮，按住Ctrl键，绘制一个正圆。选择新绘制的正圆，在属性栏中的（宽度）和（高度）参数栏中均输入90，结果如图6-71所示。

图6-71 绘制正圆

图6-72 设置图形轮廓

2 在工具箱中单击“交互式轮廓线工具”按钮，在新绘制的图形的外部设置轮廓线。在属性栏中的“轮廓图步数”参数栏中输入1，在“轮廓图偏移”参数栏中输入1，轮廓线效果如图6-72所示。

3 右击设置轮廓后的图形，在弹出的快捷菜单中选择“拆分”按钮，将图形拆分。然后将内部的圆填充为（C：5，M：5，Y：35，K：0）的浅土黄色，将外部的圆填充为（C：0，M：100，Y：100，K：0）的大红色，并取消这两个图形的轮廓线，如图6-73所示。

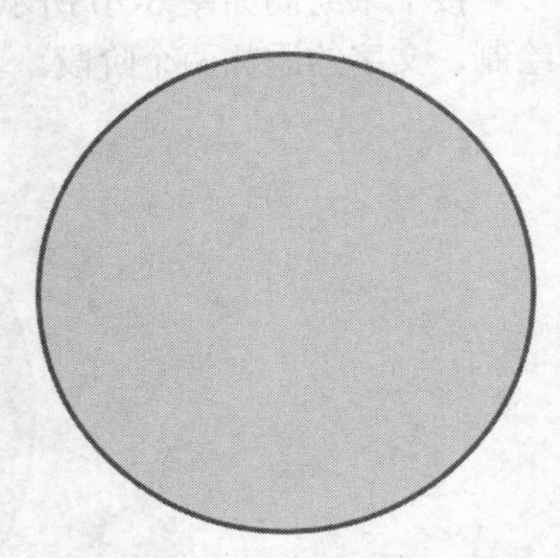

图6-73 取消轮廓线后的效果

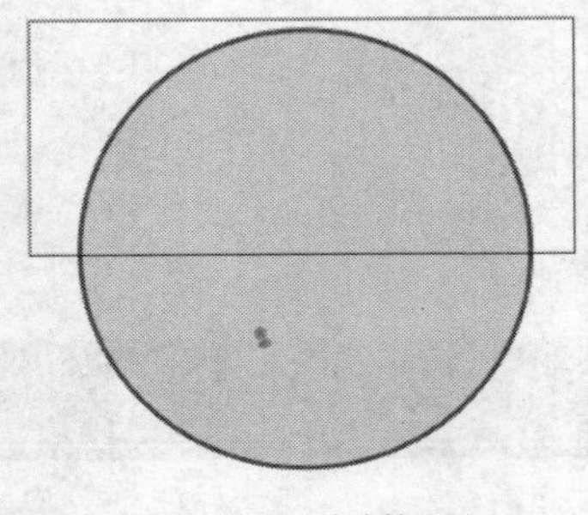

图6-74 绘制矩形

4 单击“矩形工具”按钮，在如图6-74所示的位置绘制一个矩形。

5 选择矩形和其底部较小的圆形。在属性栏中单击“相交”按钮，将两个图形相交。然后删除矩形，将相交产生的图形填充为（C：0，M：45，Y：85，K：0）的橙色，并取消其轮廓线，如图6-75所示。

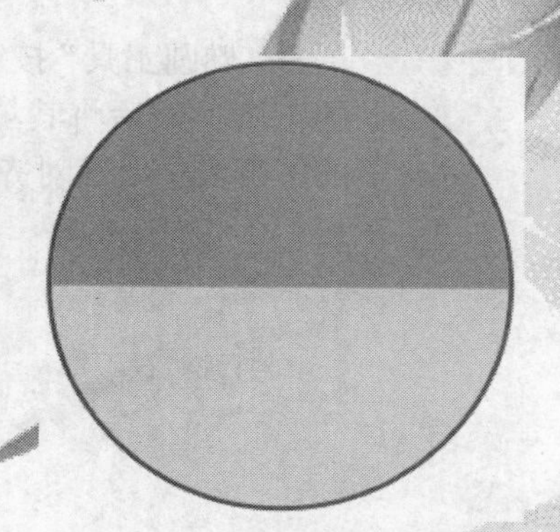

图6-75　填充图形后的效果

6 使用同样的方法绘制如图6-76所示的图形，并将其填充为（C：0，M：45，Y：85，K：0）的大红色。

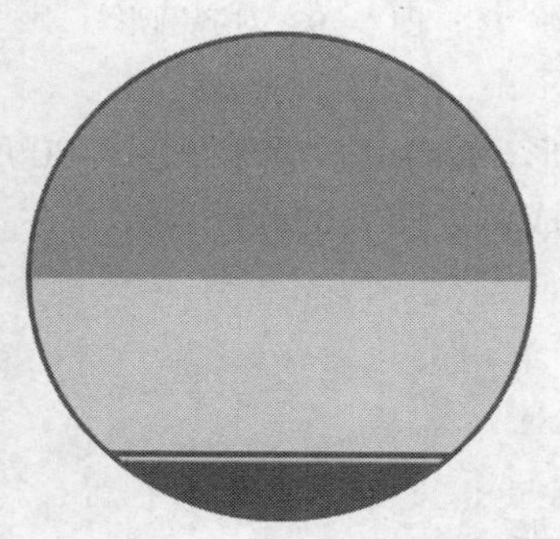

图6-76　绘制图形

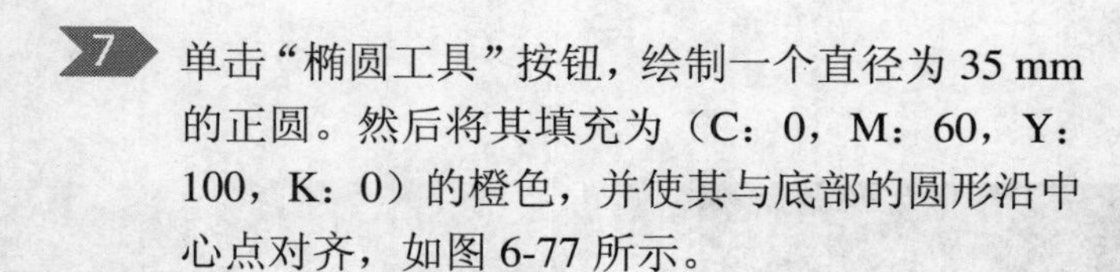

7 单击“椭圆工具”按钮，绘制一个直径为35 mm的正圆。然后将其填充为（C：0，M：60，Y：100，K：0）的橙色，并使其与底部的圆形沿中心点对齐，如图6-77所示。

图6-77　绘制并填充后的效果

8 单击“椭圆工具”按钮，绘制一个直径为25 mm的正圆。然后将其填充为浅灰色，并使其与底部的圆形沿中心点对齐，如图6-78所示。

图6-78　填充正圆后的效果

9 单击“椭圆工具”按钮，绘制一个直径为 15 mm 的正圆。然后将其填充为白色，并使其与底部的圆形沿中心点对齐，如图 6-79 所示。

图 6-79　对齐圆形

10 从封套复制图形，并将其放置于如图 6-80 所示的位置，完成背景图案的绘制。

图 6-80　复制图形

6.2.2　添加文字

由于光盘为圆形，所以必须使文字能够适应光盘。下面将为读者介绍使图形适应容器和使文本沿路经分布等知识。

1 在文档中输入并格式化如图 6-81 所示的文字，再将这些文字群组。

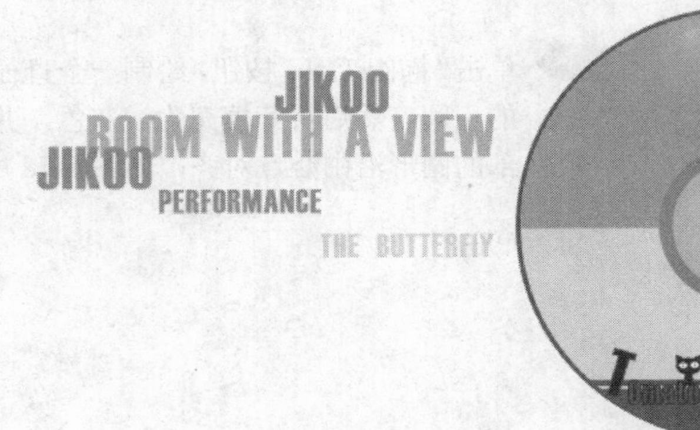

图 6-81　输入文字并群组

2 选择群组后的文字。选择“效果”/“精确剪裁”/“放置在容器中”命令，这时鼠标指针会变为一个大箭头的形状。单击光盘封面上部橙色的半圆，将群组后的文字置入该图形中，如图 6-82 所示。

图 6-82　将文字置入容器

提示

可以通过右击容器，在弹出的快捷菜单中选择“编辑内容”命令来编辑容器中图形的位置。编辑完成后，右击容器，在弹出的快捷菜单中选择“结束编辑这一级”命令，结束编辑过程。

3 在工具箱中单击“椭圆工具”按钮，按住 Ctrl 键，绘制直径为 55 mm 的正圆，并将其与下方的圆形沿中心点对齐，如图 6-83 所示。

图 6-83　绘制圆形

4 在工具箱中单击“文本工具”按钮字，输入文字“PUSS”，选择这些文字，在属性栏中“字体列表”下拉列表框中选择 HaettenSchweiler 选项。在“字体大小列表”下拉列表框中选择 48，设置字体颜色为（C：0，M：100，Y：100，K：0）的大红色。然后设置其轮廓线为白色，宽度为 0.7 mm，如图 6-84 所示。

图 6-84　设置字体

5 选择“PUSS”，选择“文本”/“使文本适应路径”命令，这时鼠标指针会变为黑色箭头形状。选择新绘制的圆形，并将文字移动至圆形左侧，然后取消圆形的轮廓线，如图 6-85 所示。

图 6-85　使文本适应路径

图 6-86　编辑其他文字

6 使用同样的方法编辑其他文字，如图 6-86 所示。

7 现在本例就全部完成了，效果如图 6-87 所示。如果在设置过程中遇到了什么问题，可以打开本书附带光盘中的文件“Sura-6/CD 包装设计.cdr”，这是本例完成后的文件。

图 6-87　CD 光盘封面

第7章 海 报

本章重点：

1. 海报的相关设计知识
2. Photoshop CS2 图层特效的运用
3. CorelDRAW X3 基本绘制和编辑工具的应用。

海报是一种常见的平面广告。与其他的平面设计类作品相比，广告具有时效性强，信息传达较为直接，视觉冲击力强等特点。海报通常需要在很短时间内传达给受众某种信息，因此，通常不会包含很大的信息量，且主题突出，中心明确。为了使海报能够在瞬间留给受众深刻的印象，通常都会使用简洁明快的设计风格。在本章中，将指导读者绘制两幅海报，一幅为博爱音乐论坛网站的宣传海报，一幅为 KUKU 饮料宣传海报。通过这两个实例，既能够使读者了解海报的设计和制作过程，也能够使读者了解相关软件的应用方法。

7.1 博爱音乐论坛网站宣传海报

博爱音乐论坛是一个古典音乐相关网站。为了突出古典音乐凝重、深沉的特点，以及突出海报简洁明快的设计风格，画面整体采用黑色作为背景色，网站的名称、宗旨等相关单词规则排布于画面。主体图案为 3 个音乐家的照片，其色彩较为鲜艳，使画面不至于显得过于呆板、沉闷。另外，对一些画面细节进行了刻画，使画面整体富有情趣。图 7-1 为本例完成后的效果。

图 7-1　博爱音乐论坛网站宣传海报

7.1.1 绘制金属球

在海报右上角，有一个金属质感的球体，这个球体将在 CorelDRAW X3 中绘制。

1 启动 CorelDRAW X3，创建一个新的 A4 页面。

2 在工具箱中单击“椭圆工具”按钮，按住 Ctrl 键，绘制直径为 33 mm 的正圆，如图 7-2 所示，然后将该圆形填充为黑色。

3 按 Ctrl+D 组合键，将该圆形复制，将复制的圆形填充白色。

4 选择复制的圆形。在属性栏中单击“转换为曲线”按钮，将复制的圆形转化为曲线。

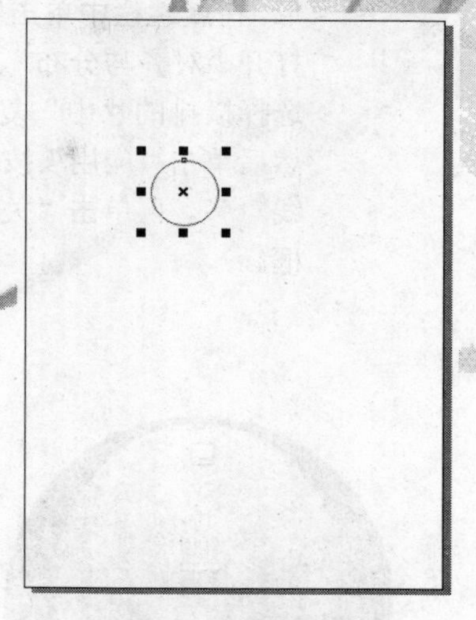
图 7-2　绘制正圆

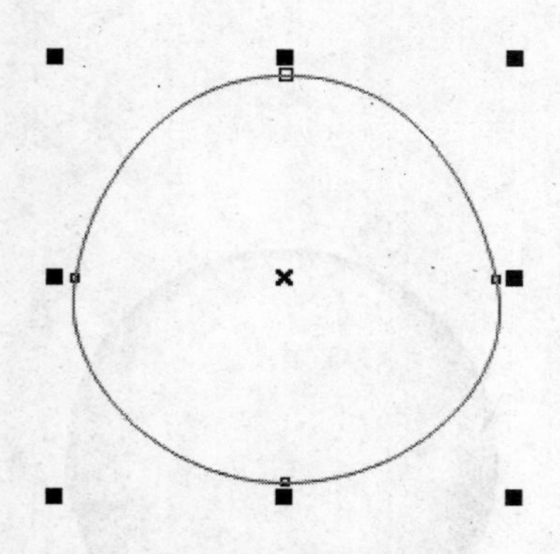
图 7-3　编辑圆形

5 在工具箱中单击“形状工具”按钮，对转化为曲线后的圆形进行编辑。编辑后的效果如图 7-3 所示。

6 将编辑后的图形适当缩小，并放置于如图 7-4 所示的位置。然后取消两个图形的轮廓线。

图 7-4　移动图形

7 为了使两个图形能够完全对齐，选择两个图形，在属性栏中单击“对齐和属性”按钮，打开“对齐与分布”对话框。在该对话框中选择横排的“中”复选框，如图 7-5 所示。然后单击“应用”按钮，使这两个图形沿中线对齐。再单击“关闭”按钮，退出该对话框。

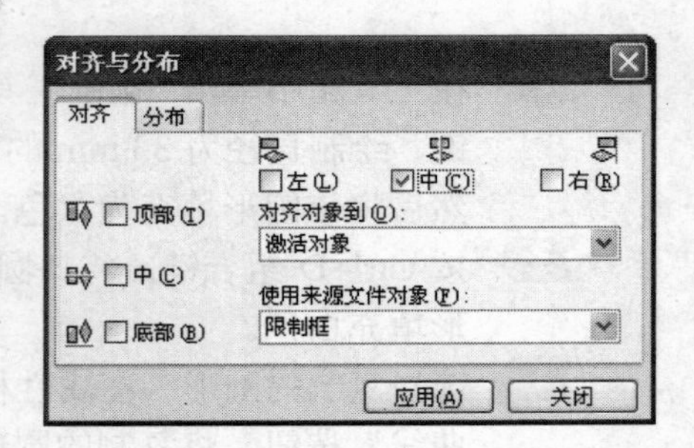

图 7-5 “对齐与分布”对话框

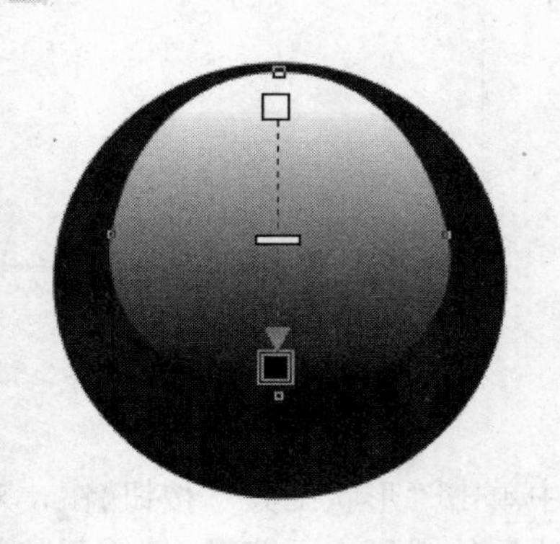

图 7-6 设置图形的交互式透明效果

8 在工具箱中单击“交互式透明”按钮，参照图 7-6 设置图形的交互式透明效果。

9 使用“交互式调和”工具调和两个图形，如图 7-7 所示。

10 右击调和后的图形，在弹出的快捷菜单中选择“拆分”命令，将图形拆分。

11 选择所有图形，在属性栏内单击“群组”按钮，将所有图形组成一个群组。

图 7-7 调和两个图形

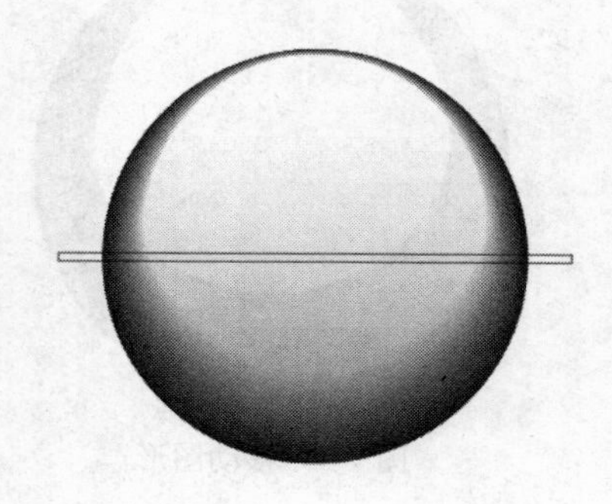

图 7-8 绘制矩形

12 在工具箱中单击“矩形工具”按钮，在如图 7-8 所示的位置绘制一个矩形。

13 选择所有图形，在属性栏中单击“后减前”按钮，将图形进行修剪，效果如图 7-9 所示。

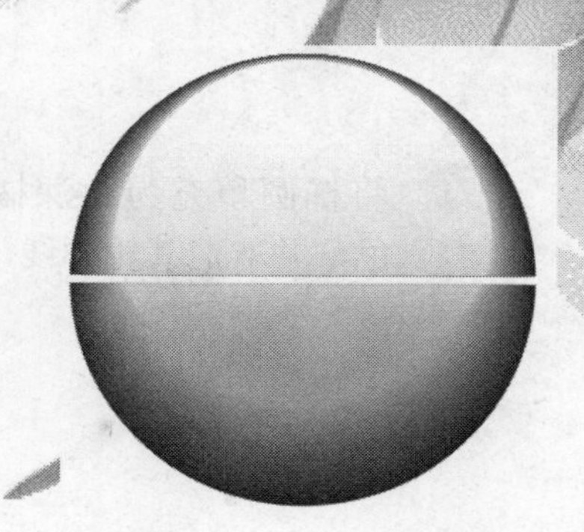

图 7-9　修剪图形

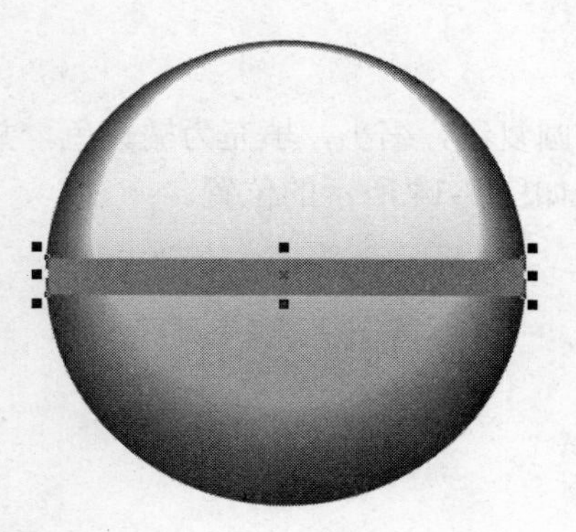

图 7-10　绘制矩形

14 在工具箱中单击“矩形工具”按钮，在如图 7-10 所示的位置绘制一个矩形。然后将其填充为橘黄色，并取消其轮廓线。

15 选择新绘制的矩形，按 Shift+PageDown 组合键，使矩形位于图像底层，如图 7-11 所示。

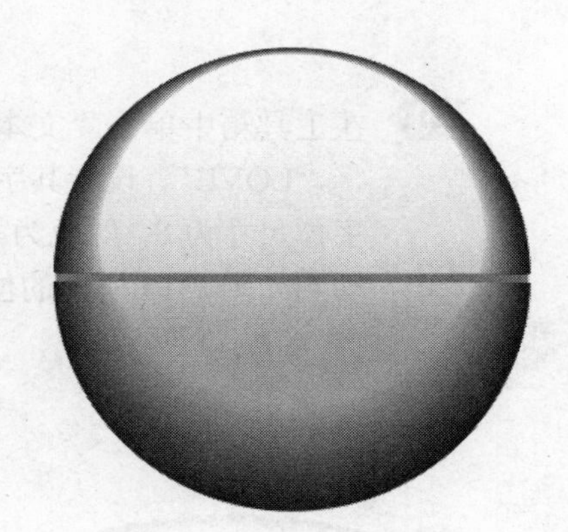

图 7-11　调整矩形位置

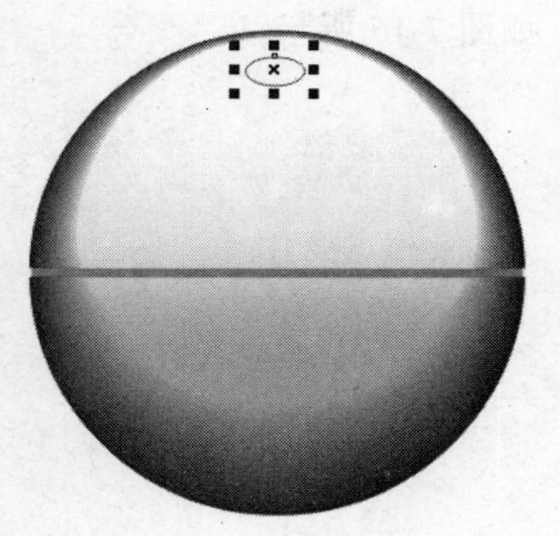

图 7-12　绘制椭圆

16 在工具箱中单击“椭圆工具”按钮，在如图 7-12 所示的位置绘制一个椭圆。

17 将椭圆填充为由深橘黄色到浅橘黄色的渐变色，并取消其轮廓线，如图 7-13 所示。

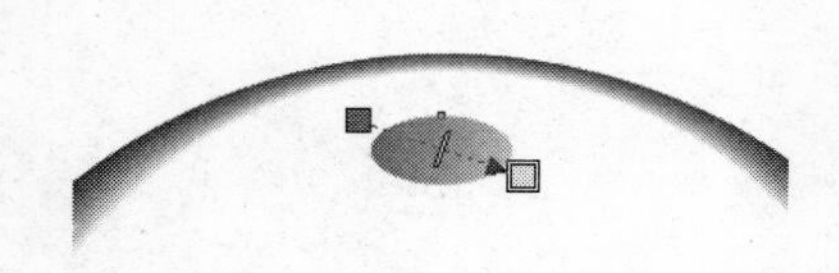

图 7-13　填充图形

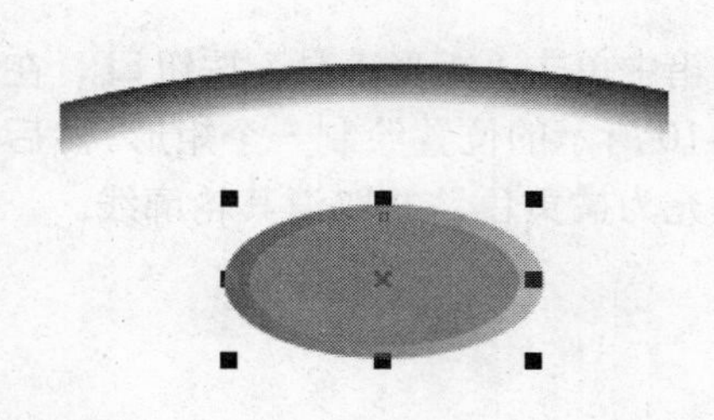

图 7-14　复制图形

18 将该椭圆复制，缩小，填充为橘黄色，并放置于如图 7-14 所示的位置。

19 在工具箱中单击“文本工具”按钮字，输入文字“LOVE”。设置其字体为 Dutch801 XBb BT，字体尺寸为 8，颜色为黑色。然后然后将文字移动到如图 7-15 所示的位置。

图 7-15　输入文字

图 7-16　填充字体

20 将文字填充为浅灰色，并设置其轮廓线为深灰色，如图 7-16 所示。

21 为了使字体适应球体表面，需要对其外部轮廓进行编辑。在工具箱中单击“交互式封套”按钮，在字体外围添加一个封套，并对封套进行编辑，如图 7-17 所示。

图 7-17　编辑封套

图 7-18　添加文字

22 在工具箱中单击“文本工具”按钮，输入文字“music”。设置其字体为 Dutch801 XBb BT，字体尺寸为 5，颜色为深灰色。然后将文字移动到如图 7-18 所示的位置。

23 选择所有的图形。在属性栏中单击“对齐和属性”按钮，打开“对齐与分布”对话框。在该对话框中选择横排的“中”复选框，单击“应用”按钮，使这两个图形沿中线对齐。然后单击“关闭”按钮，退出该对话框。现在球体就绘制完成了，如图 7-19 所示。

图 7-19　完成后的金属球体

24 将球体输出，以便在 Photoshop CS2 中进行编辑。选择所有的图案，选择“文件”/“导出”命令，打开“导出”对话框。在“保存在”下拉列表框中选择一个路径，在“文件名”文本框中输入“球体”，将文件命名为“球体”，在“保存类型”下拉列表框中选择“PSD-Adobe PhotoShop”选项，选择“只是选定的”复选框，如图 7-20 所示。

导出
保存在(I): Sura-10
我最近的文档
桌面
我的文档
我的电脑
网上邻居
文件名(N): 球体
保存类型(T): PSD - Adobe Photoshop
排序类型(R): 默认
注释(E):
压缩类型(C):
RLE 压缩
只是选定的(O)
网页_兼容_文件名(W)
不显示过滤器对话框(D)
选项<<
导出
取消

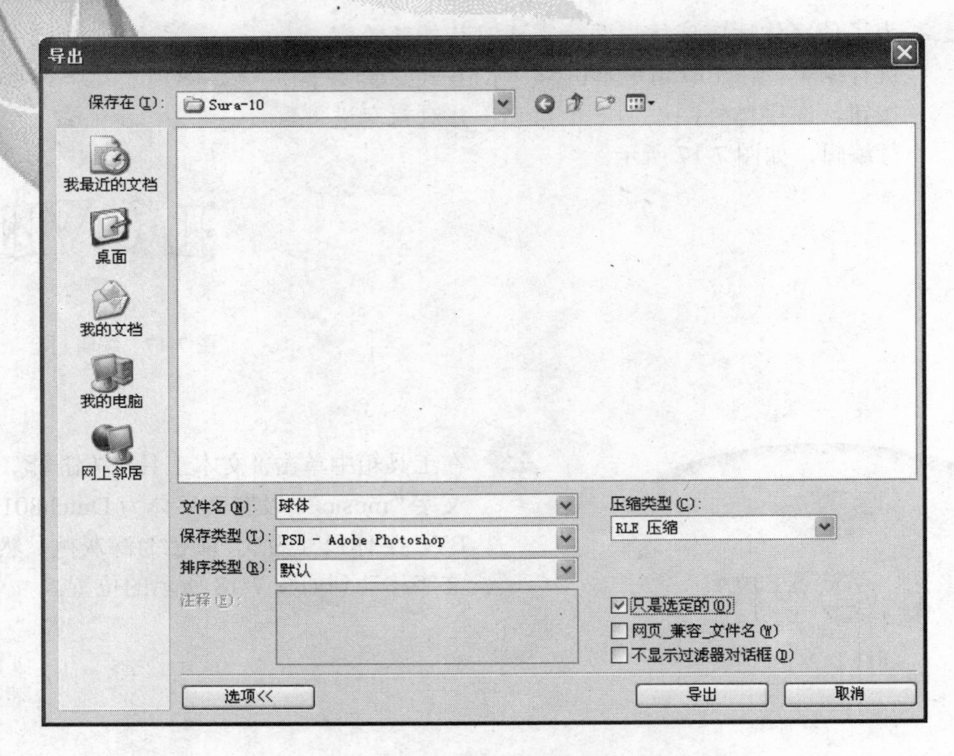

图 7-20 “导出”对话框

25 单击“导出”按钮，打开“转换为位图”对话框。在该对话框中选择“透明背景”和“保持原始大小”复选框，如图 7-21 所示。然后单击“确定”按钮，退出该对话框，将图形导出。

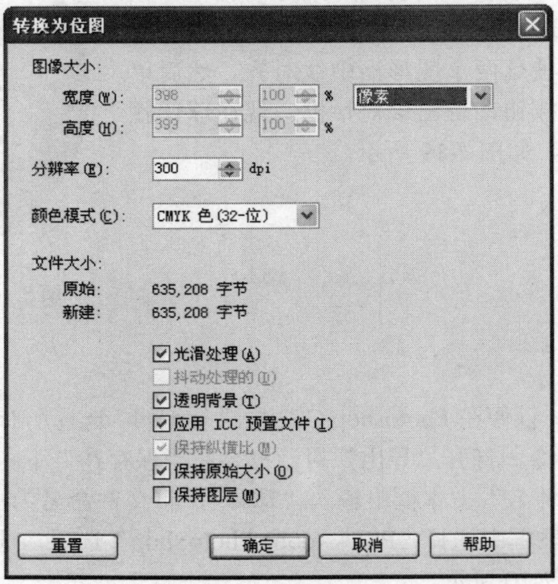

转换为位图
图像大小:
宽度(W): 398 100 %
像素
高度(H): 399 100 %
分辨率(E): 300 dpi
颜色模式(C): CMYK 色(32-位)
文件大小:
原始: 635,208 字节
新建: 635,208 字节
光滑处理(A)
抖动处理的(D)
透明背景(T)
应用 ICC 预置文件(I)
保持纵横比(M)
保持原始大小(O)
保持图层(M)
重置
确定
取消
帮助

图 7-21 “转换为位图”对话框

7.1.2 制作海报

接下来在 Photoshop CS2 中制作海报。制作过程中会使用 CorelDRAW X3 中导出的图形。

1 启动 Photoshop CS2。创建一个宽 1000 像素、高 1270 像素、分辨率为 300、颜色模式为 RGB 的新文件。并将新文件命名为“博爱音乐论坛网站宣传海报”，如图 7-22 所示。

图 7-22 创建新图形

2 将该文件整体填充为黑色，如图 7-23 所示。

图 7-23 填充文件

3 在工具箱中单击“横排文字”工具 T，在选项栏中会出现文字的属性设置。在“字体”下拉列表框中选择 Benguiat BK BT 选项，在“字体尺寸”下拉列表框中输入 83，在“字体颜色”显示窗内选择白色。然后在如图 7-24 所示的位置输入文字“LOVE”，这时在图层调板中会出现“LOVE”图层。

图 7-24　输入文字

图 7-25　输入文字“music”

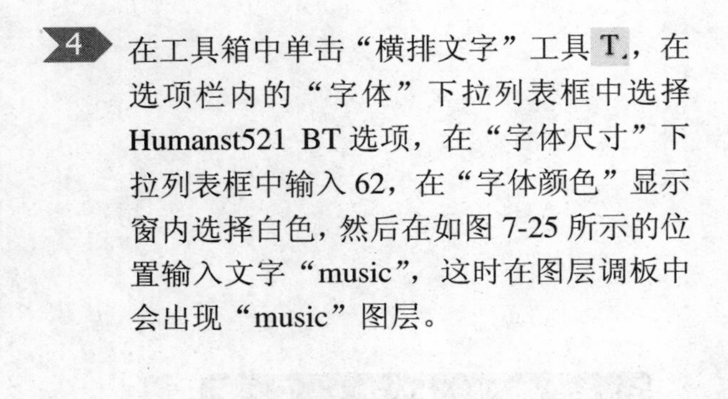

4 在工具箱中单击“横排文字”工具 T，在选项栏内的“字体”下拉列表框中选择 Humanst521 BT 选项，在“字体尺寸”下拉列表框中输入 62，在“字体颜色”显示窗内选择白色，然后在如图 7-25 所示的位置输入文字“music”，这时在图层调板中会出现“music”图层。

5 在工具箱中单击“横排文字”工具 T，在选项栏中的“字体”下拉列表框中选择 Impact 选项，在“字体尺寸”下拉列表框中输入 250，在“字体颜色”显示窗内选择白色。然后在如图 7-26 所示的位置输入文字“MUSIC”，这时在图层调板中会出现“MUSIC”图层。

图 7-26　添加文字“MUSIC”

6 现在字母的间距略大，需要对其进行调整。在工具箱中单击“横排文字”工具 T，选择文字“MUSIC”，在选项栏中单击“切换字符和段落调板”按钮，进入“字符”调板。在“字符间距”下拉列表框中选择-50，缩小字符间距，如图 7-27 所示。

图 7-27　缩小字符间距

7 从本书附带的光盘中打开“Sura-7/音乐家01.jpg”文件，如图 7-28 所示。

图 7-28　“音乐家 01.jpg”文件

8 按 Ctrl+A 组合键，全选图片，然后按 Ctrl+C 组合键，复制图片。

9 切换到“博爱音乐论坛网站宣传海报.psd”文件，按 Ctrl+V 组合键，将复制的图片粘贴到该文件中。图层调板中会增加“图层 1”图层。

10 将“图层 1”图层内容缩放并移动到如图 7-29 所示的位置。在图层调板中选择“图层 1”图层，然后单击“MUSIC”图层前的缩略图，将该图层设置为选区。

图 7-29　设置选区

11 按 Ctrl+Shift+I 组合键，反选选区。然后按 Delete 键，删除选区内容。按 Ctrl+D 组合键取消选区，如图 7-30 所示。

图 7-30　删除图像

12 在图层调板中选择“图层 1”图层。在该面板底部单击“添加图层样式”按钮，在弹出的菜单中选择“描边”选项，进入“图层样式”对话框中的“描边”面板。在“大小”参数栏中输入 3，在“颜色”显示窗内选择浅灰色，如图 7-31 所示。单击“好”按钮，退出该对话框。

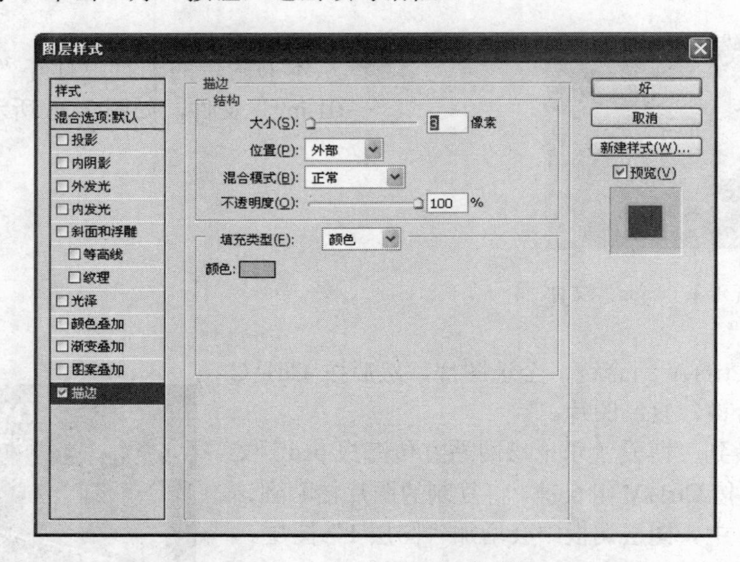

图 7-31　“图层样式”对话框

13 描边后的图形如图 7-32 所示。

图 7-32　设置图形描边效果

14 打开 7.1.1 节中保存的球体图形，如图 7-33 所示。

图 7-33　球体图形

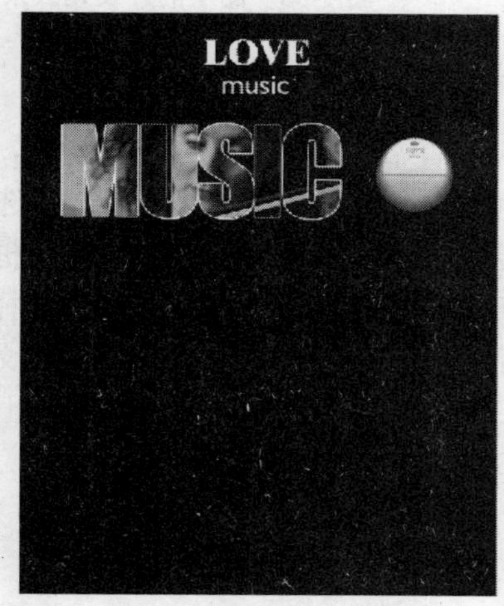

图 7-34　缩放并移动图层

15 按 Ctrl+A 组合键，全选图片。然后按 Ctrl+C 组合键，复制图片。切换到“博爱音乐论坛网站宣传海报”文件，按 Ctrl+V 组合键，将复制的图片粘贴到该文件中。图层调板中会增加“图层 2”图层。

16 将“图层 2”图层内容缩放，并移动至如图 7-34 所示的位置。

17 在图层调板中选择“图层 1”图层。在该面板底部单击“添加图层样式”按钮，在弹出的菜单中选择“外发光”选项，进入“图层样式”对话框中的“外发光”面板。在“扩展”参数栏中输入 7，在“大小”参数栏中输入 35，在“颜色”显示窗内选择白色，如图 7-35 所示。单击“好”按钮，退出该对话框。

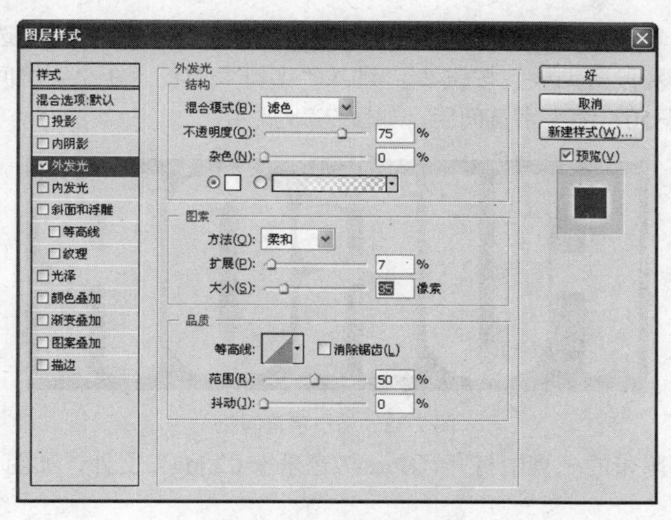

图 7-35　“外发光”面板

18 图层的外发光效果如图 7-36 所示。

图 7-36 图层的外发光效果

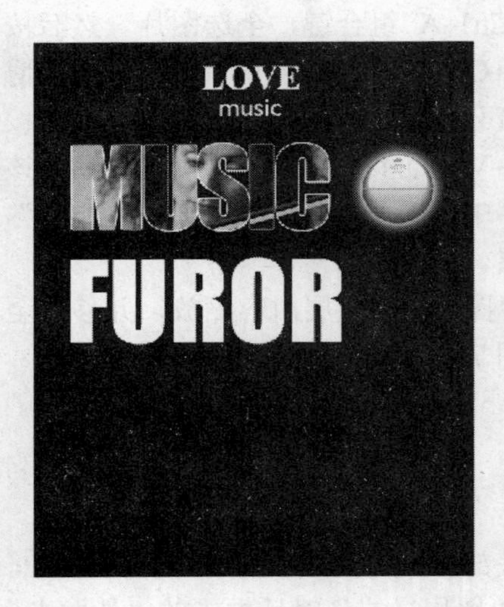

图 7-37 输入文字

19 在工具箱中单击“横排文字”工具 T，在选项栏中的“字体”下拉列表框中选择 Impact 选项，在“字体尺寸”下拉列表框中输入 250，在“字体颜色”显示窗内选择白色。然后在如图 7-37 所示的位置输入文字“FUROR”。这时在图层调板中会出现“FUROR”图层。

20 在工具箱中单击“横排文字”工具 T，选择“FUROR”。在选项栏中单击“切换字符和段落调板”按钮，进入“字符”调板。在“字符间距”下拉列表框中选择-50，缩小字符间距，如图 7-38 所示。

图 7-38 缩小字符间距

21 从本书附带的光盘中打开“Sura-7/音乐家 02.jpg”文件，如图 7-39 所示。

图 7-39 “音乐家 02.jpg”文件

22 按 Ctrl+A 组合键，全选图片。然后按 Ctrl+C 组合键，复制图片。切换到“博爱音乐论坛网站宣传海报”文件，按 Ctrl+V 组合键，将复制的图片粘贴到该文件中。图层调板中会增加“图层 3”图层。

23 将“图层 3”图层内容缩放并移动到如图 7-40 所示的位置。在图层调板中选择“图层 3”图层，然后单击“FUROR”图层前的缩略图，将该图层设置为选区。

图 7-40 粘贴图层

24 按 Ctrl+Shift+I 组合键，反选选区。然后按 Delete 键，删除选区内容，再按 Ctrl+D 组合键取消选区，如图 7-41 所示。

图 7-41 删除选区内容

25 将“图层 1”图层的描边效果复制到“图层 3”图层，如图 7-42 所示。

图 7-42　描边图层

26 从本书附带的光盘中打开“Sura-7/小提琴.jpg”文件，如图 7-43 所示。

图 7-43　“小提琴.jpg”文件

图 7-44　创建矩形选区

27 在“小提琴.jpg”文件中创建如图 7-44 所示的矩形选区。

28 按 Ctrl+C 组合键，复制选区内容。切换到“博爱音乐论坛网站宣传海报”文件，按 Ctrl+V 组合键，将复制的内容粘贴到该文件中。图层调板中会增加“图层 4”图层。

29 将“图层 4”图层缩放并移动到如图 7-45 所示的位置。

图 7-45　缩放并移动“图层 4”图层

图 7-46　输入文字

30 在工具箱中单击“横排文字”工具 T，在选项栏中的“字体”下拉列表框中选择 Impact 选项，在“字体尺寸”下拉列表框中输入 250，在“字体颜色”显示窗内选择白色，然后在如图 7-46 所示的位置输入文字“DREAM”。这时在图层调板中会出现“DREAM”图层。

31 在工具箱中单击“横排文字”工具 T，选择“DREAM”。在选项栏中单击“切换字符和段落调板”按钮，进入“字符”调板。在“字符间距”下拉列表框中选择-50，缩小字符间距，如图 7-47 所示。

图 7-47　设置字符间距

32 从本书附带的光盘中打开“Sura-7/音乐家 03.jpg”文件，如图 7-48 所示。

图 7-48　“音乐家 03.jpg”文件

33 按 Ctrl+A 组合键，全选图片。然后按 Ctrl+C 组合键，复制图片。切换到“博爱音乐论坛网站宣传海报”文件，按 Ctrl+V 组合键，将复制的图片粘贴到该文件中。图层调板中会增加“图层 5”图层。将“图层 5”图层内容缩放并移动到如图 7-49 所示的位置。在图层调板中选择“图层 5”图层，然后单击“DREAM”图层前的缩略图，将该图层设置为选区。

图 7-49 设置选区

图 7-50 删除选区

34 按 Ctrl+Shift+I 组合键，反选选区。然后按 Delete 键，删除选区内容。再按 Ctrl+D 组合键取消选区，如图 7-50 所示。

35 将“图层 1”图层的描边效果复制到“图层 5”图层，如图 7-51 所示。

图 7-51 复制图层效果

图 7-52 “乐谱.jpg”文件

36 从本书附带的光盘中打开“Sura-7/乐谱.jpg”文件，如图 7-52 所示。

37 在“乐谱.jpg”文件创建如图 7-53 所示的矩形选区。

图 7-53　创建矩形选区

图 7-54　移动图层

38 按 Ctrl+C 组合键，复制选区内容。切换到“博爱音乐论坛网站宣传海报”文件，按 Ctrl+V 组合键，将复制的内容粘贴到该文件中。图层调板中会增加“图层 6”图层。将“图层 6”图层内容缩放并移动到如图 7-54 所示的位置。

39 在工具箱中单击“横排文字”工具 T，在选项栏中的“字体”下拉列表框中选择“黑体”选项，在“字体尺寸”下拉列表框中输入 52，在“字体颜色”显示窗内选择白色。然后在如图 7-55 所示的位置输入文字“博爱音乐论坛”。这时在图层调板中会出现“博爱音乐论坛”图层。

图 7-55　输入文字

40 在工具箱中单击“横排文字”工具 T，选择“博爱”两个字，将其颜色设置为红色，如图 7-56 所示。

博爱音乐论坛

图 7-56　编辑文字颜色

41 在工具箱中单击“横排文字”工具 T，在选项栏中的“字体”下拉列表框中选择 Arial 选项，在“字体尺寸”下拉列表框中输入 30，在“字体颜色”显示窗内选择白色，然后在如图 7-57 所示的位置输入文字“WWW.LOVE MUSIC.COM”。这时在图层调板中会出现“WWW.LOVE MUSIC.COM”图层。

图 7-57　输入文字

42 在工具箱中单击“横排文字”工具 T，选择“WWW.LOVE MUSIC.COM”图层。在选项栏中单击“切换字符和段落调板”按钮，进入“字符”调板。在“字符间距”下拉列表框中选择 30，拉大字符间距，如图 7-58 所示。

博爱音乐论坛
WWW.LOVE MUSIC.COM

图 7-58　拉大字符间距

43 现在本例就全部完成了，效果如图 7-59 所示。如果在设置过程中遇到了什么问题，可以打开本书附带光盘中的文件“Sura-7/博爱音乐论坛网站宣传海报.psd”。这是本例完成后的文件。

图 7-59　博爱音乐论坛网站宣传海报

7.2　KUKU 饮料宣传海报

KUKU 饮料的宣传海报为手绘风格。绝大部分的绘制是在 CorelDRAW X3 中完成的。海报以红色调为主，突出了可乐类饮料的特点。主体画面为易拉罐顶部图案，细节刻画精致，使海报别有情趣。图 7-60 为海报完成后的效果。

图 7-60　KUKU 饮料宣传海报

7.2.1　在 CorelDRAW X3 中绘制图案

首先在 CorelDRAW X3 中绘制图案。由于本例中的图案较为复杂，所以将使用对象管理器来控制图形。易拉罐是一种非常规则整齐的图案，为了更为准确地绘制它，需要大量使用对齐工具。CorelDRAW X3 中的绘制工作分为背景绘制、罐底绘制、罐口绘制和添加文字四部分。

1. 背景绘制

1 启动 CorelDRAW X3，创建一个新的 A4 页面。

2 选择“窗口”/“泊坞窗”/“对象编辑器”命令，打开对象管理器。在对象管理器中右击“图层 1”名称，在弹出的快捷菜单中选择“重命名”命令，将其命名为“背景”，如图 7-61 所示。

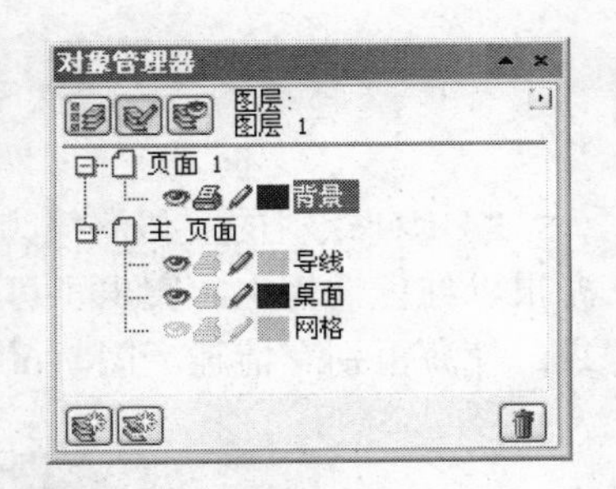

图 7-61　命名图层

图 7-62　绘制正方形

3 在工具箱中单击“矩形工具”按钮，在页面中绘制一个边长为 170 mm 的正方形，如图 7-62 所示。

4 选择新绘制的正方形。在工具箱中单击“填充工具”下拉按钮下的“填充颜色对话框”按钮，打开“标准填充”对话框。在 C 参数栏中输入 40，在 M 参数栏中输入 100，在 Y 参数栏中输入 100，在 K 参数栏中输入 5，如图 7-63 所示，单击“确定”按钮，退出该对话框，将正方形填充为深红色。然后取消其轮廓线。

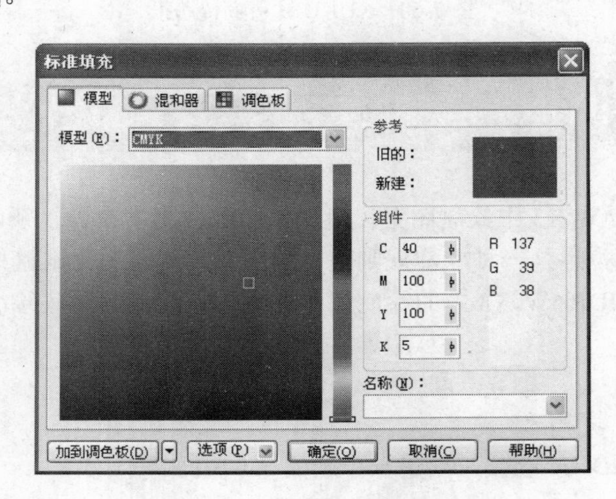

图 7-63　“标准填充”对话框

5 绘制一个宽52 mm、高170 mm的矩形。然后将其填充为黑色，并取消其轮廓线，如图7-64所示。

图7-64 绘制矩形

图7-65 对齐对象

6 选择两个图形。在属性栏中单击“对齐和属性”按钮，打开“对齐与分布”对话框。在该对话框中选择横排的“左”复选框，选择竖排的“中”复选框，然后单击“应用”按钮，使这两个图形沿左侧对齐，如图7-65所示。然后单击“关闭”按钮，退出该对话框。

7 选择“窗口”/“泊坞窗”/“变换”/“旋转”命令，打开“变换”调板下的“旋转”面板。选择两个图形，在“旋转”面板中“中心”栏下的H参数栏中输入100，在V参数栏中输入170。

8 为了不影响其他对象的编辑，需要将“背景”层锁定。在对象管理器中单击“背景”图层前的按钮，使其呈灰度显示，将该层锁定。

2. 罐底绘制

1 在对象管理器中单击“新建图层”按钮，创建一个新图层，并将该图层命名为“罐底”。

2 在工具箱中单击“椭圆工具”按钮，按住Ctrl键，绘制直径为112 mm的正圆。然后将该圆形填充为白色，并取消其轮廓线，如图7-66所示。

3 在工具箱中单击“椭圆工具”按钮，按住Ctrl键，绘制直径为110 mm的正圆。然后将该圆形填充为（C：0，M：100，Y：95，K：0）的红色，并取消其轮廓线。

图7-66 绘制正圆

4 选择两个圆形。在属性栏中单击“对齐和属性”按钮，打开“对齐与分布”对话框。在该对话框中选择横排的“中”复选框和竖排的“中”复选框，然后单击“应用”按钮，使这两个图形沿中心点对齐，如图 7-67 所示。然后单击“关闭”按钮，退出该对话框。

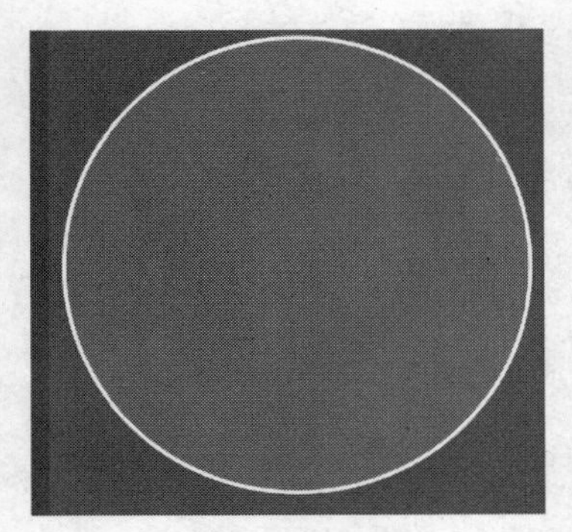
图 7-67　对齐图形

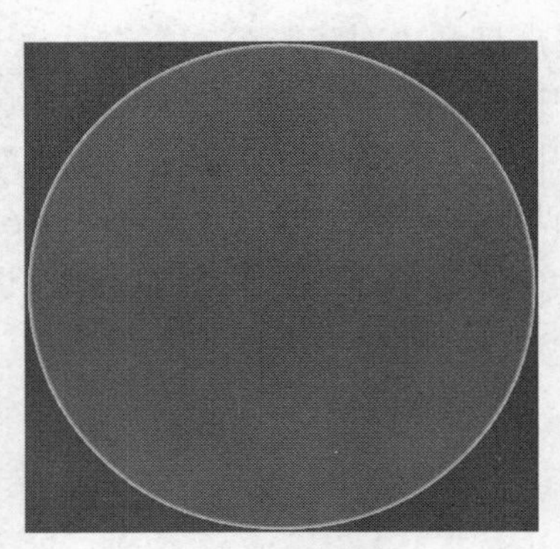
图 7-68　调和图形

5 使用“交互式调和”工具调和两个图形，如图 7-68 所示。

6 进入“变换”调板下的“旋转”面板。选择两个圆形，在“旋转”面板中“中心”栏下的 H 参数栏中输入 130，在 V 参数栏中输入 200。

7 在工具箱中单击“椭圆工具”按钮，按住 Ctrl 键，绘制直径为 112 mm 的正圆。进入“旋转”面板。选择两个圆形，在“旋转”面板中“中心”栏下的 H 参数栏中输入-70，在 V 参数栏中输入 170。

8 在工具箱中单击“贝塞尔工具”按钮，在如图 7-69 所示的位置绘制图形。然后将新绘制的图形填充为白色。

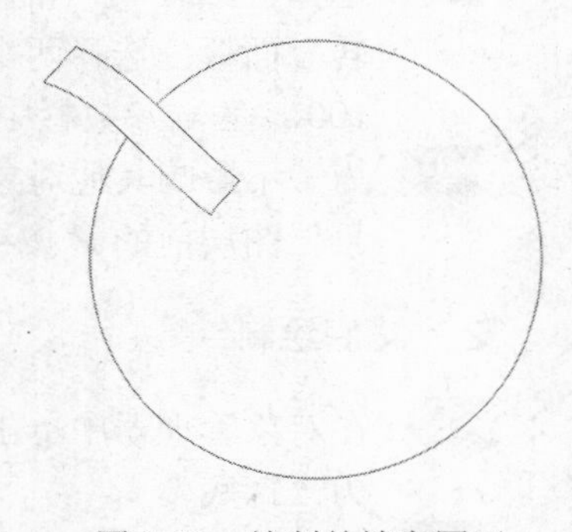
图 7-69　绘制并填充图形

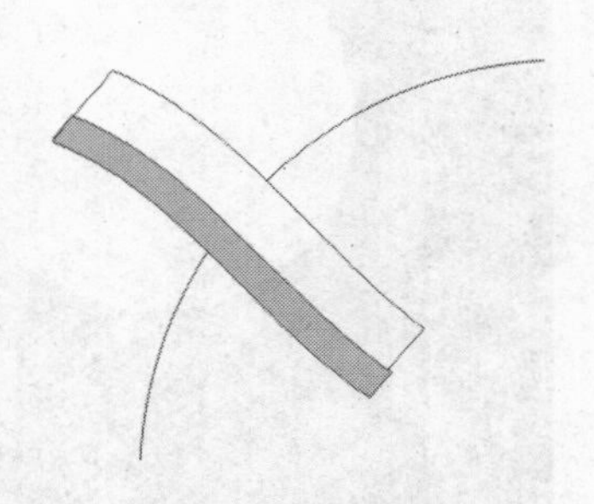
图 7-70　绘制并填充新图形

9 使用“贝塞尔工具”在如图 7-70 所示的位置绘制图形。然后将新绘制的图形填充为浅灰色，如图 7-70 所示。

10 选择两个新绘制的图形。在“旋转”面板中“中心”栏下的 H 参数栏中输入−70，在 V 参数栏中输入 170，在“角度”参数栏中输入 120，然后单击“应用到再制”按钮，将这两个图形复制，如图 7-71 所示。

图 7-71　复制图形

图 7-72　复制第三组图形

11 选择复制产生的两个图形。在“旋转”面板“中心”栏下的 H 参数栏中输入−70，在 V 参数栏中输入 170，在“角度”参数栏中输入 120，然后单击“应用到再制”按钮，将这两个图形复制，如图 7-72 所示。

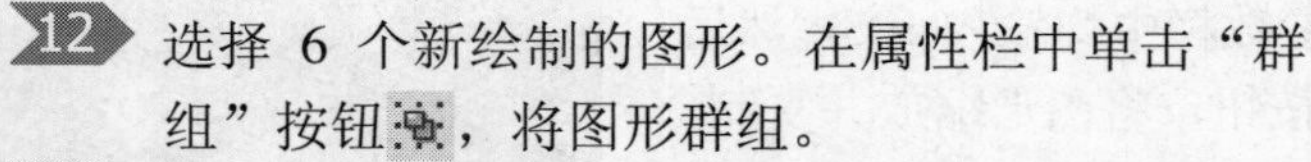

12 选择 6 个新绘制的图形。在属性栏中单击“群组”按钮，将图形群组。

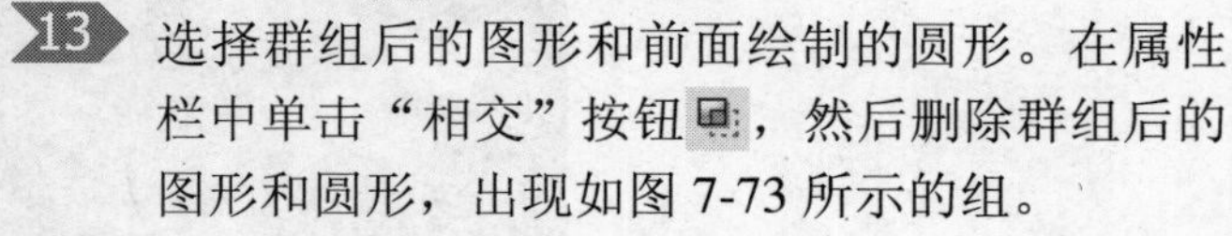

13 选择群组后的图形和前面绘制的圆形。在属性栏中单击“相交”按钮，然后删除群组后的图形和圆形，出现如图 7-73 所示的组。

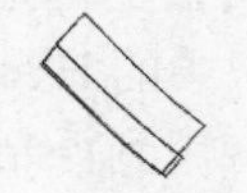

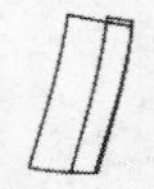

图 7-73　执行“相交”命令并删除

14 选择该组图形。在属性栏中单击“取消全部组合”按钮，参照图 7-74 将 3 个图形填充为白色，3 个图形填充为浅灰色。

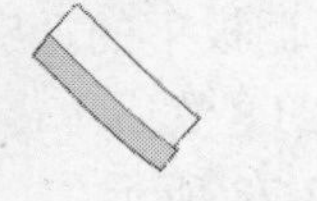
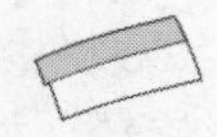

图 7-74　填充图形

15 取消图形轮廓线，并将其移动到如图 7-75 所示的位置。

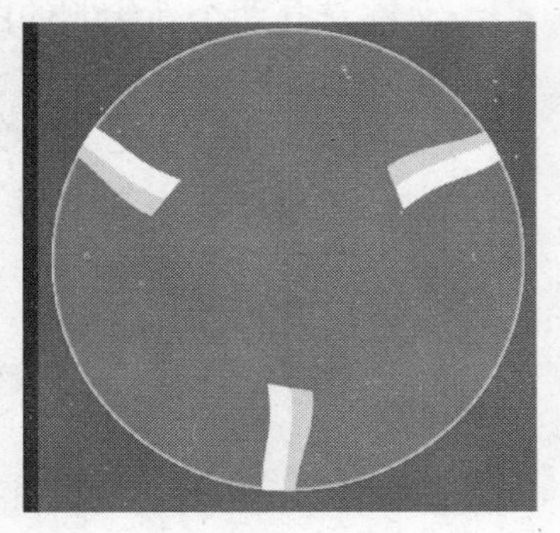

图 7-75　移动图形

16 将移动后的图形与调和后的两个圆群组。选择群组后的图形，在“旋转”面板中的“角度”参数栏中输入 20，然后单击“应用”按钮，将图形旋转，如图 7-76 所示。

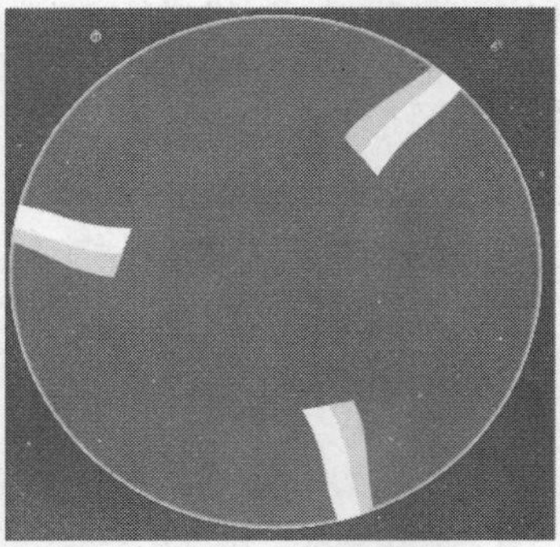

图 7-76　旋转图形

17 选择旋转后的图形。在“变换”调板下的“大小”面板中的 H、V 参数栏中均输入 108，然后单击“应用到再制”按钮，将图形缩放并复制，如图 7-77 所示。

图 7-77　缩放并复制图形

18 选择复制后的图形。在“变换”调板下的“旋转”面板中的“角度”参数栏中输入 1，然后单击“应用”按钮，将图形旋转，如图 7-78 所示。

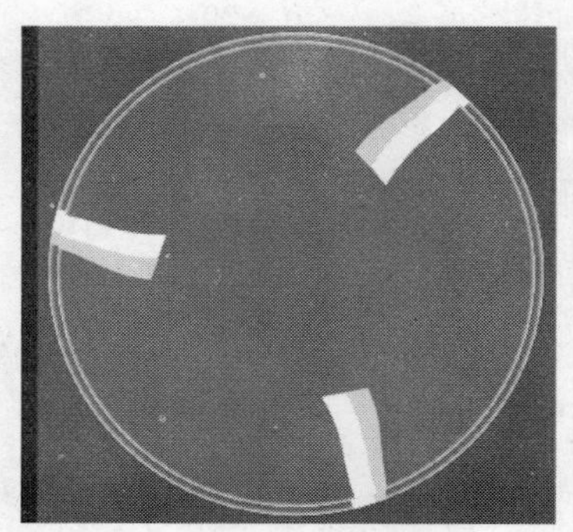

图 7-78　旋转图形

19 选择旋转后的图形。在“变换”调板下的“大小”面板中的 H、V 参数栏中均输入 104，然后单击“应用到再制”按钮，将图形缩放并复制。选择复制后的图形，在“变换”调板下的“旋转”面板中的“角度”参数栏中输入 1，然后单击“应用”按钮，将图形旋转，如图 7-79 所示。

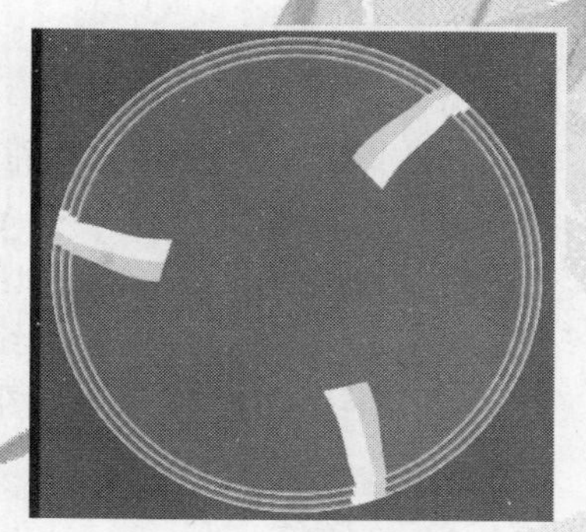

图 7-79　复制图形

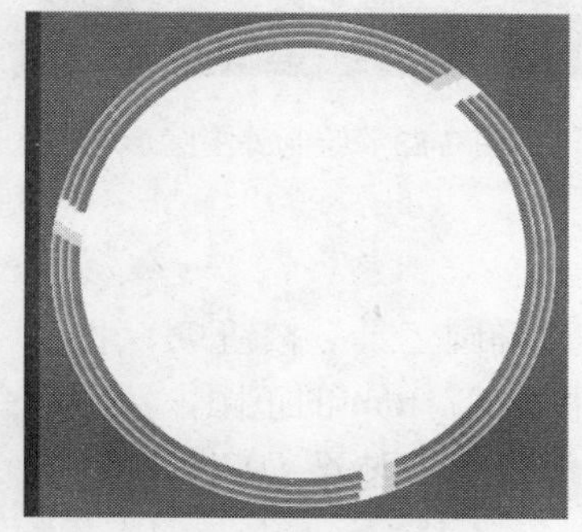

图 7-80　绘制新图形

20 在工具箱中单击“椭圆工具”按钮，按住 Ctrl 键，绘制直径为 99 mm 的正圆。然后将该圆形填充为白色，并取消其轮廓线。接着将其与群组后的对象沿中心点对齐，如图 7-80 所示。

21 在工具箱中单击“椭圆工具”按钮，按住 Ctrl 键，绘制直径为 97 mm 的正圆。然后将该圆形填充为（C：0，M：0，Y：0，K：50）的灰色，并取消其轮廓线。接着将其与新绘制的圆沿中心点对齐，如图 7-81 所示。

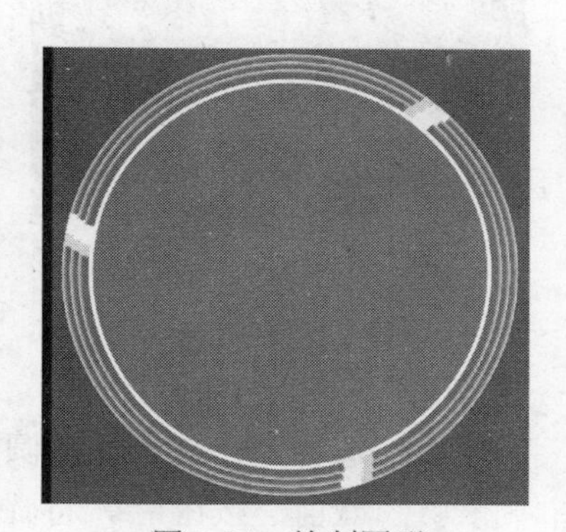

图 7-81　绘制圆形

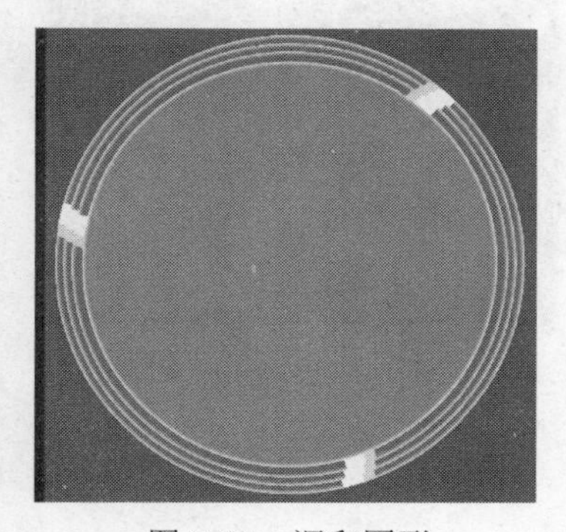

图 7-82　调和圆形

22 将新绘制的两个圆形调和，如图 7-82 所示。

23 在工具箱中单击“椭圆工具”按钮，按住 Ctrl 键，绘制直径为 92 mm 的正圆。然后将该圆形填充为（C：40，M：27，Y：27，K：0）的灰色，并取消其轮廓线。接着将其与新绘制的圆沿中心点对齐，如图 7-83 所示。

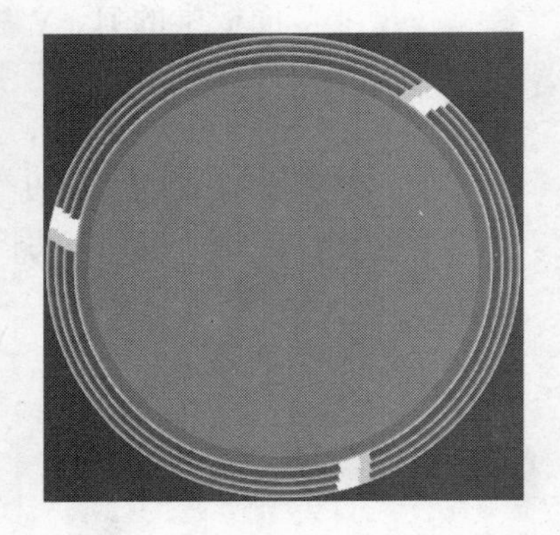

图 7-83　绘制外围圆形

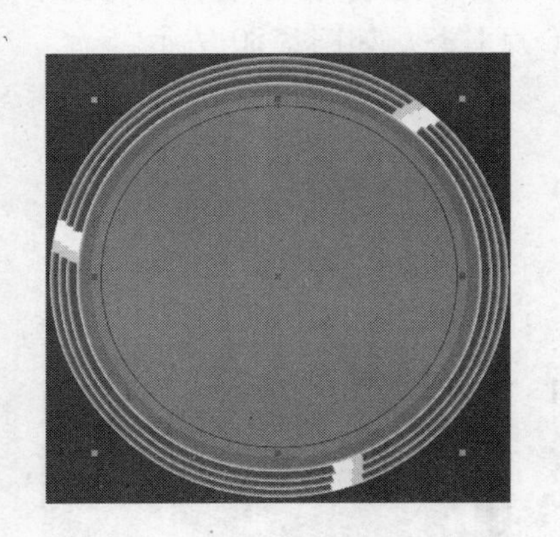

图 7-84　绘制内侧的圆

22 在工具箱中单击“椭圆工具”按钮，按住 Ctrl 键，绘制直径为 87 mm 的正圆，然后将其与新绘制的圆沿中心点对齐，如图 7-84 所示。

23 选择两个新绘制的圆形，在属性栏中单击“后减前”按钮，将圆形修剪，如图 7-85 所示。

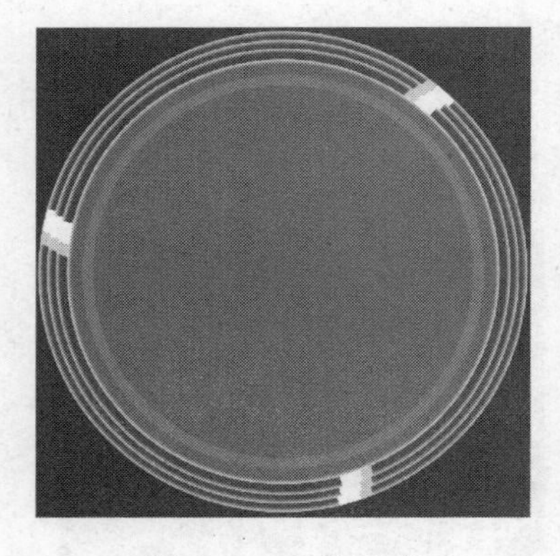

图 7-85　修剪圆形

24 在工具箱中单击“椭圆工具”按钮，按住 Ctrl 键，绘制直径为 90 mm 的正圆。然后将该圆形填充为（C：0，M：0，Y：0，K：10）的灰色，并取消其轮廓线。接着将其与新绘制的圆沿中心点对齐，如图 7-86 所示。

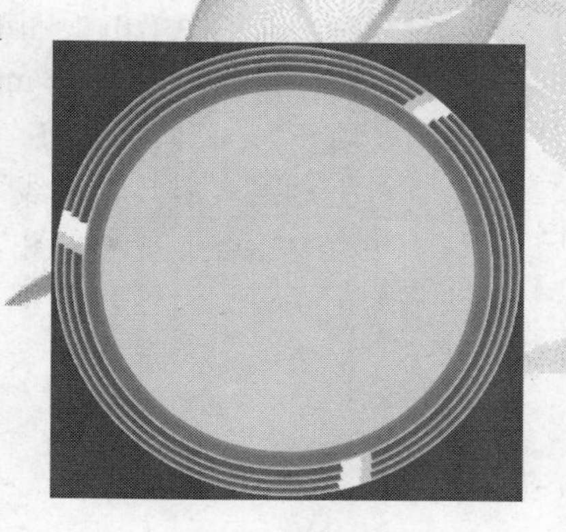

图 7-86　绘制圆形

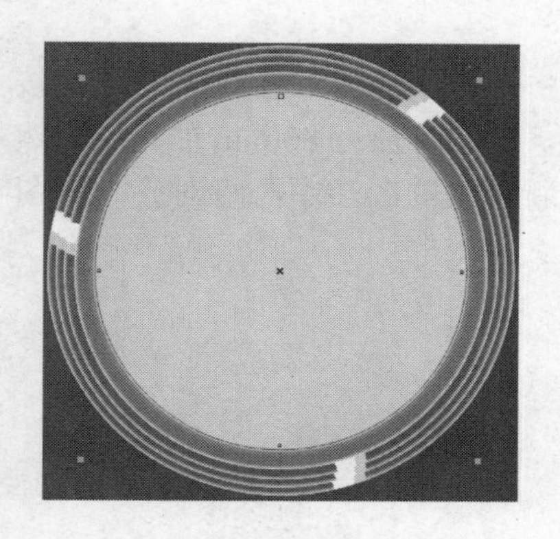

图 7-87　绘制内侧圆

25 在工具箱中单击“椭圆工具”按钮，按住 Ctrl 键，绘制直径为 89 mm 的正圆。然后将其与新绘制的圆沿中心点对齐，如图 7-87 所示。

26 选择两个新绘制的圆形。在属性栏中单击“后减前”按钮，将圆形修剪，如图 7-88 所示。

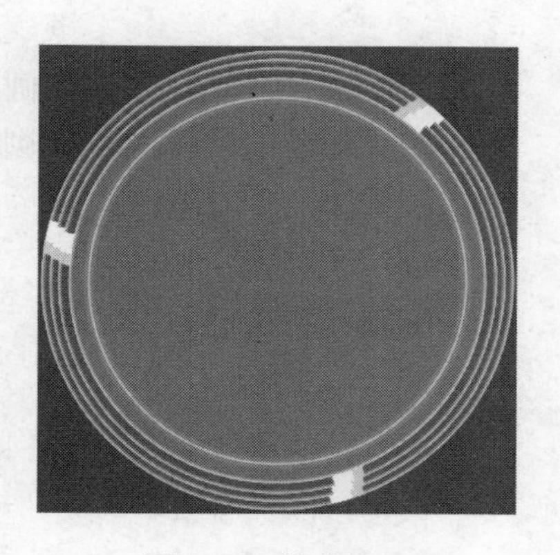

图 7-88　修剪圆形

27 在工具箱中单击“椭圆工具”按钮，按住 Ctrl 键，绘制直径为 93 mm 的正圆。然后将该圆形填充为（C：25，M：20，Y：20，K：0）的灰色，并取消其轮廓线。接着将其与新绘制的圆沿中心点对齐，如图 7-89 所示。

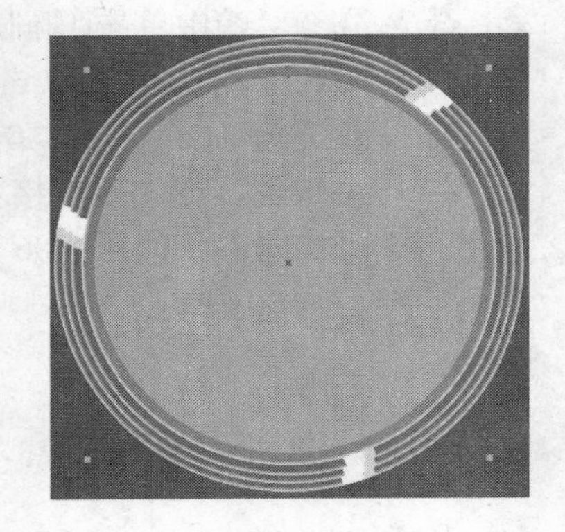

图 7-89　绘制圆形

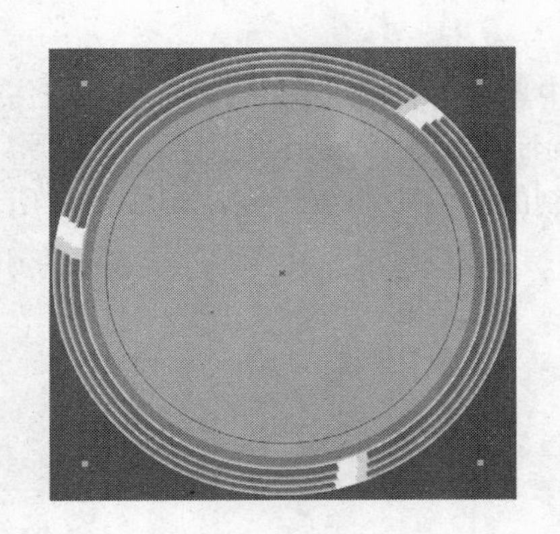

图 7-90　绘制内侧圆形

28 在工具箱中单击“椭圆工具”按钮，按住 Ctrl 键，绘制直径为 86 mm 的正圆，然后将其与新绘制的圆沿中心点对齐，如图 7-90 所示。

29 选择两个新绘制的圆形。在属性栏中单击“后减前”按钮，将圆形修剪，如图 7-91 所示。

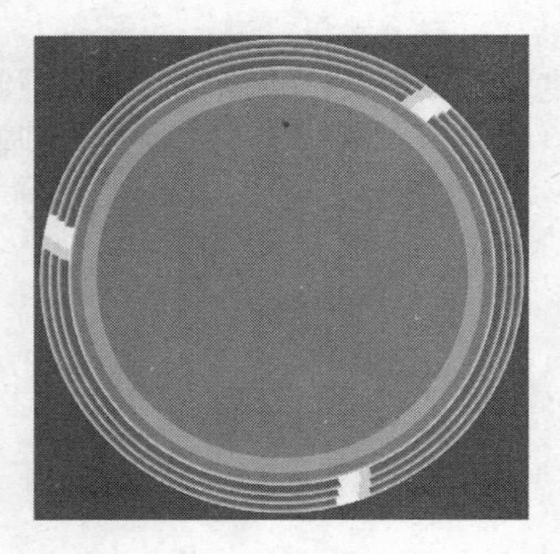

图 7-91　修剪圆形

30 绘制一个矩形，将其旋转并移动到如图 7-92 所示的位置。

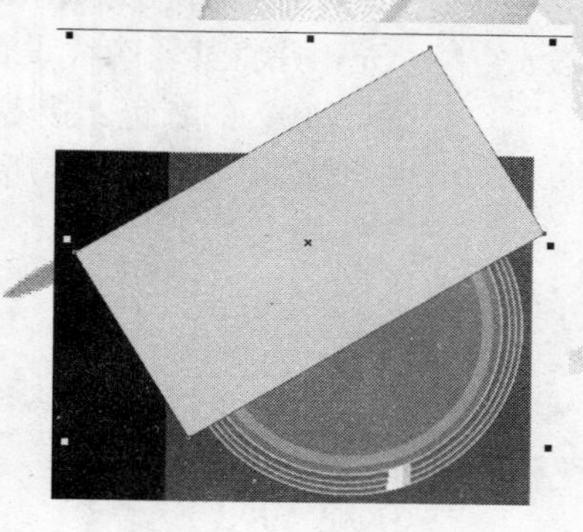

图 7-92　旋转并移动矩形

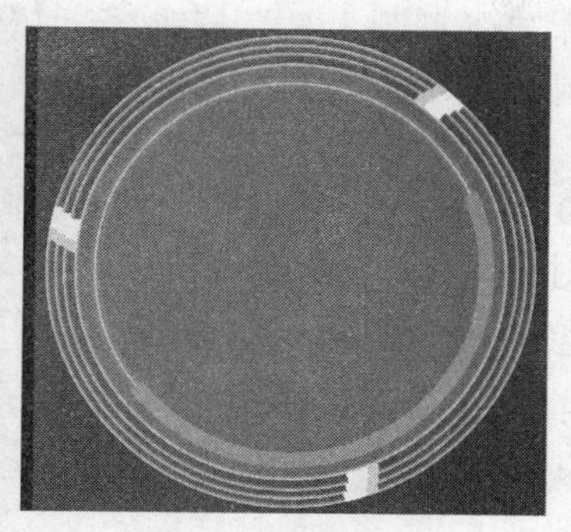

图 7-93　修剪圆形

31 选择矩形和修剪后的圆形。在属性栏中单击“后减前”按钮，将圆形修剪，如图 7-93 所示。

32 选择步骤 26 中修剪产生的环形。按 Shift+PageUp 组合键，使其移动至顶层，如图 7-94 所示。

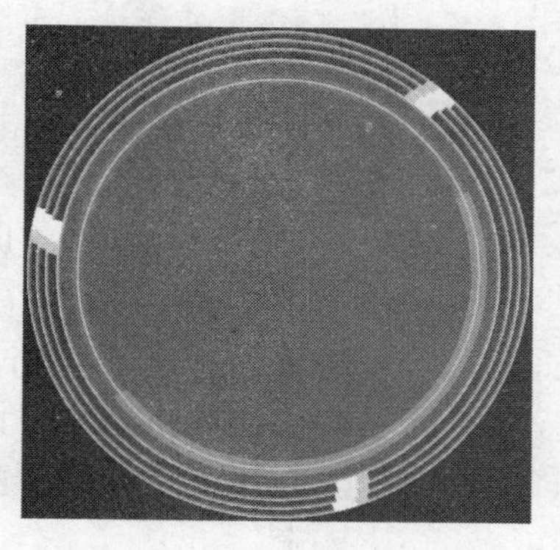

图 7-94　将环形移动至顶层

33 在工具箱中单击“椭圆工具”按钮，按住 Ctrl 键，绘制直径为 84 mm 的正圆。然后取消其填充，并将其轮廓线设置为（C：0，M：0，Y：0，K：10）的灰色。接着将其与其下层的圆沿中心点对齐，如图 7-95 所示。

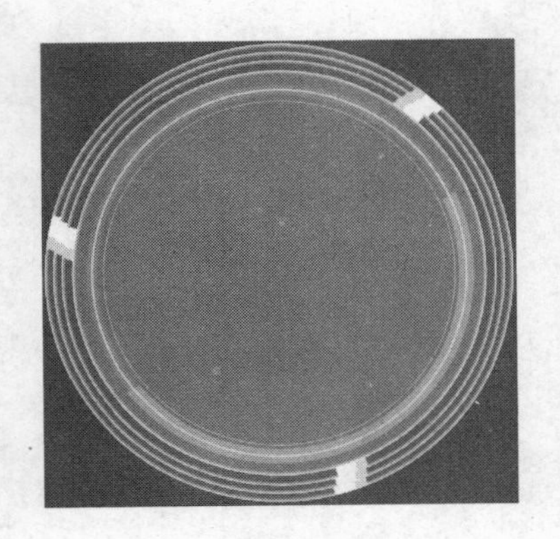

图 7-95　绘制圆形

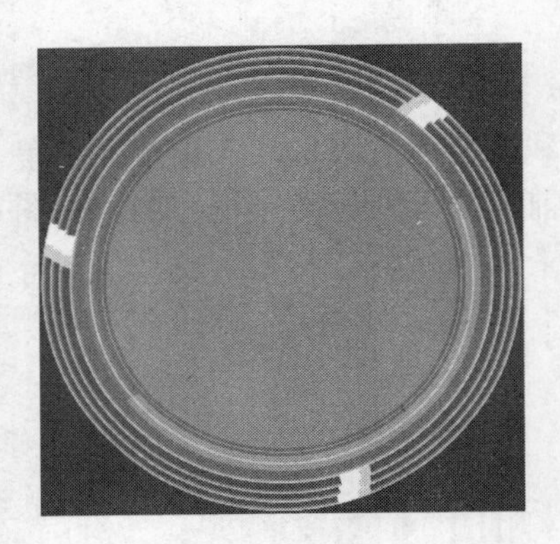

图 7-96　填充圆形

34 在工具箱中单击“椭圆工具”按钮，按住 Ctrl 键，绘制直径为 82 mm 的正圆。然后取消其轮廓线，并将其填充为（C：30，M：25，Y：25，K：0）的灰色。接着将其与其底部的圆沿中心点对齐，如图 7-96 所示。

3. 罐口绘制

1 在对象管理器中单击“新建图层”按钮，创建一个新图层。并将该图层命名为“罐口”。

2 在工具箱中单击“贝塞尔工具”按钮，绘制如图 7-97 所示的图形。然后使其与下部的圆形沿垂直的中线对齐，并将其填充为（C：0，M：0，Y：0，K：50）的灰色，将轮廓线设置为（C：0，M：0，Y：0，K：80）的灰色，如图 7-97 所示。

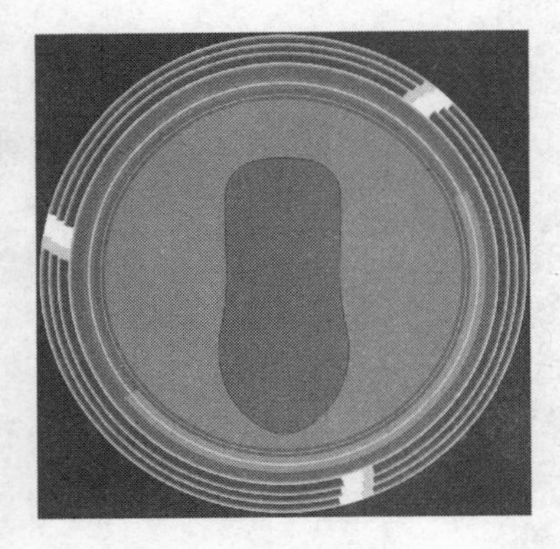

图 7-97　绘制图形

3 在工具箱中单击“交互式轮廓线工具”按钮，设置新绘制的图形的轮廓线，在属性栏的“轮廓图步数”参数栏中输入1，在“轮廓图偏移”参数栏中输入1，轮廓线效果如图7-98所示。

图7-98 设置轮廓

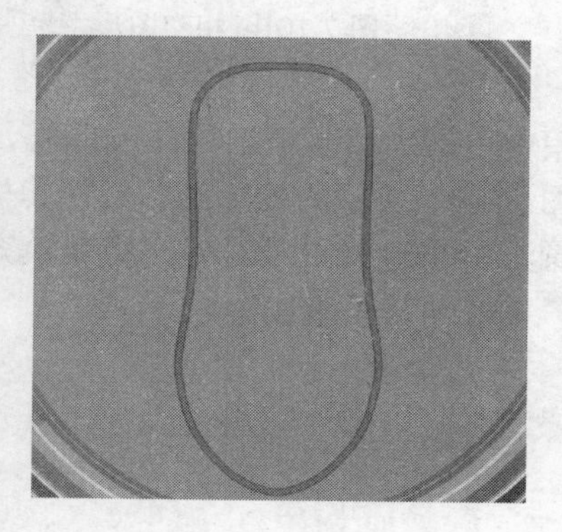

图7-99 填充图形

4 右击设置轮廓后的图形，在弹出的快捷菜单中选择“拆分”按钮，将图形拆分。

5 将拆分后的内部的图形填充为（C：30，M：25，Y：25，K：0）的灰色，将轮廓线设置为（C：0，M：0，Y：0，K：80）的灰色，如图7-99所示。

6 在工具箱中单击“贝塞尔工具”按钮，绘制如图7-100所示的图形。然后使其与下部的圆形沿垂直的中线对齐，将其填充为（C：0，M：0，Y：0，K：25）的灰色，并取消其轮廓线。

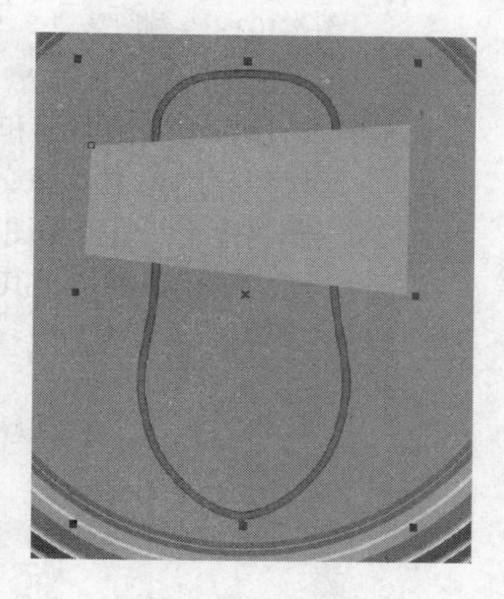

图7-100 绘制图形

7 选择新绘制的图形和步骤 1 中绘制的图形，在属性栏中单击“相交”按钮。然后删除新绘制的图形，出现如图 7-101 所示的图形。将其填充为（C：0，M：0，Y：0，K：25）的灰色，并取消其轮廓线。

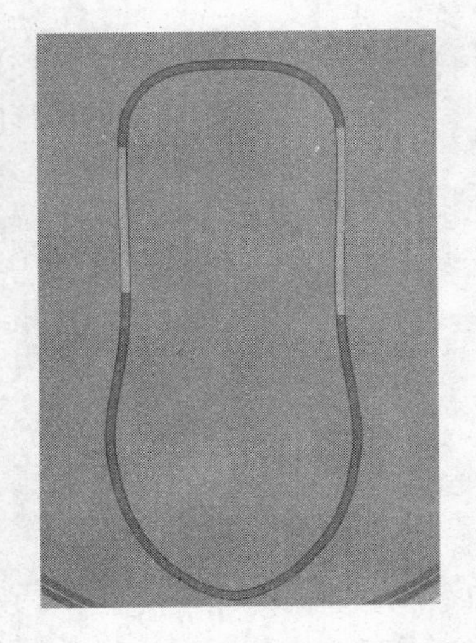

图 7-101　相交图形

8 在工具箱中单击“贝塞尔工具”按钮，绘制如图 7-102 所示的图形。然后使其与下部的圆形沿垂直的中线对齐，将其填充为白色，并取消其轮廓线。

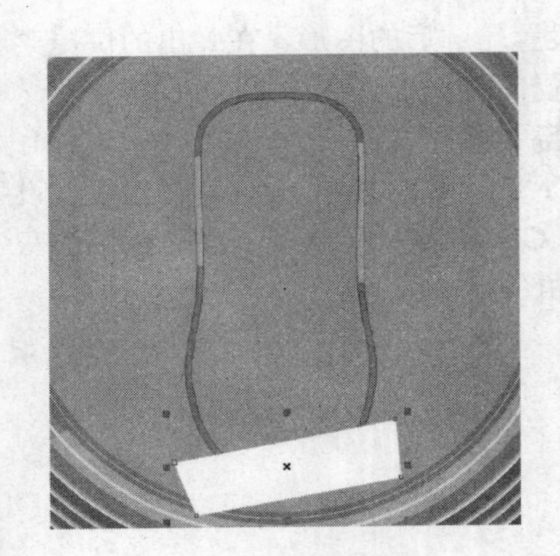

图 7-102　绘制图形

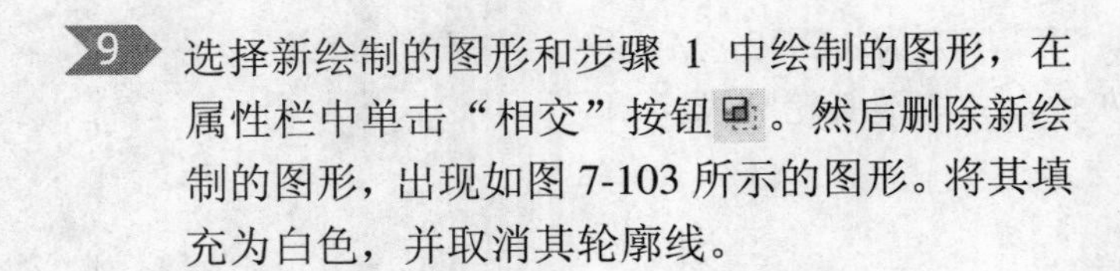

9 选择新绘制的图形和步骤 1 中绘制的图形，在属性栏中单击“相交”按钮。然后删除新绘制的图形，出现如图 7-103 所示的图形。将其填充为白色，并取消其轮廓线。

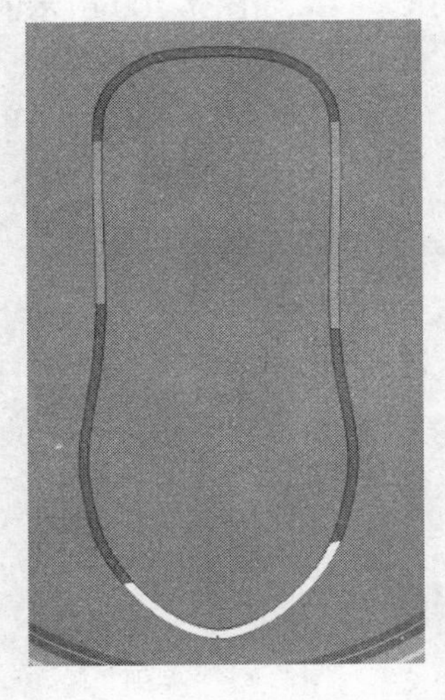

图 7-103　填充图形

10 在工具箱中单击“贝塞尔工具”按钮，绘制如图 7-104 所示的图形。然后将其填充为白色。

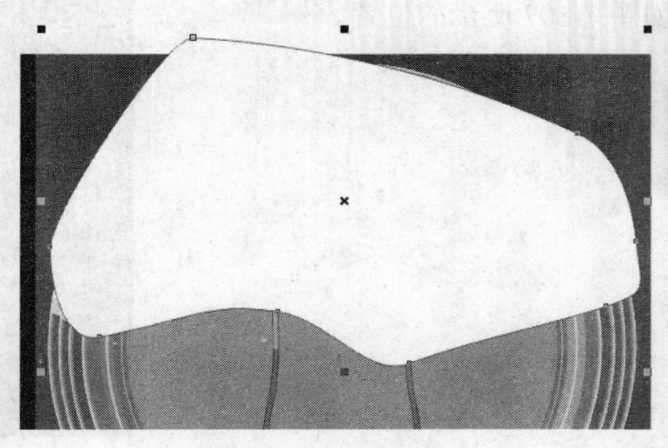

图 7-104　绘制新图形

12 选择新绘制的图形和“绘制罐底”的步骤 35 中绘制的圆，在属性栏中单击“相交”按钮。

13 选择新绘制的图形和步骤 5 中拆分的内部轮廓图形。在属性栏中单击“相交”按钮。然后删除新绘制的图形。步骤 12 和 13 会出现两个新图形。

14 选择两个新图形，将其均填充为（C：0，M：0，Y：0，K：10）的灰色，然后取消其轮廓线，如图 7-105 所示。

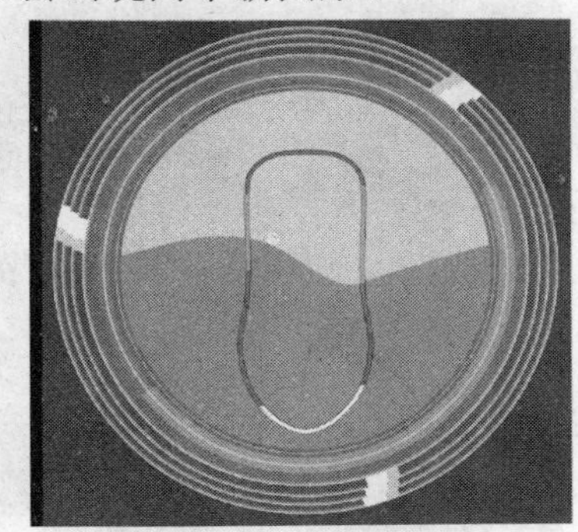

图 7-105　填充新图形

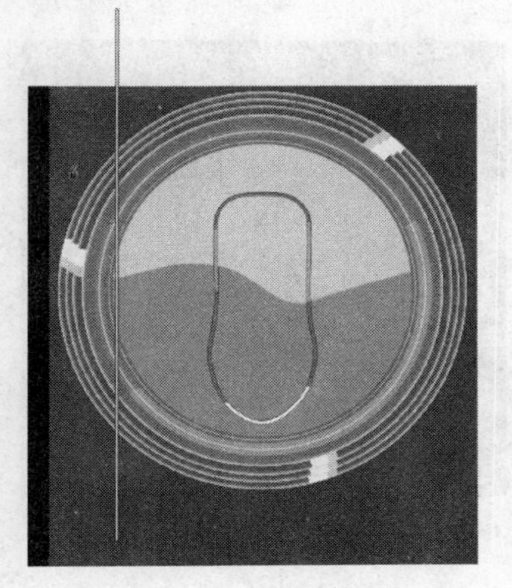

图 7-106　绘制矩形

15 在如图 7-106 所示的位置绘制一个宽 0.7 mm、高 150 mm 的矩形。

16 选择新绘制的矩形，按 Ctrl+D 组合键，将其复制并移动到如图 7-107 所示的位置。

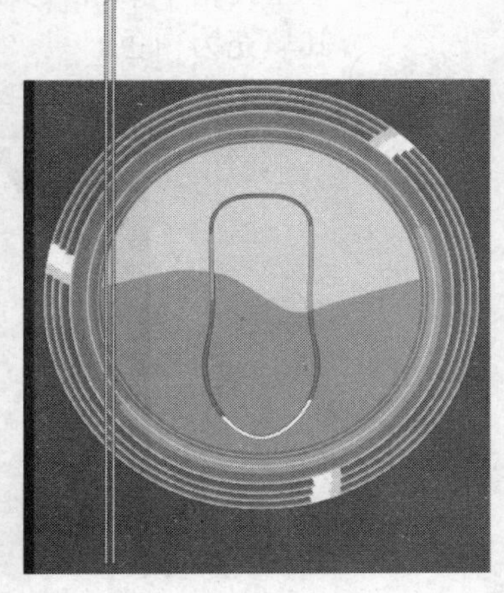

图 7-107　复制图形

17 使用同样的方法复制大量矩形，并使这些矩形沿水平的中线对齐，如图 7-108 所示。

18 选择所有的矩形。在属性栏中单击“焊接”按钮，将这些矩形焊接。

19 选择焊接后的矩形，按 Ctrl+D 组合键，将其复制。然后使复制的图形与原图形沿中心点对齐。

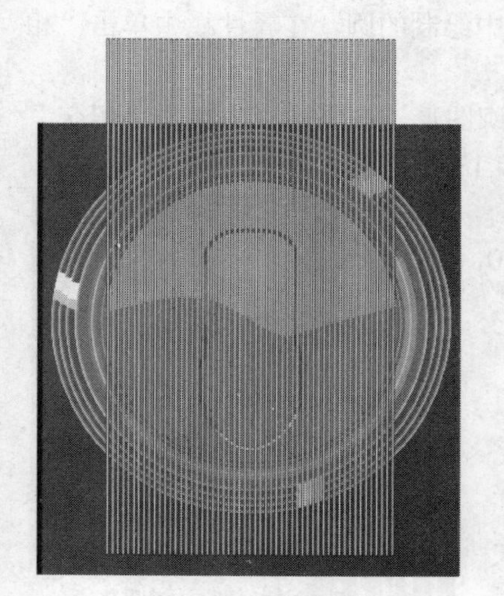

图 7-108　复制矩形

20 将两组焊接后的矩形分别与步骤 12 和步骤 13 中相交产生的图形执行“后减前”操作，结果如图 7-109 所示。

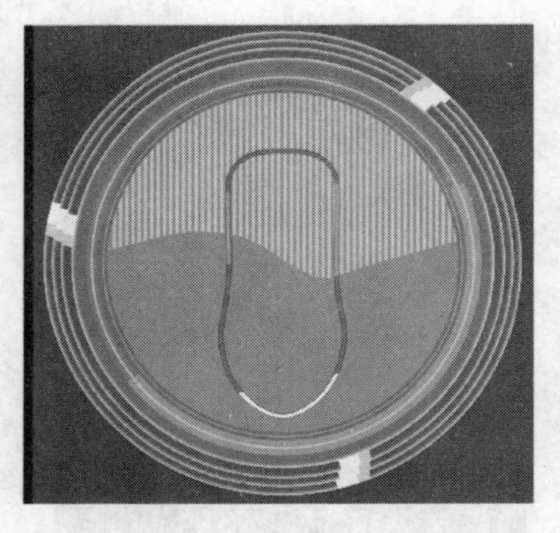

图 7-109　执行“后减前”操作

可以通过在对象管理器单击图形名称的方法来选择图形。选择图形时，按住 Shift 键可以连续选择多个图形，而在对象管理器中，需要按住 Ctrl 键来连续选择多个图形。

21 使用“贝塞尔工具”在如图 7-110 所示的位置绘制一个图形。然后将其填充为黑色，并取消其轮廓线。接着使其与下层的图形沿垂直中线对齐。

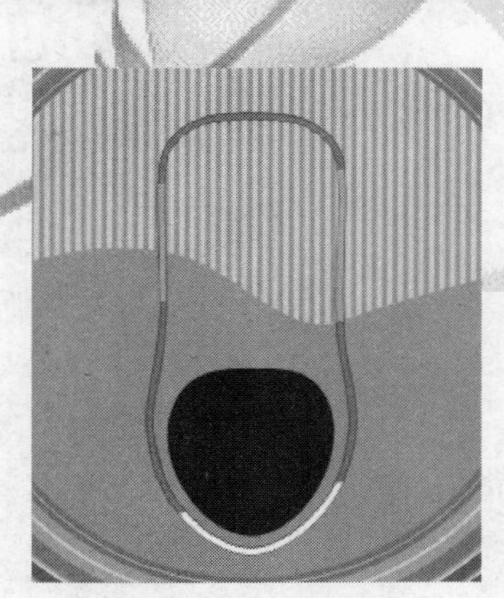

图 7-110　绘制图形

22 在工具箱中单击“贝塞尔工具”按钮和“后减前”按钮，绘制如图 7-111 所示的图形。然后使其与下层的圆形沿垂直的中线对齐。将其填充为（C：0，M：0，Y：0，K：60）的灰色，将轮廓线设置为（C：0，M：0，Y：0，K：80）的灰色。

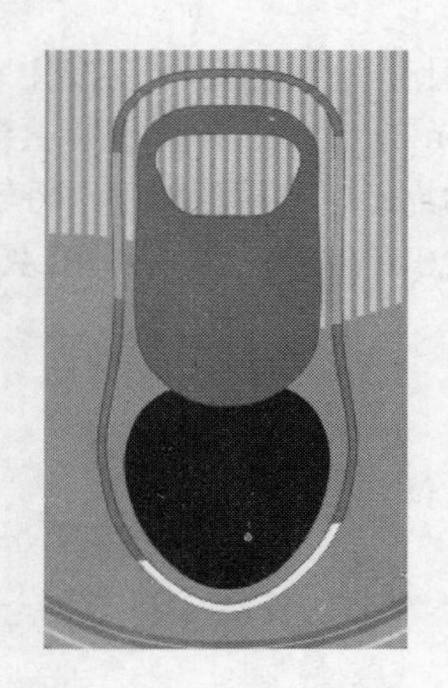

图 7-111　绘制拉环底部

23 在工具箱中单击“贝塞尔工具”按钮和“后减前”按钮，绘制如图 7-112 所示的图形。然后使其与下层的圆形沿垂直的中线对齐。将其填充为（C：0，M：0，Y：0，K：10）的灰色，将轮廓线设置为（C：0，M：0，Y：0，K：80）的灰色。

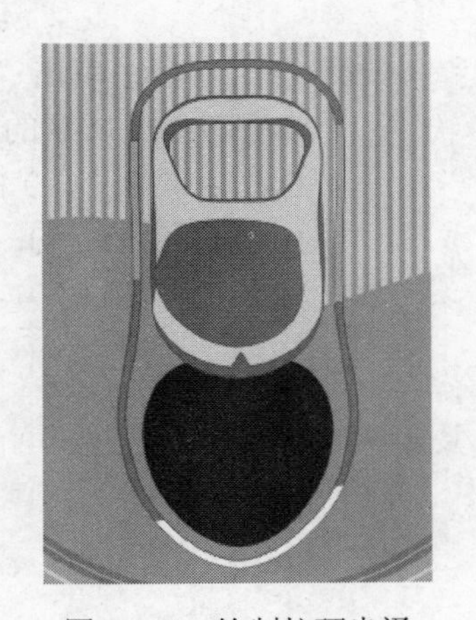

图 7-112　绘制拉环光泽

24 在工具箱中单击“椭圆工具”按钮，按住 Ctrl 键，绘制直径为 16 mm 的正圆。将该圆形填充为（C：0，M：0，Y：0，K：30）的灰色，将轮廓线设置为（C：0，M：0，Y：0，K：80）的灰色。

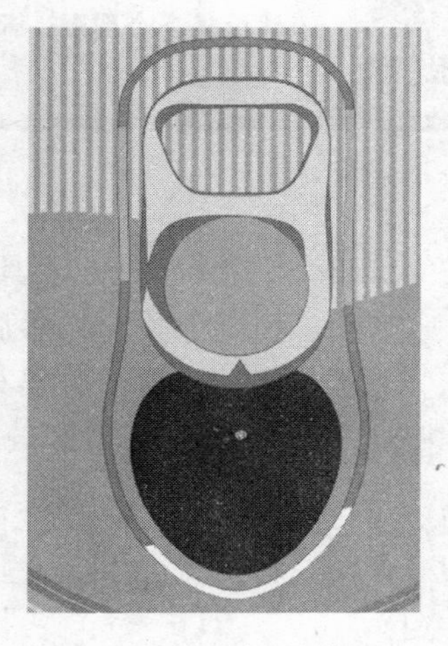

图 7-113　绘制并填充圆形

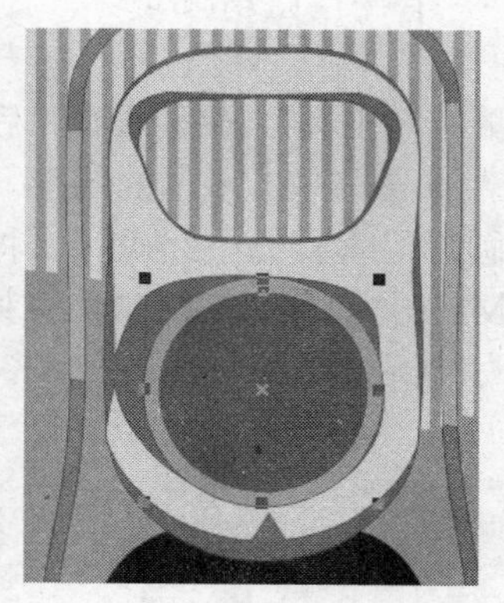

图 7-114　绘制固定部分暗面

25 在工具箱中单击“椭圆工具”按钮，按住 Ctrl 键，绘制直径为 14 mm 的正圆。将该圆形填充为（C：0，M：0，Y：0，K：70）的灰色，将轮廓线设置为（C：0，M：0，Y：0，K：80）的灰色。

26 在工具箱中单击“贝塞尔工具”按钮，绘制如图 7-115 所示的图形，将其填充为（C：0，M：0，Y：0，K：10）的灰色，将轮廓线设置为（C：0，M：0，Y：0，K：80）的灰色。

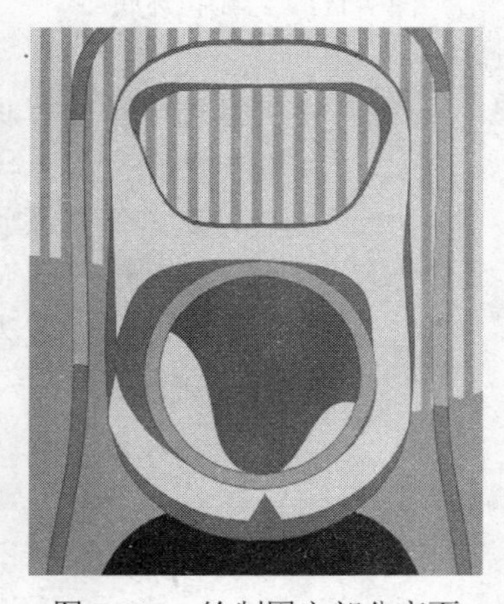

图 7-115　绘制固定部分亮面

27 在工具箱中单击“贝塞尔工具”按钮，绘制如图 7-115 所示的图形。将其填充为（C：0，M：0，Y：0，K：10）的灰色，将轮廓线设置为（C：0，M：0，Y：0，K：80）的灰色。

图 7-116　绘制中部圆环

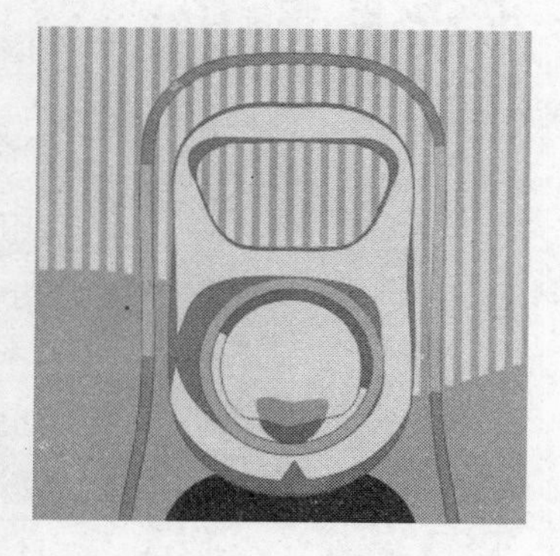

图 7-117　绘制反射

28 在工具箱中单击“贝塞尔工具”按钮，绘制如图 7-117 所示的图形。将其填充为（C：0，M：0，Y：0，K：40）的灰色，并取消其轮廓线。

29 在工具箱中单击“椭圆工具”按钮，按住 Ctrl 键，绘制直径为 14 mm 的正圆。将该圆形填充为（C：0，M：0，Y：0，K：30）的灰色，将轮廓线设置为（C：0，M：0，Y：0，K：80）的灰色。

图 7-118　绘制铆钉

30 在工具箱中单击“贝塞尔工具”按钮，绘制如图 7-119 所示的图形，将其填充为（C：0，M：0，Y：0，K：60）的灰色，并取消其轮廓线。

图 7-119 绘制铆钉反射

31 现在图形部分就全部绘制完成了，如图 7-120 所示。

图 7-120 完成图形的绘制

4. 添加文字

1 在对象管理器中单击“新建图层”按钮，创建一个新图层，并将该图层命名为“文字”。

2 在工具箱中单击“椭圆工具”按钮，按住 Ctrl 键，绘制直径为 70 mm 的正圆。然后将其与下部的圆形沿中心点对齐。

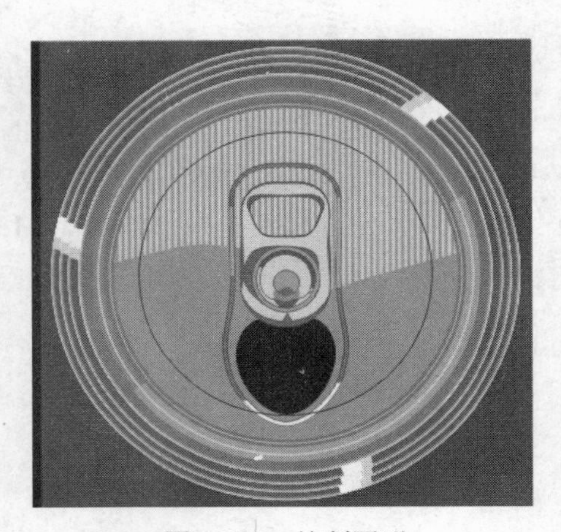

图 7-121 绘制圆形

3 在工具箱中单击“文本工具”按钮，输入文字“KUKU COKE”。设置其字体为 Swis721 Ex BT，字体尺寸为 10，颜色为白色，如图 7-122 所示。

KUKU COKE

图 7-122　输入文字

4 选择“KUKU COKE”。选择“文本”/“使文本适应路径”命令，这时鼠标指针会变为黑色箭头形状。选择步骤 1 中绘制的圆形，并将文字移动到圆形左侧，然后取消圆形的轮廓线，如图 7-123 所示。

5 在工具箱中单击“椭圆工具”按钮，按住 Ctrl 键，绘制直径为 78 mm 的正圆。选择该圆形，在属性栏中单击“镜像”按钮。然后将其与下部的圆形沿中心点对齐。

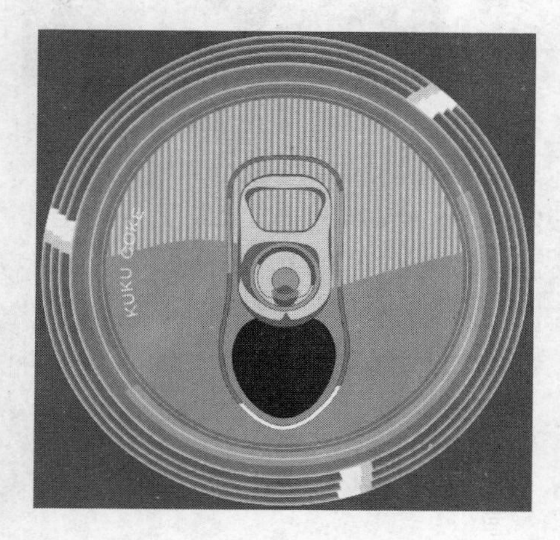

图 7-123　使文本适应路径

提示

使用“镜像”按钮是为了使文字能够以不同的方式沿路径排布。

6 在工具箱中单击“文本工具”按钮，输入文字“2006 08 12”。设置其字体为 Swis721 Ex BT，字体尺寸为 10，颜色为白色。

7 选择“2006 08 12”。选择“文本”/“使文本适应路径”命令，这时鼠标指针会变为黑色箭头形状。选择步骤 6 中绘制的圆形，并将文字移动至圆形右侧，然后取消圆形的轮廓线，如图 7-124 所示。

8 在工具箱中单击“椭圆工具”按钮，按住 Ctrl 键，绘制直径为 68 mm 的正圆。选择该圆形，在属性栏中单击“镜像”按钮，然后将其与下层的圆形沿中心点对齐。

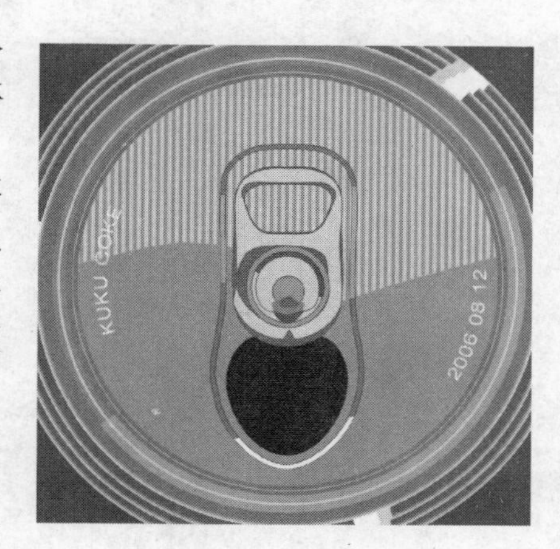

图 7-124　输入日期

9 在工具箱中单击“文本工具”按钮字，输入文字“Made in China”。设置其字体为 Swis721 Ex BT，字体尺寸为 10，颜色为白色。

10 选择“Made in China”。选择“文本”/“使文本适应路径”命令，这时鼠标指针会变为黑色箭头形状。选择步骤 8 中绘制的圆形，并将文字移动到圆形右侧。然后取消圆形的轮廓线，如图 7-125 所示。

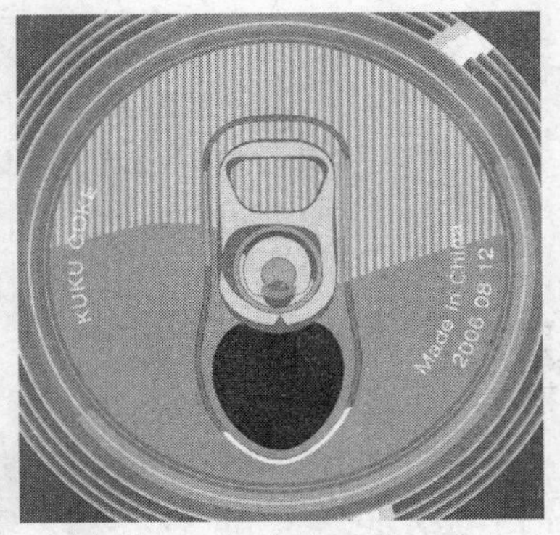

图 7-125　使字体适应路径

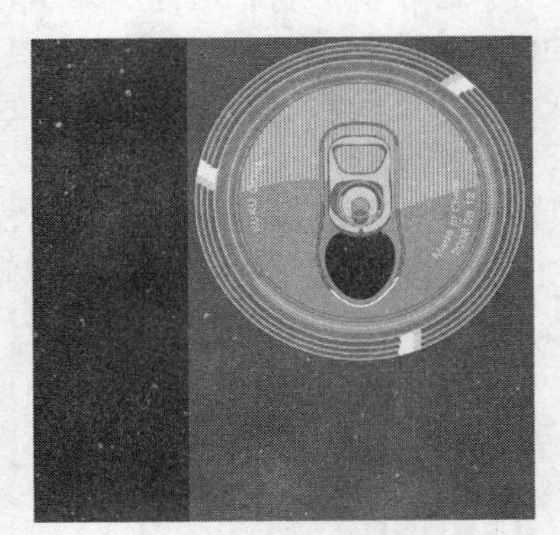
图 7-126　绘制完成的图形

11 现在 CorelDRAW X3 中的绘制工作就全部完成了，效果如图 7-126 所示。

12 选择文档中所有的图形。选择“文件”/“导出”命令，打开“导出”对话框。在“保存在”下拉列表框中选择一个路径，在“文件名”文本框中输入“饮料实例”，在“保存类型”下拉列表框中选择“PSD - Adobe Photoshop”选项，选择“只是选定的”复选框，如图 7-127 所示。

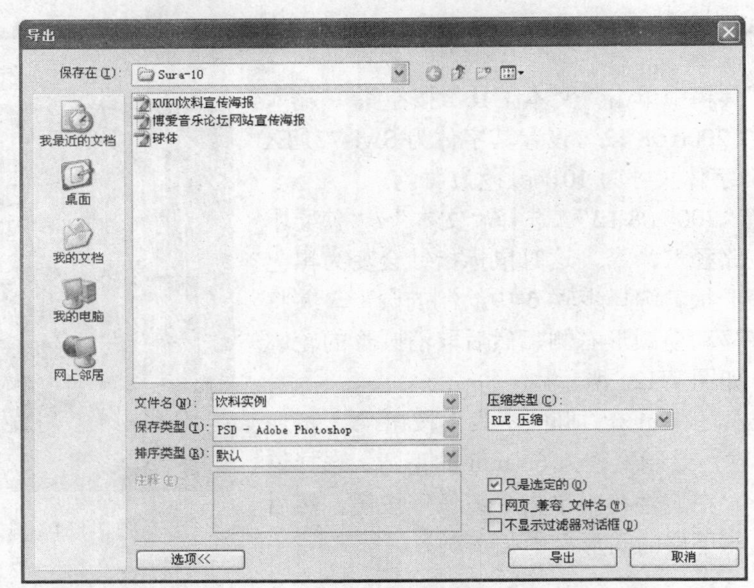

图 7-127　“导出”对话框

13 单击“导出”按钮，将打开“转换为位图”对话框。在该对话框中选择“透明背景”和“保持原始大小”复选框，如图7-128所示。然后单击“确定”按钮，退出该对话框。将图形导出。

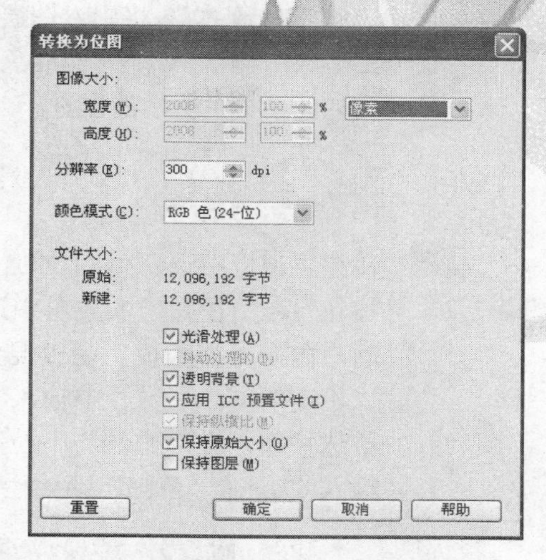

图7-128　“转换为位图”对话框

7.2.2　在Photoshop CS2中编辑图像

接下来在Photoshop CS2中编辑图像。本例在Photoshop CS2中进行的处理工作较少，主要是一些图层特效的编辑。处理工作分为添加文字和添加图案两部分。

图7-129　添加文字

1. 添加文字

1 启动Photoshop CS2，然后打开7.2.1节中导出的PSD格式的文件。

2 在工具箱中单击“横排文字”工具T，在选项栏中会出现文字的属性设置。在“字体”下拉列表框中选择Arial Black选项，在“字体尺寸”下拉列表框中输入45，在“字体颜色”显示窗内选择黑色。然后在如图7-129所示的位置输入文字“KUKU”，这时在图层调板中会出现“KUKU”图层。

3 在工具箱中单击“横排文字”工具T，选择第一个字母“K”。在“字体尺寸”下拉列表框中输入55，扩大该字母的尺寸，如图7-130所示。

图7-130　调整字母尺寸

4 将“KUKU”图层复制，会出现一个新的图层“KUKU副本”。将副本图层的颜色填充为（R：230，G：40，B：5）的红色，并将其内容移动到如图7-131所示的位置。

图7-131 移动文字

5 在图层调板中选择“KUKU 副本”图层。在该面板底部单击“添加图层样式”按钮，在弹出的菜单中选择“内发光”命令，进入“图层样式”对话框中的“内发光”面板。在“混合模式”下拉列表框中选择“正片叠底”选项，在“不透明度”参数栏中输入75，在“杂色”栏下的颜色模式中选择“渐变色”单选按钮，在“方法”下拉列表框中选择“柔和”选项，在“大小”参数栏中输入87，在“范围”参数栏中输入50，如图7-132所示。

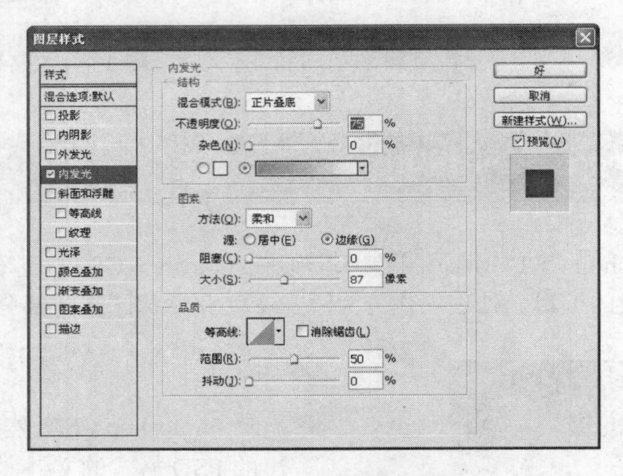

图7-132 “内发光”面板

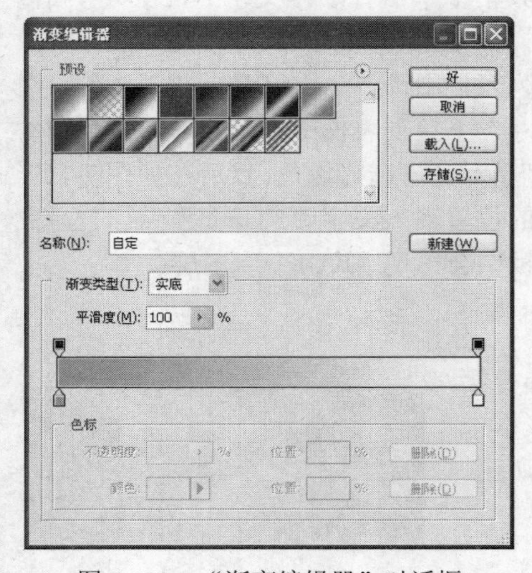

图7-133 “渐变编辑器”对话框

6 单击渐变颜色条，弹出“渐变编辑器”对话框。将该对话框颜色滑条最左侧的颜色设置为浅灰色，如图7-133所示。

7 单击“好”按钮退出“渐变编辑器”对话框。再单击“好”按钮，退出“图层样式”对话框，图层样式如图 7-134 所示。

图 7-134　图层样式

8 在图层调板中选择“KUKU 副本”图层。在该面板底部单击“添加图层样式”按钮，在弹出的菜单中选择“斜面和浮雕”命令，进入“图层样式”对话框中的“斜面和浮雕”面板。在“样式”下拉列表框中选择“内斜面”选项，在“方法”下拉列表框中选择“平滑”选项，在“深度”参数栏中输入 200，在“大小”参数栏中输入 15，在“软化”参数栏中输入 5，在“角度”参数栏中输入 120，在“高度”参数栏中输入 40，在“高光模式”下拉列表框中选择“滤色”选项，在“不透明度”参数栏中输入 95，在“暗调模式”下拉列表框中选择“滤色”选项，将其右侧颜色显示窗内的颜色设置为浅灰色，在“不透明度”参数栏中输入 30，如图 7-135 所示。

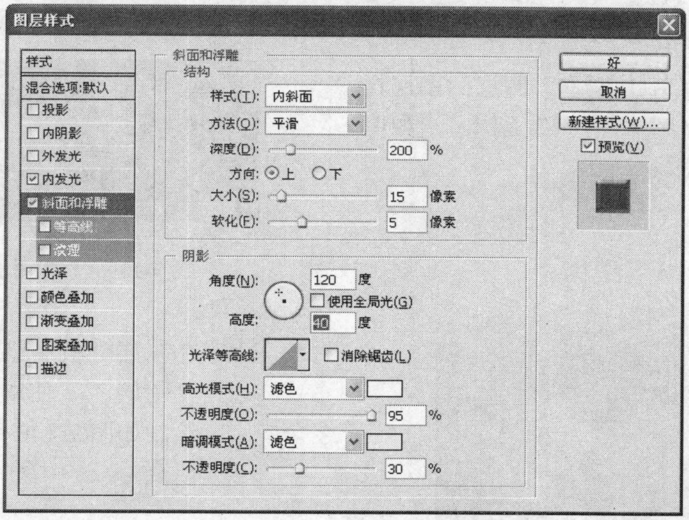

图 7-135　“斜面和浮雕”面板

9 单击“好”按钮，退出“图层样式”对话框。图层样式如图 7-136 所示。

图 7-136　斜面和浮雕效果

2. 添加图案

1 在工具箱中单击“自定义形状”按钮，然后在选项栏中的“形状”下拉列表框中选择“墨迹”图案。

2 在图层调板中创建一个新的图层“图层 2”。参照图 7-137 绘制“墨迹”，并将其填充为黑色。

图 7-137 绘制墨迹

3 将“图层 2”复制为“图层 2 副本”。将副本内容移动到如图 7-138 所示的位置，并将其填充为（R：230，G：40，B：5）的红色，如图 7-138 所示。

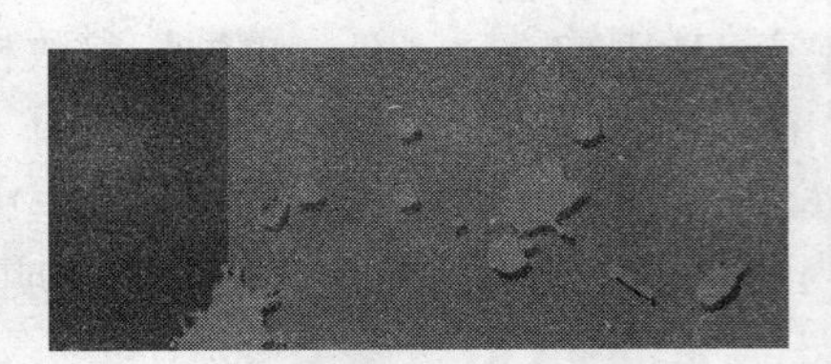

图 7-138 填充图形

4 将“KUKU 副本”图层的图层样式复制到“图层 2 副本”，如图 7-139 所示。

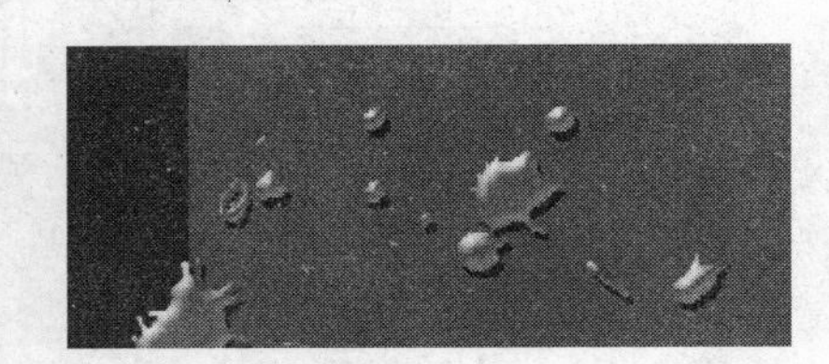

图 7-139 添加图层样式

5 在图层调板中创建一个新的图层“图层 3”。使用“钢笔”工具绘制如图 7-140 所示的路径。

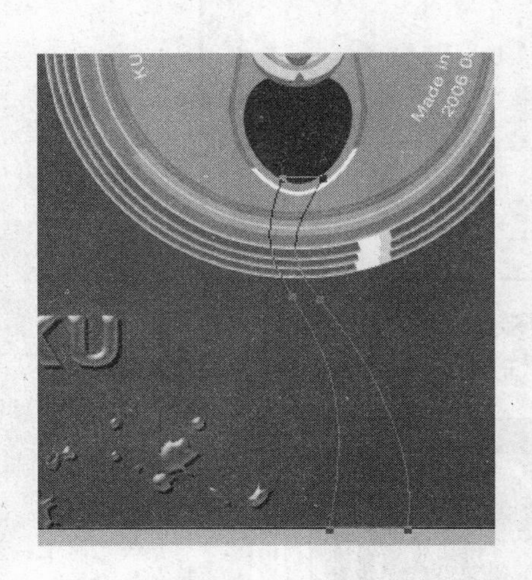

图 7-140 绘制路径

6 将路径填充为黑色，然后删除路径，如图 7-141 所示。

图 7-141　填充路径

7 在图层调板中创建一个新的图层“图层 4”。使用“钢笔”工具绘制如图 7-142 所示的路径。

图 7-142　绘制路径

8 将路径填充为（R：230，G：40，B：5）的红色，然后删除路径，如图 7-143 所示。

图 7-143　填充路径

9 在图层调板中选择“图层 4”。在该面板底部单击“添加图层样式”按钮，在弹出的菜单中选择“内发光”命令，进入“图层样式”对话框中的“内发光”面板。在“混合模式”下拉列表框中选择“正片叠底”选项，在“不透明度”参数栏中输入 75，在“杂色”栏中选择“渐变色”单选按钮，在“方法”下拉列表框中选择“柔和”选项，在“大小”参数栏中输入 87，在“范围”参数栏中输入 50。单击渐变颜色条，弹出“渐变编辑器”对话框。将该对话框中的颜色滑条最左侧的颜色设置为浅灰色。单击“好”按钮退出“渐变编辑器”对话框。再单击“好”按钮，退出“图层样式”对话框。

10 在图层调板中选择“图层 4”。在该面板底部单击“添加图层样式”按钮，在弹出的菜单中选择“斜面和浮雕”命令，进入“图层样式”对话框中的“斜面和浮雕”面板。在“样式”下拉列表框中选择“内斜面”选项，在“方法”下拉列表框中选择“平滑”选项，在“深度”参数栏中输入 200，在“大小”参数栏中输入 180，在“软化”参数栏中输入 5，在“角度”参数栏中输入 120，在“高度”参数栏中输入 40，在“高光模式”下拉列表框中选择“滤色”选项，在“不透明度”参数栏中输入 95，在“暗调模式”下拉列表框中选择“滤色”选项，将其右侧颜色显示窗内的颜色设置为浅灰色，在“不透明度”参数栏中输入 30。单击“好”按钮，退出“图层样式”对话框。图层样式如图 7-144 所示。

图 7-144　设置图层样式

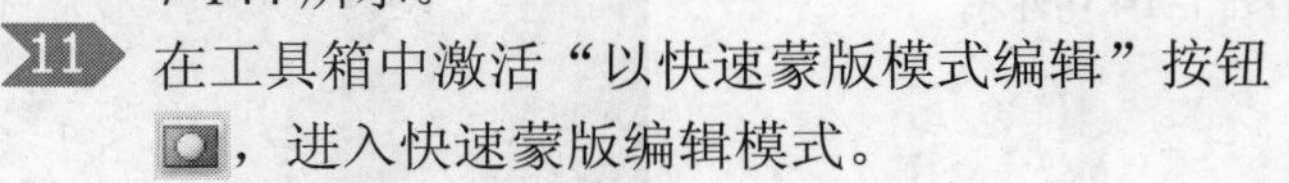
11 在工具箱中激活“以快速蒙版模式编辑”按钮，进入快速蒙版编辑模式。

提示

进入快速蒙版编辑模式后，可以使用蒙版设置选区，对图像进行更复杂的处理。

12 在工具箱中的“油漆桶工具”按钮下的下拉按钮组中选择“渐变工具”按钮，在如图7-145所示的位置由上至下拖动鼠标，创建一个选区。

图7-145　设置渐变

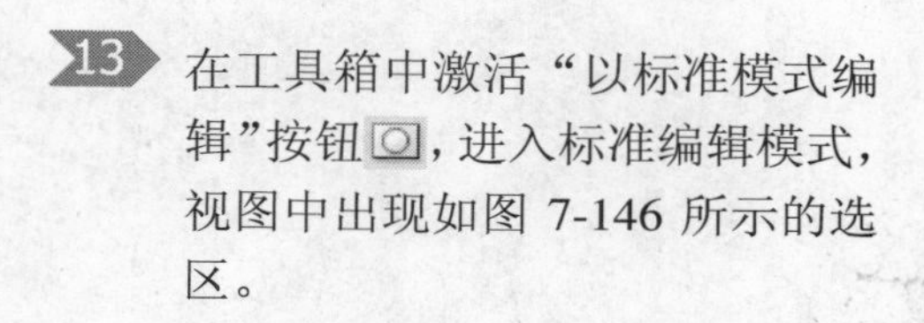

13 在工具箱中激活“以标准模式编辑”按钮，进入标准编辑模式，视图中出现如图7-146所示的选区。

图7-146　设置选区

14 按Ctrl+Shift+I组合键，反选选区。选择“图层4”图层，按Delete键，删除选区内容，选择“图层3”图层，然后按Delete键，删除选区内容，效果如图7-147所示。

图7-147　删除选区内的图形

15 现在本例就全部完成了，效果如图 7-148 所示。如果在设置过程中遇到了什么问题，可以打开本书附带光盘中的文件“Sura-7/KUKU 饮料宣传海报.psd”。这是本例完成后的文件。

图 7-148　KUKU 饮料宣传海报

第8章 工业造型

本章重点：

1. 工业造型效果图的制作方法
2. CorelDRAW X3 图形绘制和编辑工具的应用
3. Photoshop CS2 色彩编辑工具的应用

工业造型效果图用于展示设计师的想法。CorelDRAW 和 Photoshop 是绘制工业造型效果图时常用的两款软件。这两款软件既能够很方便地绘制出对象的形体，设置简单的立体效果，同时又能够使作品具有简单的手绘效果。此外，还能对完成后的作品进行色彩和排版上的处理，大大提高了工作效率。在本章中，将通过两个实例使读者了解工业造型效果图的制作方法，以及相关工具的应用。

8.1 制作座椅效果图

本节指导读者制作一款蛋壳形的座椅效果图，该效果图为写实风格，具有简单的手绘特点，造型准确，色彩简练，突出了产品轻巧、舒适、前卫的设计特点，完成后的效果如图 8-1 所示。

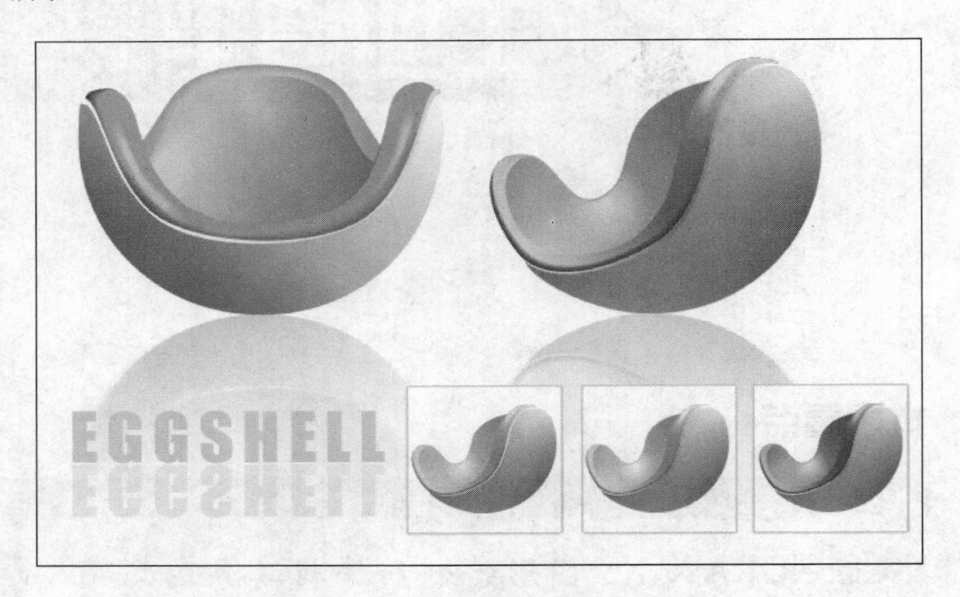

图 8-1 座椅效果图

8.1.1 在 CorelDRAW X3 中绘制图形

首先在 CorelDRAW X3 中绘制出椅子的正面和侧面。我们将绘制过程分为椅子正面的绘制和椅子侧面的绘制两部分。

1. 椅子正面的绘制

1 启动 CorelDRAW X3，创建一个横向的 A4 页面。选择“窗口”/“泊坞窗”/“对象编辑器”命令，打开对象管理器。在对象管理器中右击“图层 1”，在弹出的快捷菜单中选择“重命名”命令，将其命名为“椅子正面”。

2 在工具箱中单击“贝塞尔工具”按钮，绘制如图 8-2 所示的图形。然后将其填充为（C：30，M：25，Y：75，K：0）的黄绿色，并取消其轮廓线。该图形的高和宽约为 22 mm 和 32 mm。

图 8-2　绘制图形

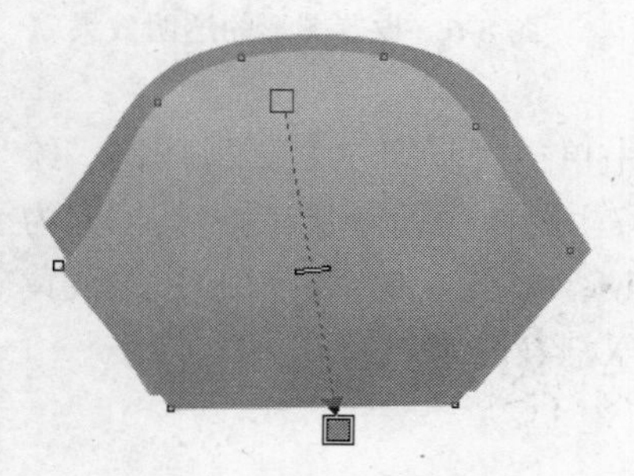

图 8-3　渐变填充图形

3 在工具箱中单击“贝塞尔工具”按钮，绘制如图 8-3 所示的图形。然后将其填充为由浅黄绿色向深黄绿色过渡的渐变色，并取消其轮廓线。

4 使用“交互式调和”工具调和两个图形，如图 8-4 所示。

图 8-4　调和图形

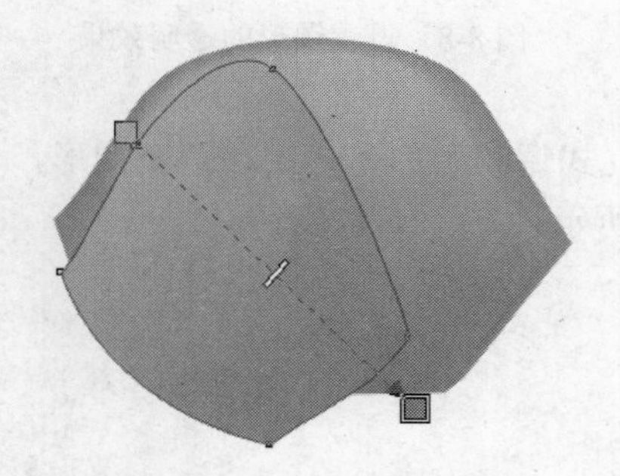

图 8-5　绘制亮部底部图形

5 在工具箱中单击“贝塞尔工具”按钮，绘制如图 8-5 所示的图形。然后将其填充为由浅黄绿色向深黄绿色过渡的渐变色，并取消其轮廓线。

6 单击“交互式透明工具”按钮，参照图 8-6 设置的色块，设置图形的透明效果。

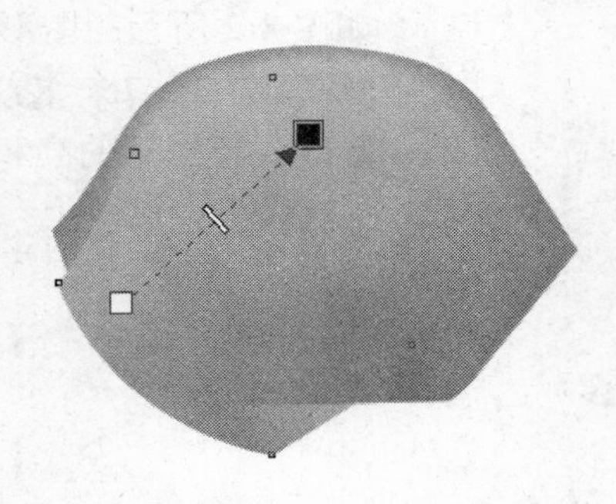

图 8-6 设置图形的透明效果

7 在工具箱中单击“贝塞尔工具”按钮，绘制如图 8-7 所示的图形。然后将其填充为（C：0，M：0，Y：0，K：100）的浅黄绿色，并取消其轮廓线。

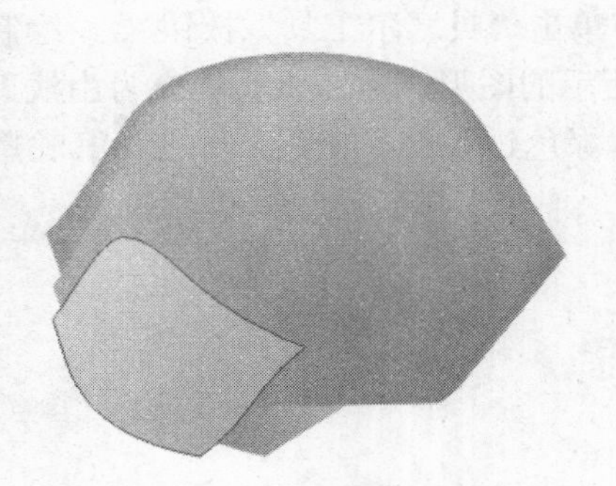

图 8-7 绘制亮部顶部图形

8 单击“交互式透明工具”按钮，参照图 8-8 设置的色块，设置图形的透明效果。

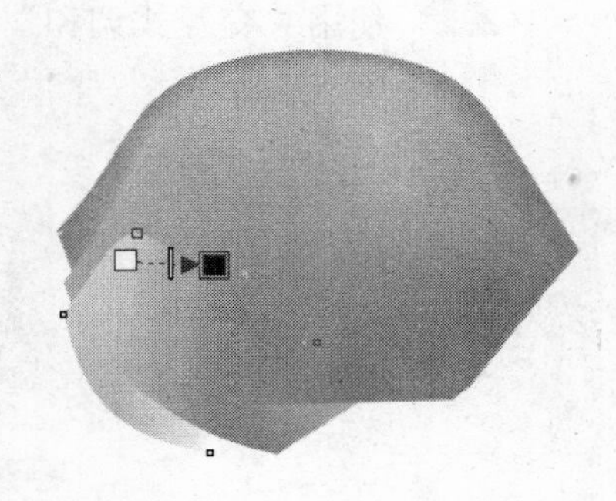

图 8-8 设置图形的透明效果

9 使用“交互式调和”工具调和两个图形，如图 8-9 所示。

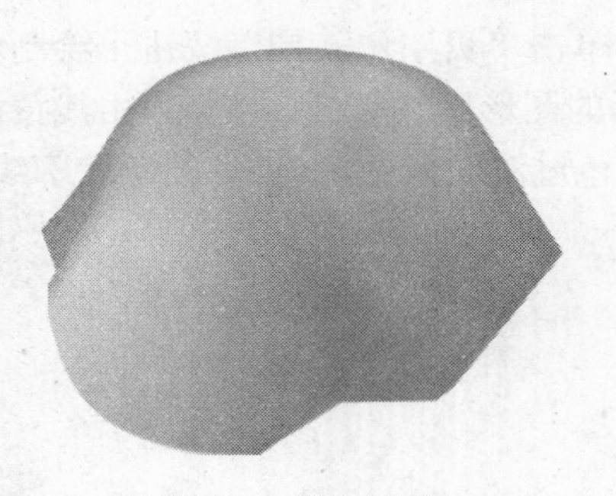

图 8-9 调和图形

10 在工具箱中单击“贝塞尔工具”按钮，绘制如图 8-10 所示的图形。然后将其填充为（C：45，M：45，Y：95，K：0）的墨绿色，并取消其轮廓线。

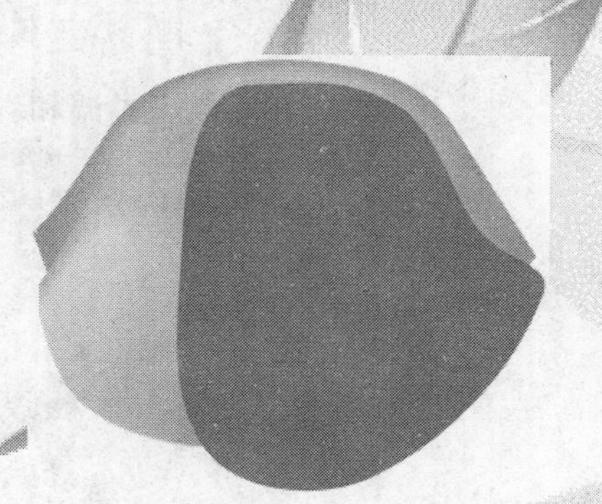

图 8-10　绘制暗部图形

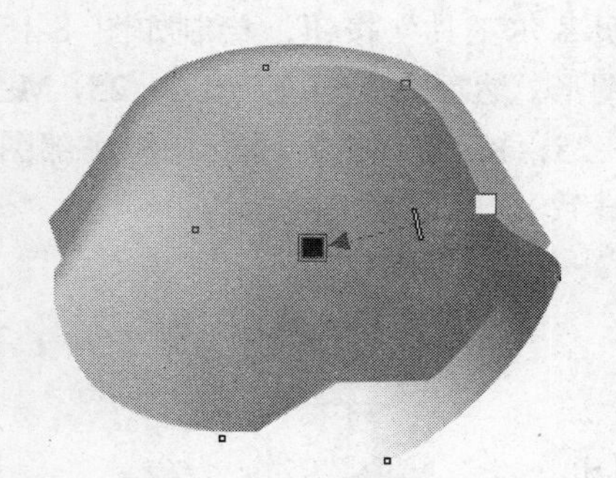

图 8-11　设置图形的透明效果

11 单击“交互式透明工具”按钮，参照图 8-11 设置的色块，设置图形的透明效果。

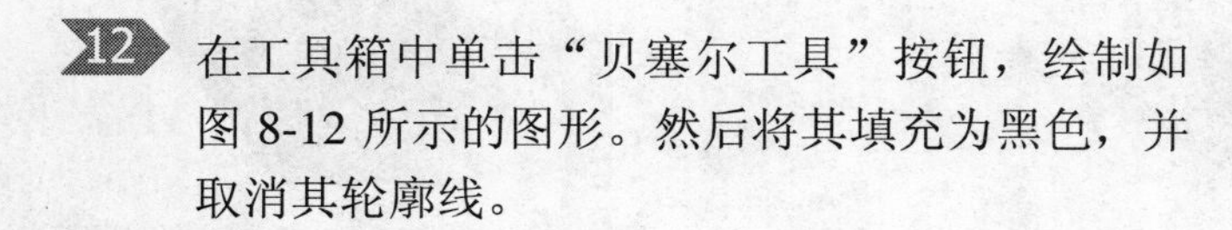

12 在工具箱中单击“贝塞尔工具”按钮，绘制如图 8-12 所示的图形。然后将其填充为黑色，并取消其轮廓线。

图 8-12　绘制新图形

图 8-13　填充图形

13 在工具箱中单击“贝塞尔工具”按钮，绘制如图 8-13 所示的图形。然后将其填充为（C：25，M：25，Y：75，K：0）的黄绿色，并取消其轮廓线。

14 使用“交互式调和”工具调和两个图形，如图 8-14 所示。

图 8-14　调和图形

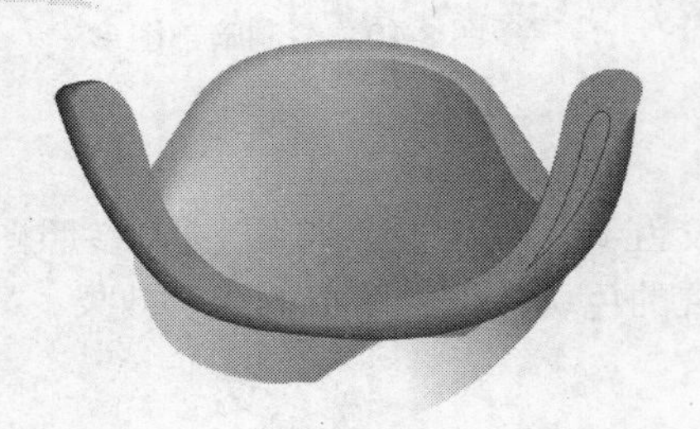

图 8-15　绘制图形

15 接下来绘制扶手边缘的光泽。在工具箱中单击“贝塞尔工具”按钮，绘制如图 8-15 所示的图形。然后将其填充为（C：25，M：25，Y：75，K：0）的黄绿色（与底部图形颜色一致），并取消其轮廓线。

16 在工具箱中单击“贝塞尔工具”按钮，绘制如图 8-16 所示的图形。然后将其填充为（C：12，M：10，Y：45，K：0）的浅黄绿色，并取消其轮廓线。

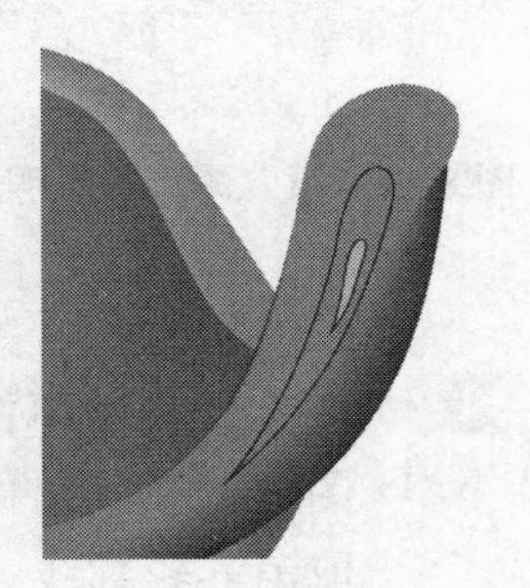

图 8-16　绘制高光部分

图 8-17　调和图形

17 使用“交互式调和”工具调和两个图形，如图 8-17 所示。

18 使用同样的方法在另一侧扶手绘制高光部分，如图 8-18 所示。

图 8-18 绘制另一侧的高光

19 在工具箱中单击“贝塞尔工具”按钮，绘制如图 8-19 所示的图形。然后将其填充为由黑色到浅棕黄色再到白色过渡的渐变色，并取消其轮廓线。

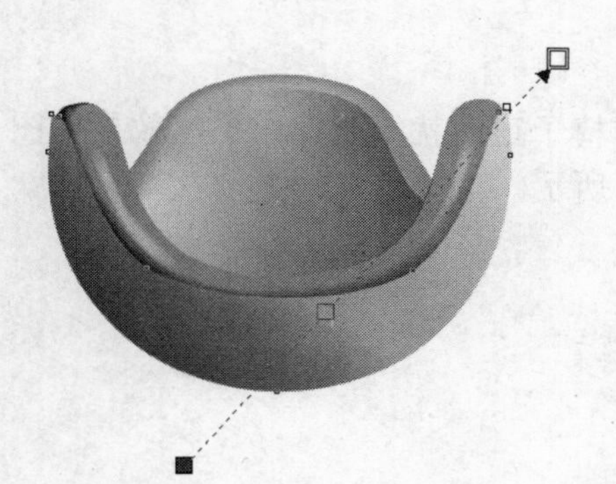

图 8-19 绘制外壳

20 单击“贝塞尔工具”按钮，沿外壳的边缘绘制如图 8-20 所示的图形。然后将其填充为由白色向浅灰色过渡的渐变色，并取消其轮廓线。

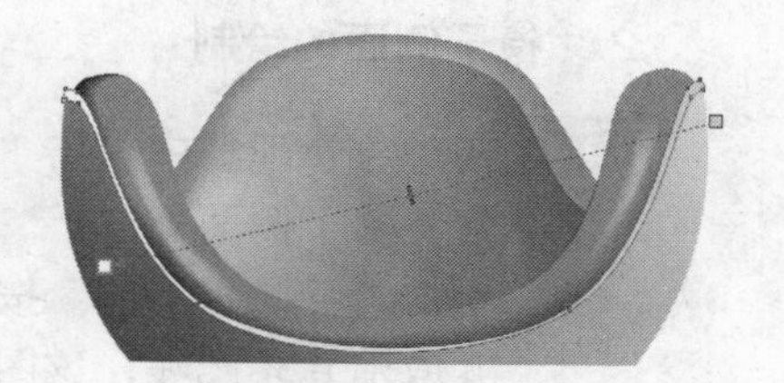

图 8-20 绘制外壳边缘

21 单击“贝塞尔工具”按钮，绘制如图 8-21 所示的图形。然后将其填充为白色，并取消其轮廓线。该图形为外壳的亮部。

图 8-21 绘制外壳的亮部

22 单击“交互式透明工具”按钮，参照图 8-22 设置的色块，设置图形的透明效果。

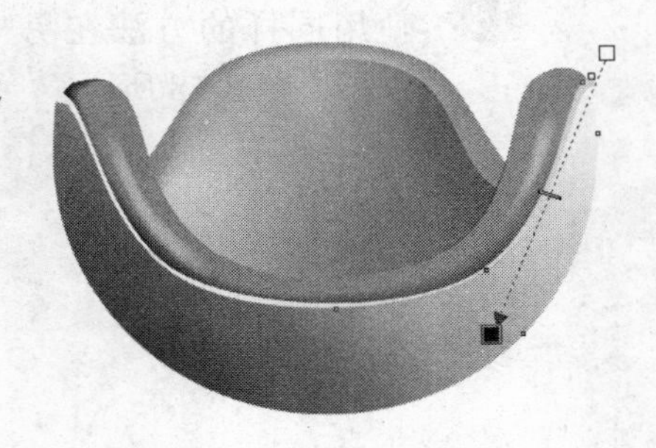

图 8-22　设置亮部透明效果

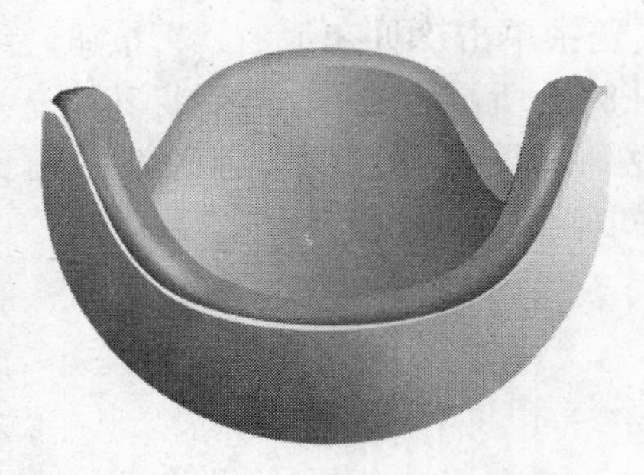

图 8-23　椅子正面

23 现在椅子正面就绘制完成了，效果如图 8-23 所示。

2.　椅子侧面的绘制

1 在对象管理器中单击“新建图层”按钮，创建一个新图层，并将该图层命名为“椅子侧面”。

2 单击“贝塞尔工具”按钮，绘制如图 8-24 所示的图形。然后将其填充为黑色，并取消其轮廓线，该图形为椅子内部的暗部。

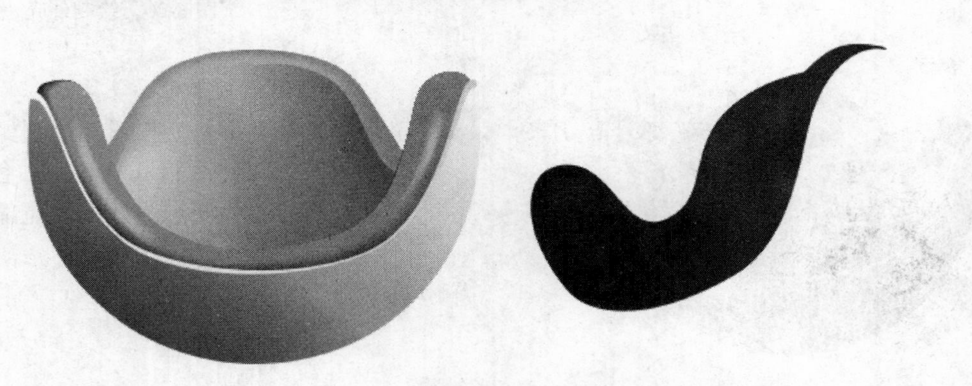

图 8-24　绘制椅子内部的暗部

3 绘制如图 8-25 所示的图形，将其填充为由浅黄绿色到灰绿色再到深灰绿色过渡的渐变色，并取消其轮廓线。

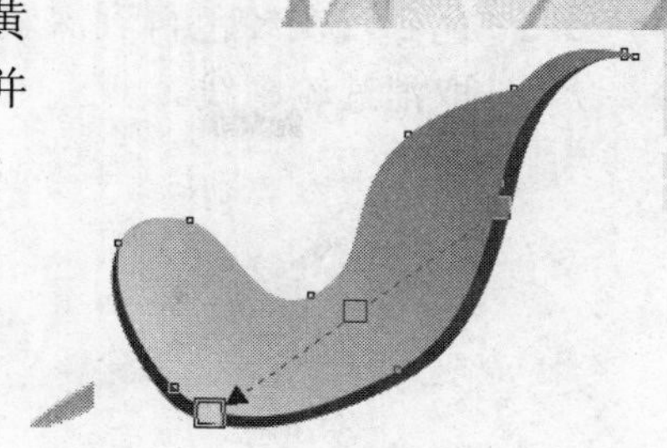

图 8-25　绘制椅子内部

4 使用“交互式调和”工具调和两个图形，如图 8-26 所示。

图 8-26　调和图形

5 在工具箱中单击“贝塞尔工具”按钮，在视图中绘制如图 8-27 所示的图形。然后将其填充为（C：2，M：4，Y：16，K：0）的浅黄色，并取消其轮廓线。

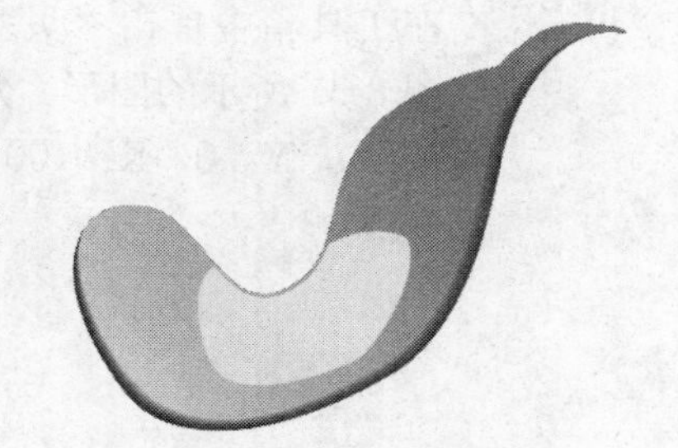

图 8-27　绘制图形

6 单击“交互式透明工具”按钮，使用“射线”方式，参照图 8-22 设置的色块，设置图形的透明效果。

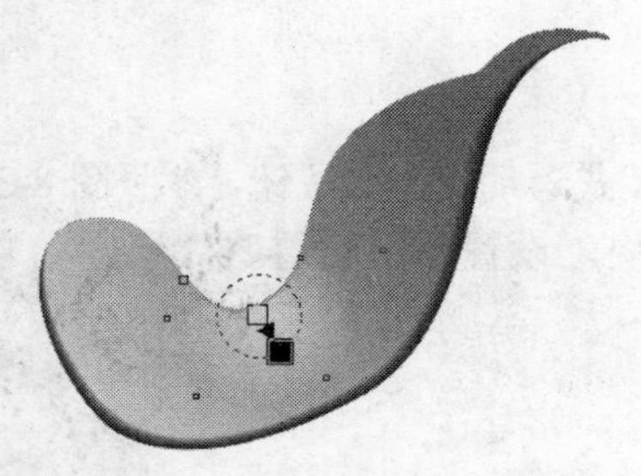

图 8-28　设置图形的透明效果

7 绘制如图 8-29 所示的图形，将其填充为由黄绿色到浅灰绿色再到深灰绿色过渡的渐变色，并取消其轮廓线。

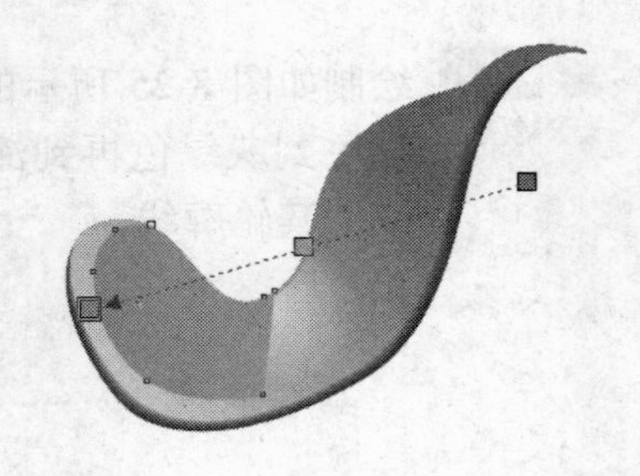

图 8-29 渐变填充图形

8 单击“交互式透明工具”按钮，参照图 8-30 设置的色块，设置图形的透明效果。

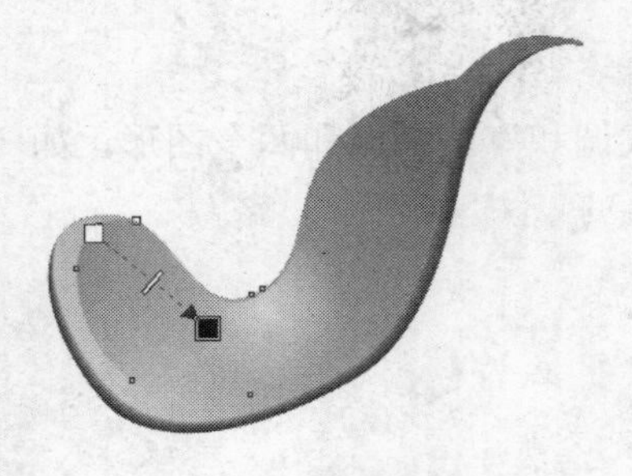

图 8-30 设置透明度

9 在工具箱中单击“贝塞尔工具”按钮，绘制如图 8-31 所示的图形。然后将其填充为（C：0，M：0，Y：0，K：100）的浅黄色，并取消其轮廓线。

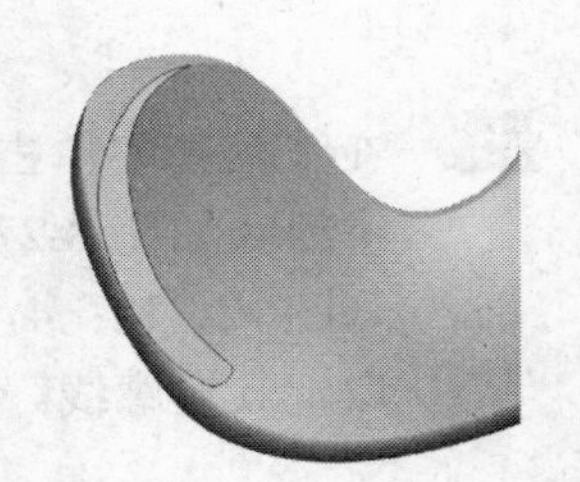

图 8-31 绘制边缘高光部分

10 单击“交互式透明工具”按钮，参照图 8-32 设置的色块，设置图形的透明效果。

图 8-32 设置图形的透明效果

11 绘制如图 8-33 所示的图形，将其填充为由深黄绿色到灰绿色再到浅黄绿色过渡的渐变色，并取消其轮廓线。

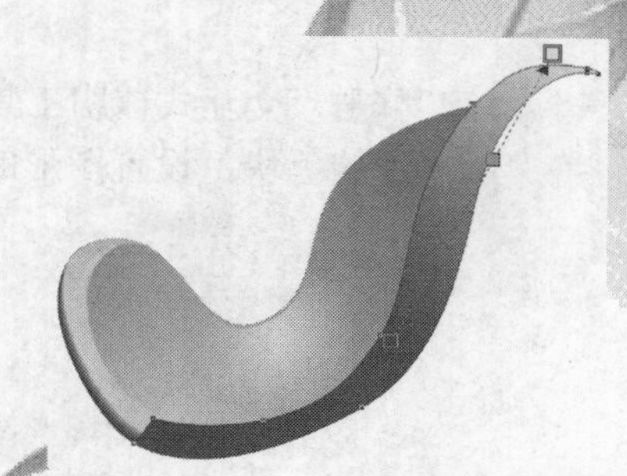
图 8-33　绘制一侧扶手边缘

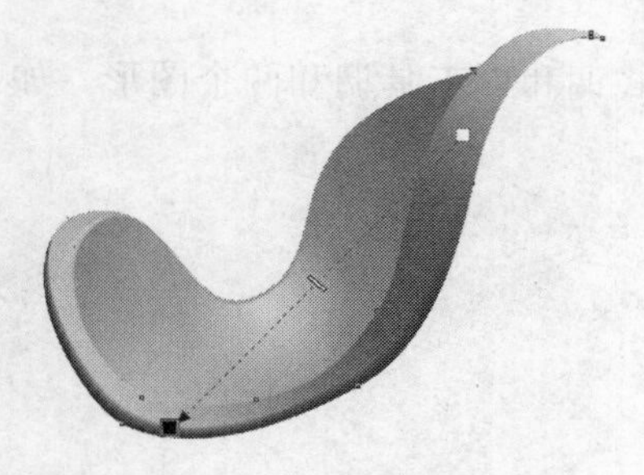
图 8-34　编辑图形透明度

12 单击“交互式透明工具”按钮，参照图 8-34 设置的色块，设置图形的透明效果。

13 绘制如图 8-35 所示的图形，将其填充为由深黄绿色到灰绿色再到浅黄绿色过渡的渐变色（与底部图形颜色相融合），并取消其轮廓线。

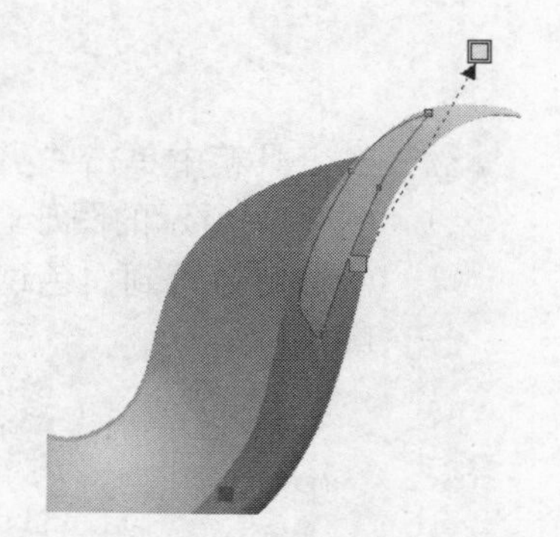
图 8-35　绘制新图形

图 8-36　绘制高光点

14 在工具箱中单击“贝塞尔工具”按钮，绘制如图 8-36 所示的图形。然后将其填充为（C：6，M：4，Y：25，K：0）的浅黄色，并取消其轮廓线。

15 单击“交互式透明工具”按钮，参照图 8-37 设置的色块，设置图形的透明效果。

图 8-37　设置高光点透明效果

图 8-38　调和图形

16 使用“交互式调和”工具调和两个图形，如图 8-38 所示。

17 在工具箱中单击“贝塞尔工具”按钮，绘制如图 8-39 所示的图形。然后将其填充为由黑色到浅棕黄色再到白色过渡的渐变色，并取消其轮廓线。

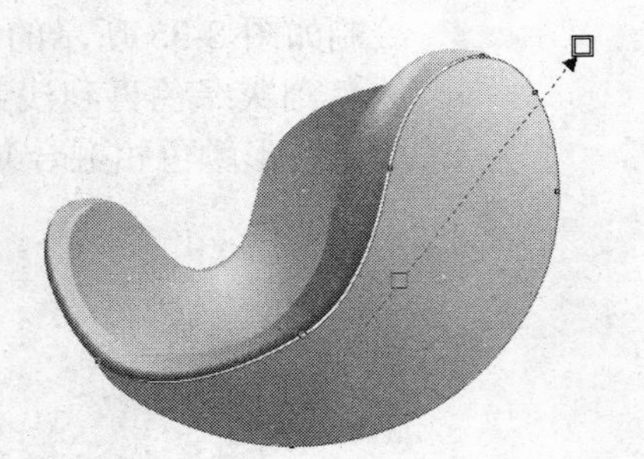
图 8-39　绘制外壳

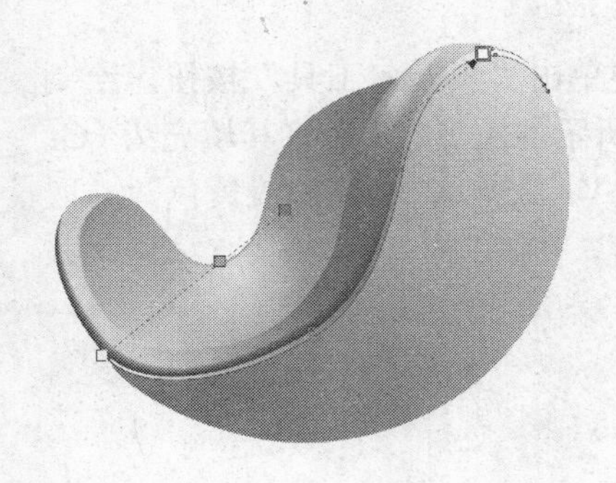
图 8-40　绘制边缘

18 单击“贝塞尔工具”按钮，沿外壳的边缘绘制如图 8-40 所示的图形。然后将其填充为由浅棕黄色到棕黄色到灰绿色再到白色过渡的渐变色，并取消其轮廓线。

19 将外壳图形复制，并与原图形沿中心点对齐。然后将复制的图形填充为由浅棕色向深棕色过渡的渐变色，并取消其轮廓线。

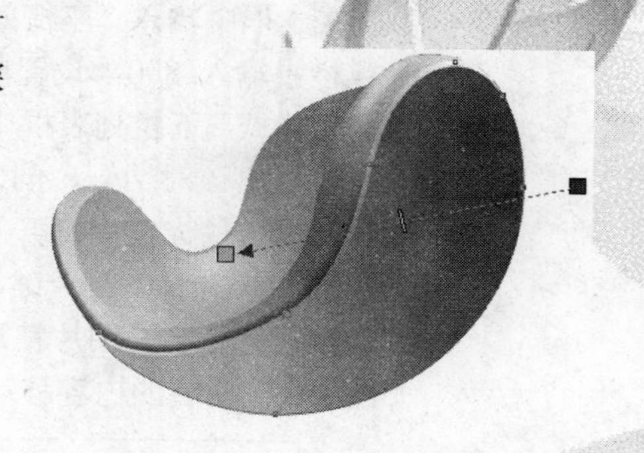

图 8-41　绘制外壳暗部

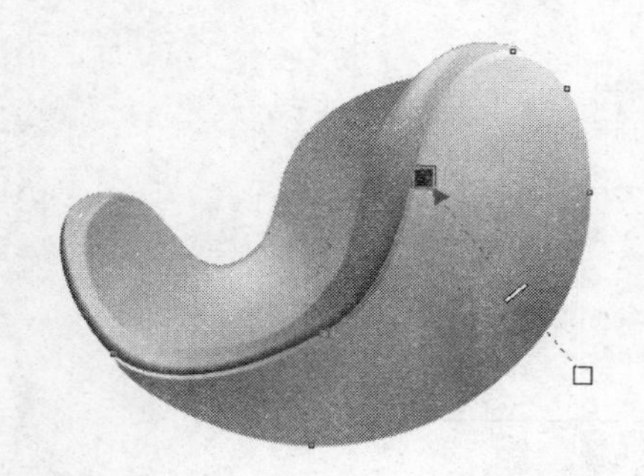

图 8-42　设置图形的透明效果

20 单击“交互式透明工具”按钮，参照图 8-42 设置的色块，设置外壳暗部的透明效果。

21 现在椅子侧面绘制完毕了，完成后的效果如图 8-43 所示。

22 选择所有组成椅子正面的图形，将图形导出为 PSD 格式的文件，并将文件命名为“座椅 01”。选择所有组成椅子侧面垫子部分的图形，将图形导出为 PSD 格式的文件，并将文件命名为“座椅 02 椅垫”。选择所有组成椅子外壳部分的图形，将图形导出为 PSD 格式的文件，并将文件命名为“座椅 02 外壳”。

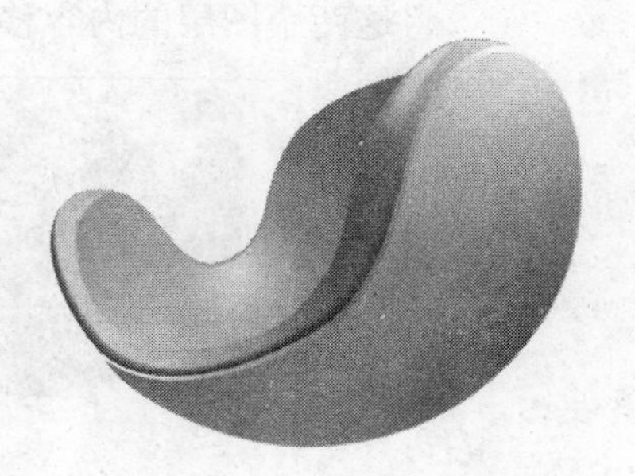

图 8-43　椅子侧面

8.1.2　在 Photoshop CS2 中编辑图形

接下来在 Photoshop CS2 中编辑图形，包括对编辑图形颜色、添加文字等操作，使其成为一幅完整的工业设计效果图。

1 启动 Photoshop CS2。选择“文件”/“新建”命令，打开“新建”对话框。在“名称”文本框中输入“座椅效果图”，在“宽度”参数栏中均输入 1300，在“高度”参数栏中输入 800，设置单位为“像素”，在“分辨率”参数栏中输入 150，在“颜色模式”下拉列表框中选择“RGB”选项，设置背景颜色为白色，单击“好”按钮，退出该对话框，创建一个新的文件。

2 从本书附带的光盘中打开“Sura-8/座椅 01.psd”文件，按 Ctrl+A 组合键全选图片，然后按 Ctrl+C 组合键，复制图片。切换到“座椅效果图.psd”文件，按 Ctrl+V 组合键，将复制的图片粘贴到该文件中。图层调板中会增加“图层 1”图层。将“图层 1”图层的内容移动至如图 8-44 所示的位置。

图 8-44　移动图层

3 分别将“Sura-8/座椅 02 椅垫.psd”和“Sura-8/座椅 02 外壳.psd”复制并粘贴到“座椅效果图.psd”文件中。图层调板中会增加“图层 2”和“图层 3”图层。将这两个图层的内容移动到如图 8-45 所示的位置。

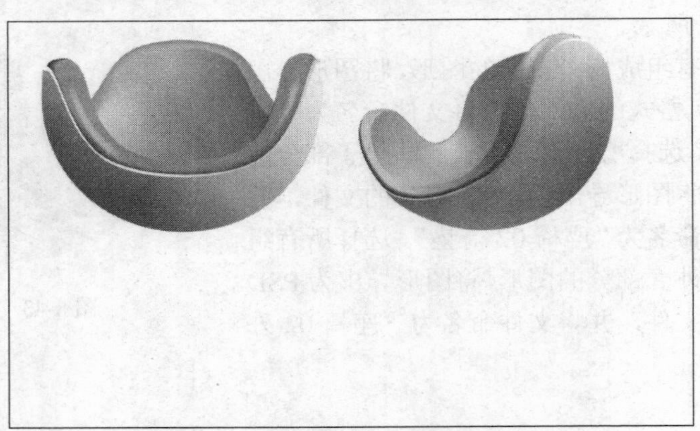

图 8-45　粘贴并移动图层

4 在图层调板中将“图层 2”和“图层 3”图层复制，复制的图层分别为“图层 2 副本”和“图层 3 副本”。将“图层 2 副本”和“图层 3 副本”图层移动至图层调板的最顶层。

5 在图层调板中选择“图层 3 副本”图层。单击该面板右上角的按钮，在弹出的菜单中选择“向下合并”命令，将“图层 2 副本”图层和“图层 3 副本”图层合并。合并后的图层名称为“图层 2 副本”。

6 选择“图层 2 副本”图层。选择“编辑”/“变换”/“垂直翻转”命令，将“图层 2 副本”图层垂直翻转，如图 8-46 所示。

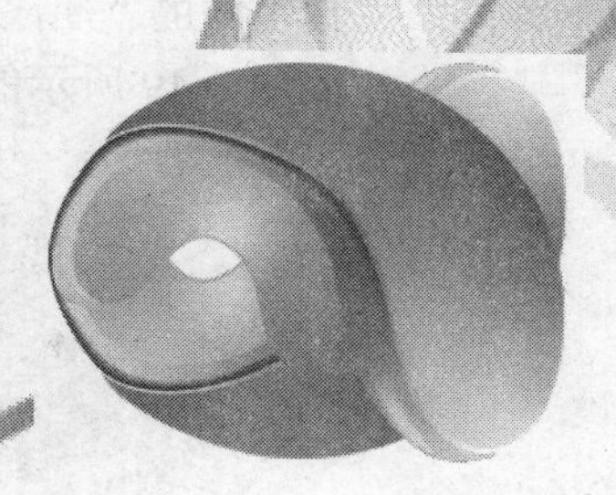

图 8-46　垂直翻转图层

7 在工具箱中单击“移动”按钮，将“图层 2 副本”图层内容移动至如图 8-47 所示的位置。

图 8-47　移动图层内容

8 选择“图层 2 副本”图层。选择“图像”/“调整”/“色相/饱和度”命令，打开“色相/饱和度”对话框。在该对话框中的“饱和度”参数栏中输入-50。单击“好”按钮退出该对话框，图像处理后的效果如图 8-48 所示。

图 8-48　设置图像饱和度

9 在工具箱中激活“以快速蒙版模式编辑”按钮，进入快速蒙版编辑模式。在工具箱中的“油漆桶工具”按钮下的下拉按钮组中选择“渐变工具”按钮，在如图 8-49 所示的位置由上至下拖动鼠标，创建一个选区。

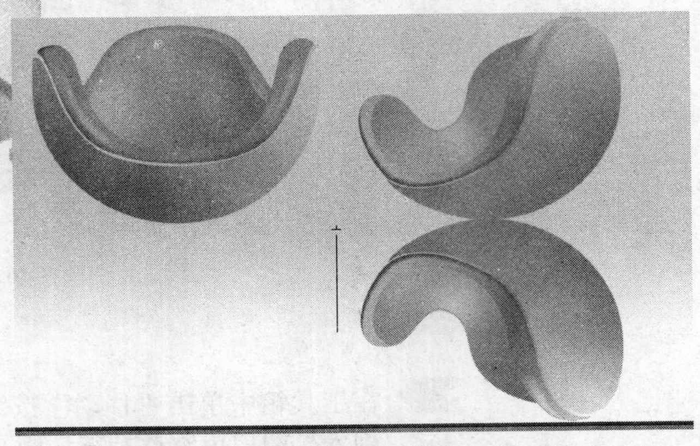

图 8-49　在快速蒙版模式下创建选区

10 在工具箱中激活“以标准模式编辑”按钮，进入标准编辑模式，此时文档中出现如图 8-50 所示的选区。

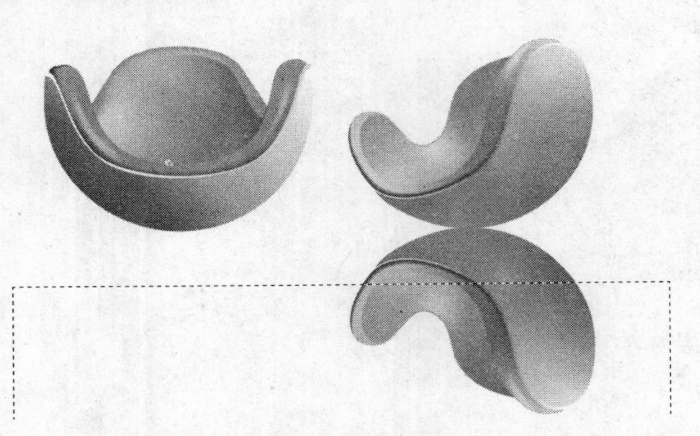

图 8-50　显示选区

11 按 Delete 键，删除选区内容，然后按 Ctrl+D 组合键，取消选区。设置“图层 2 副本”图层的不透明度为 30%，图像处理后的效果如图 8-51 所示。

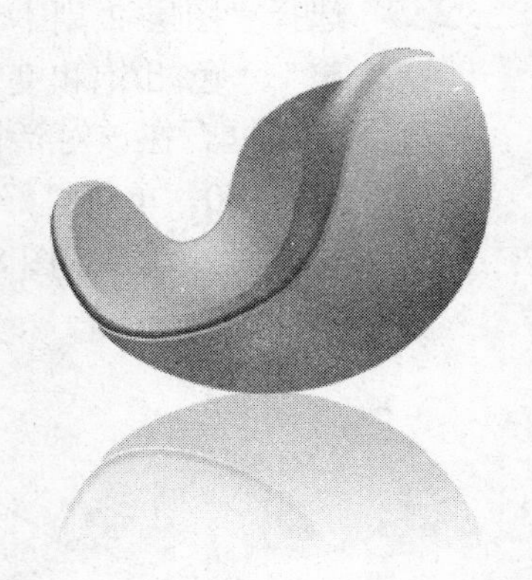

图 8-51　制作阴影效果

12 使用同样的方法制作“图层 1”图层的阴影效果，如图 8-52 所示。

图 8-52　制作“图层 1”图层的阴影效果

13 在图层调板中创建一个新图层。在工具箱中单击“矩形选框工具”按钮，按住 Shift 键拖动鼠标，在如图 8-53 所示的位置创建一个矩形选区。

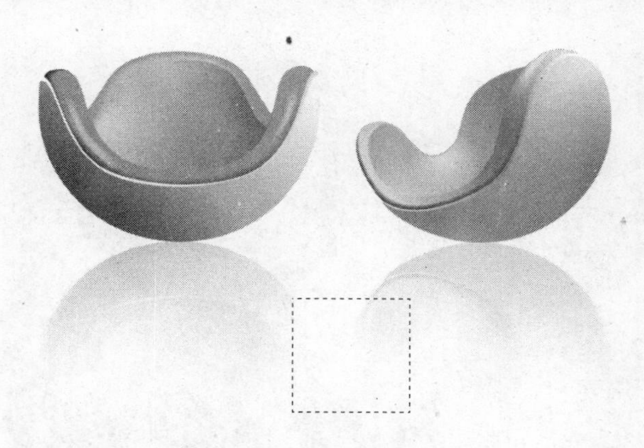

图 8-53　创建矩形选区

14 在图层调板中选择新创建的图层，将选区填充为白色。在该面板底部单击“添加图层样式”按钮，在弹出的菜单中选择进入“描边”命令，进入“图层样式”对话框中的“描边”面板。在“大小”参数栏中输入 3，将“颜色”显示窗内的颜色设置为浅灰色，如图 8-54 所示。单击“好”按钮，退出“图层样式”对话框。

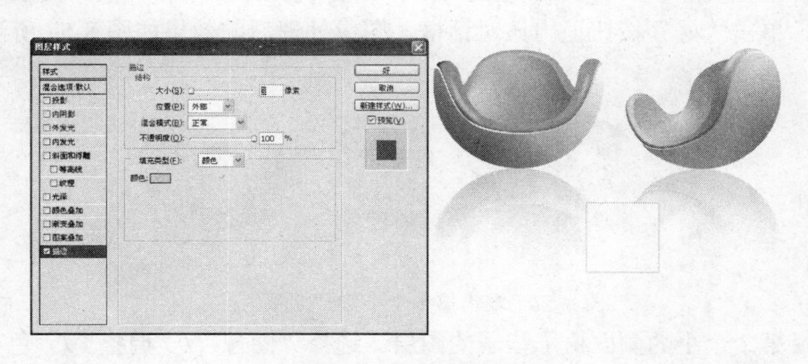

图 8-54　设置描边效果

15 将描边后的矩形复制 3 个，并分别放置于如图 8-55 所示的位置。

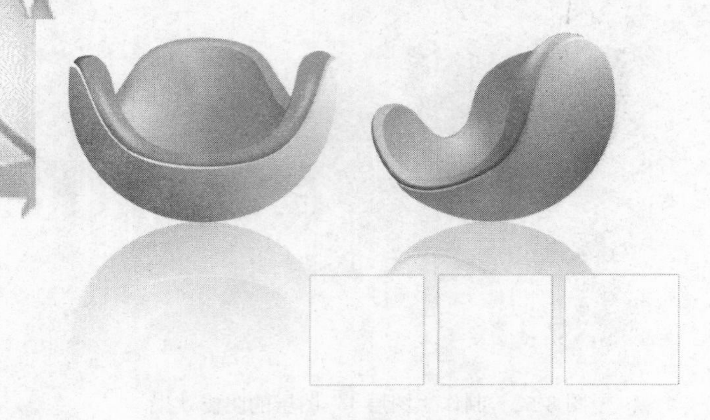

图 8-55 复制矩形到合适的位置

16 将“图层 2”和“图层 3”图层均复制 3 个，分别缩小并放置于如图 8-56 所示的位置。

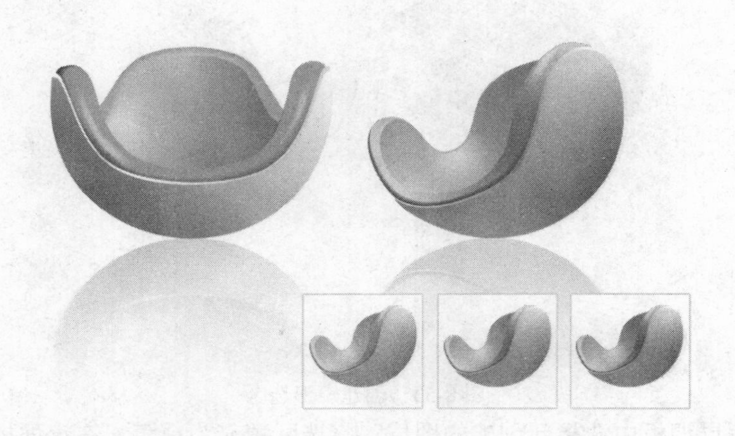

图 8-56 复制图层

17 选择第 1 个小的侧面椅子垫子的图层。选择“图像”/“调整”/“色相/饱和度”命令，打开“色相/饱和度”对话框。在该对话框中的“色相”参数栏中输入-35，在“饱和度”参数栏中输入 54，在“明度”参数栏中输入 10，使该图层呈金黄色。单击“好”按钮退出该对话框，图像处理后的效果如图 8-57 所示。

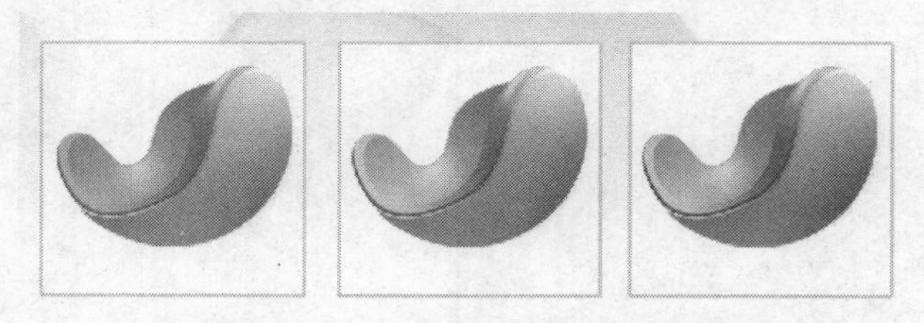

图 8-57 编辑第 1 个小垫子的颜色

18 选择第 2 个小的侧面椅子垫子的图层。选择“图像”/“调整”/“色相/饱和度”命令，打开“色相/饱和度”对话框。在该对话框中的“色相”参数栏中输入 0，在“饱和度”参数栏内均输入-100，在“明度”参数栏中输入30，使该图层呈浅灰色，单击“好”按钮退出该对话框，图像处理后的效果如图8-58所示。

图8-58 设置第2个小垫子的颜色

19 选择第3个小的侧面椅子垫子的图层。选择“图像”/“调整”/“色相/饱和度”命令，打开“色相/饱和度”对话框。在该对话框中的“色相”参数栏中输入-50，“饱和度”参数栏中输入60，在“明度”参数栏中输入-5，使该图层呈浅灰色。单击“好”按钮退出该对话框，图像处理后的效果如图8-59所示。

图8-59 设置第3个小垫子的颜色

20 在工具箱中单击“设置前景色”色块，打开“拾色器”对话框，将前景色设置为灰色。在工具箱中单击“横排文字”工具T，在选项栏中会出现文字的属性设置。在“字体”下拉列表框中选择Impact选项，在“字体尺寸”下拉列表框中输入 48。然后在视图中输入文字“EGGSHELL”，这时在图层调板会出现“EGGSHELL”图层，如图8-60所示。

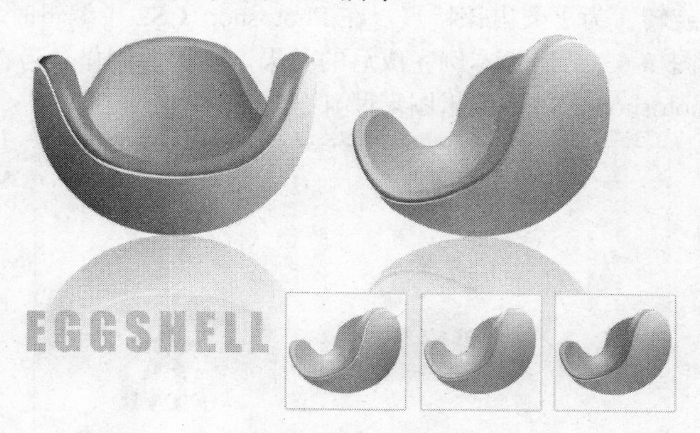

图8-60 输入文字

21 将“EGGSHELL”图层复制。选择复制产生的层，选择“编辑”/“变换”/“垂直翻转”命令，将“EGGSHELL”文字垂直翻转。然后将其移动至如图8-61所示的位置，并将其设置为浅灰色。

图 8-61　翻转文字

22 现在本例就全部完成了，效果如图 8-62 所示。如果在设置过程中遇到了什么问题，可以打开本书附带光盘中的文件“Sura-8/座椅效果图.psd”。这是本例完成后的文件。

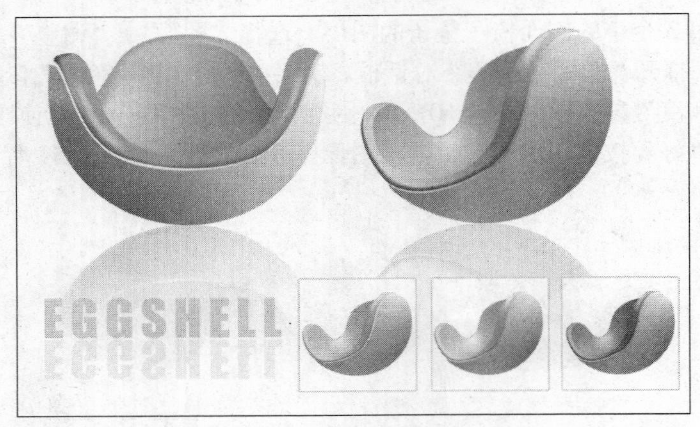

图 8-62　座椅效果图

8.2　制作液晶显示器效果图

本节指导读者绘制液晶显示器的效果图。该液晶显示造型独特，最大的特点是可以大幅度地沿各个角度旋转。为了突出该特点，在 Photoshop CS2 中编辑时，复制了多个图层模拟其旋转状态。图 8-63 所示为本例完成后的效果。本例的制作分为在 CorelDRAW X3 中绘制图形和在 Photoshop CS2 中编辑图形两部分。

图 8-63　液晶显示器效果图

8.2.1　在 CorelDRAW X3 中绘制图形

首先在 CorelDRAW X3 中绘制图形。图形的绘制将分为底座的绘制、连接轴的绘制和显示屏的绘制三部分。

1.　底座的绘制

1 启动 CorelDRAW X3，创建一个 A4 页面。选择“窗口”/“泊坞窗”/“对象编辑器”命令，打开对象管理器。在对象管理器右击“图层 1”，在弹出的快捷菜单中选择“重命名”命令，将该图层命名为“底座”。

2 单击“矩形工具”按钮，绘制一个宽 3.5 mm、高 9.5 mm 的矩形。然后将其填充为由深灰色向浅灰色过渡的渐变色，取消其轮廓线，如图 8-64 所示。

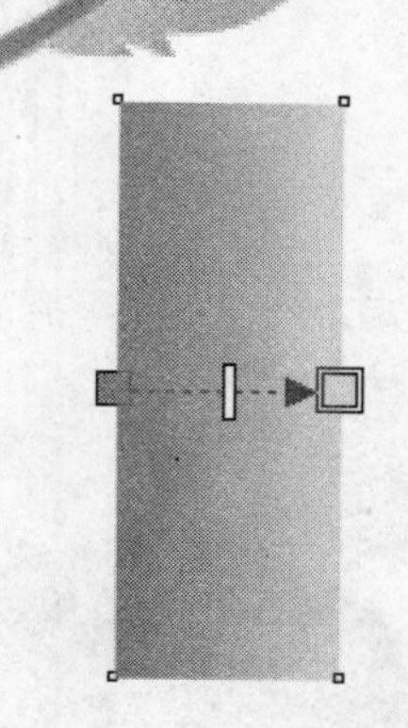

图 8-64　绘制并填充矩形

3 单击“矩形工具”按钮，绘制如图 8-65 所示的矩形。然后将其填充为白色，并取消其轮廓线。

图 8-65　绘制高光矩形

4 单击“矩形工具”按钮，绘制如图 8-66 所示的矩形。然后将其填充为黑色，并取消其轮廓线。

图 8-66　绘制反射

5 在工具箱中单击“贝塞尔工具”按钮，绘制如图 8-67 所示的图形。然后将其填充为由深灰色向浅灰色过渡的渐变色，并取消其轮廓线。

图 8-67　绘制底座

6 在工具箱中单击“贝塞尔工具”按钮，绘制如图 8-68 所示的图形。然后将其填充为由灰色向接近白色的浅灰色过渡的渐变色，并取消其轮廓线。

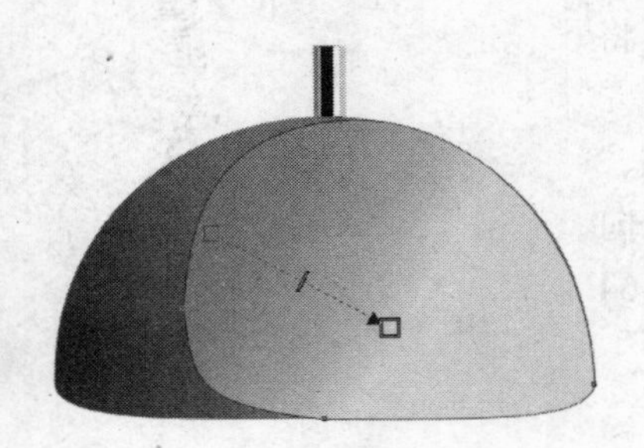

图 8-68　绘制底座亮部

7 单击“交互式透明工具”按钮，参照图 8-59 设置的色块，设置图形的透明效果。

图 8-69　设置图形的透明效果

8 使用“交互式调和”工具调和两个图形，如图 8-70 所示。

图 8-70　调和图形

9 在工具箱中单击“贝塞尔工具”按钮，绘制如图 8-71 所示的图形。然后将其填充为白色，并取消其轮廓线。

图 8-71　绘制高光点

图 8-72　设置高光点的透明效果

10 单击“交互式透明工具”按钮，使用“射线”方式，参照图 8-72 设置的色块，设置图形的透明效果。

11 在工具箱中单击“贝塞尔工具”按钮，绘制如图 8-73 所示的图形。然后将其填充为由深灰色向浅灰色过渡的渐变色，并取消其轮廓线。

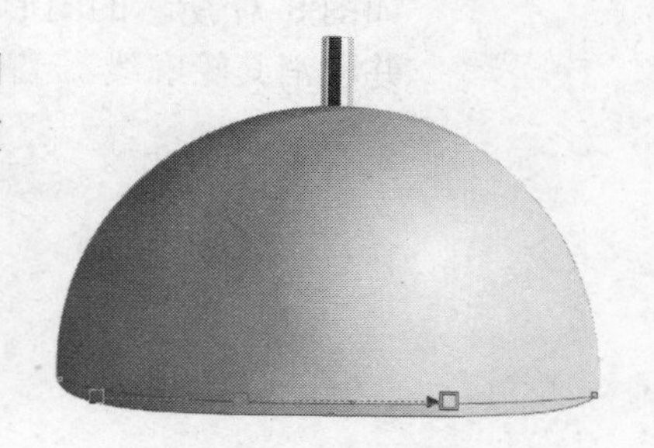

图 8-73　渐变填充性

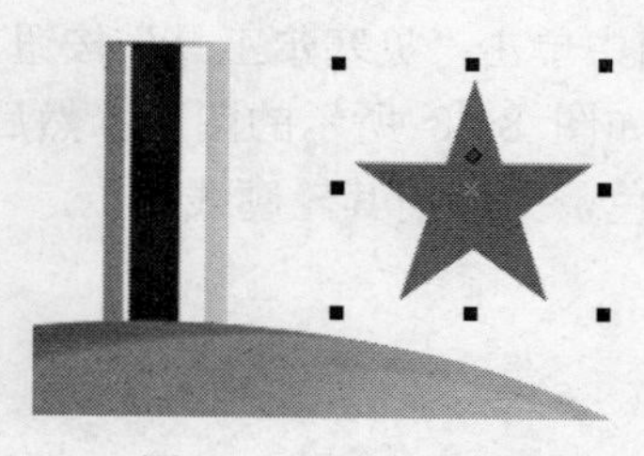

图 8-74　绘制五角星

12 在工具箱中单击“星形”按钮，在属性栏中的“完美形状”下拉列表框中选择五角星的形状。按住 Ctrl 键绘制如图 8-74 所示的正五角星，并将其填充为深灰色。

13 在工具箱中单击“交互式封套”按钮，为图形添加一个封套。选择封套除了 4 个角的节点之外的所有节点，按 Delete 键，将其删除。将五角星移动至如图 8-75 所示的位置，然后将封套调整为如图 8-75 所示的形状。

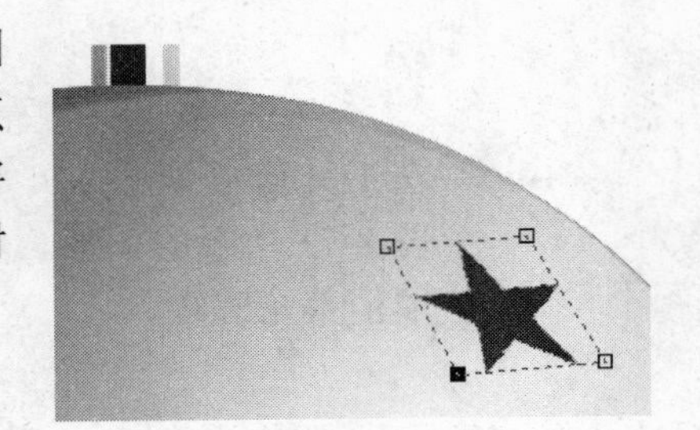

图 8-75　编辑封套

14 将五角星复制并放置于如图 8-76 所示的位置，然后将其填充为由灰色向浅灰色过渡的渐变色。

图 8-76　渐变填充图形

15 在工具箱中单击“贝塞尔工具”按钮，绘制如图 8-77 所示的图形。然后将其填充为黑色，并取消其轮廓线。

图 8-77　绘制反射

2.　连接轴的绘制

1 在对象管理器中单击“新建图层”按钮，创建一个新图层，并将该图层命名为“连接轴”。在工具箱中单击“贝塞尔工具”按钮，在视图中绘制如图 8-78 所示的图形。然后将其填充为黑色，并取消其轮廓线。

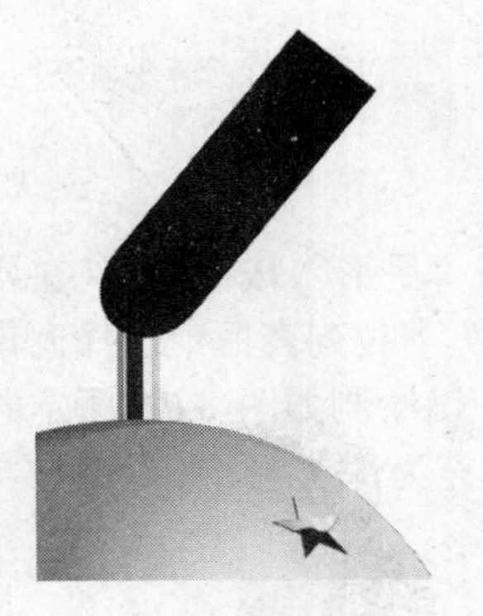

图 8-78　绘制图形

2 在工具箱中单击“贝塞尔工具”按钮，绘制如图 8-79 所示的图形。然后将其填充为白色，并取消其轮廓线。

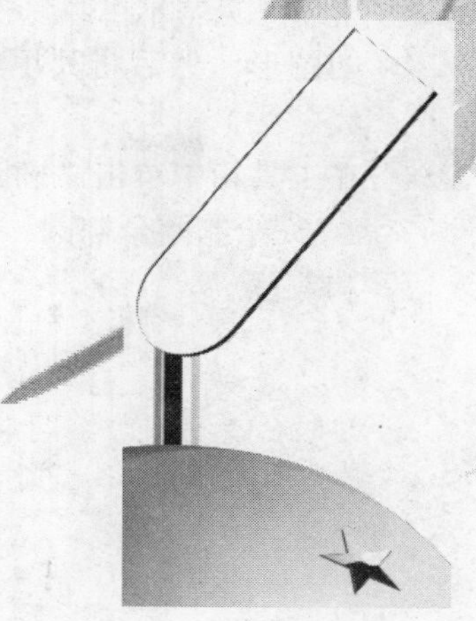

图 8-79　绘制高光

3 在工具箱中单击“贝塞尔工具”按钮，绘制如图 8-79 所示的图形。然后将其填充为灰色，并取消其轮廓线。

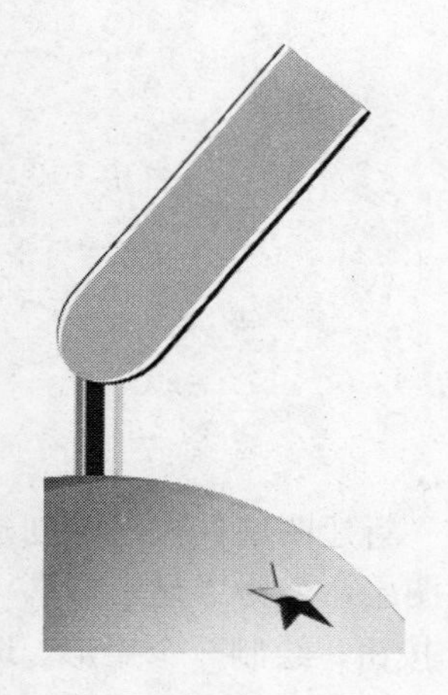

图 8-80　绘制反射

4 单击“贝塞尔工具”按钮，绘制如图 8-81 所示的图形。然后将其填充为深灰色，并取消其轮廓线。

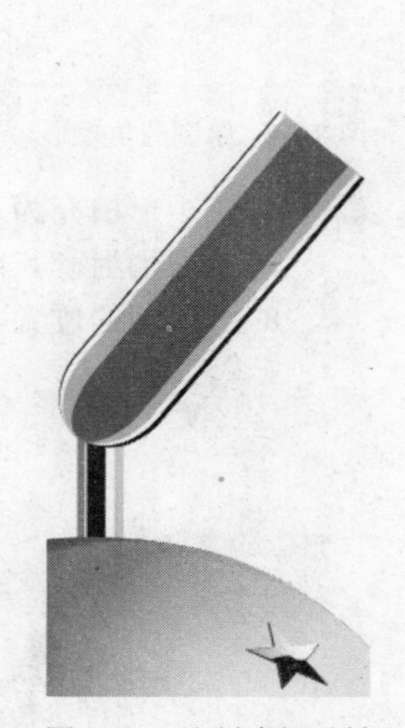

图 8-81　绘制暗部反射

5 单击“贝塞尔工具”按钮，绘制如图 8-82 所示的图形。然后将其填充为黑色，并取消其轮廓线。

6 在工具箱中单击“椭圆工具”按钮，参照图 8-83 绘制两个椭圆。然后将其分别填充为黑色和灰色。

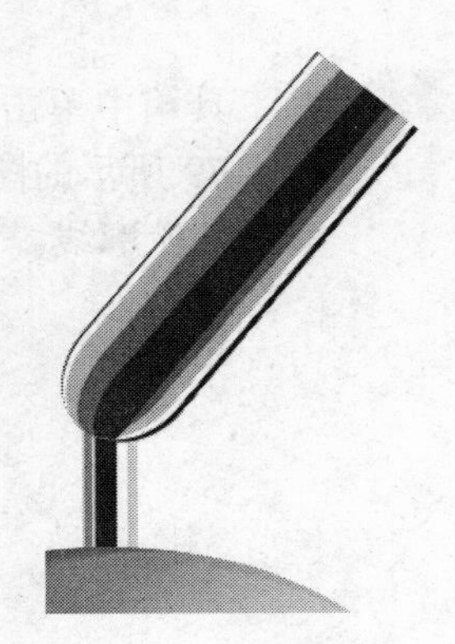

图 8-82　绘制暗部

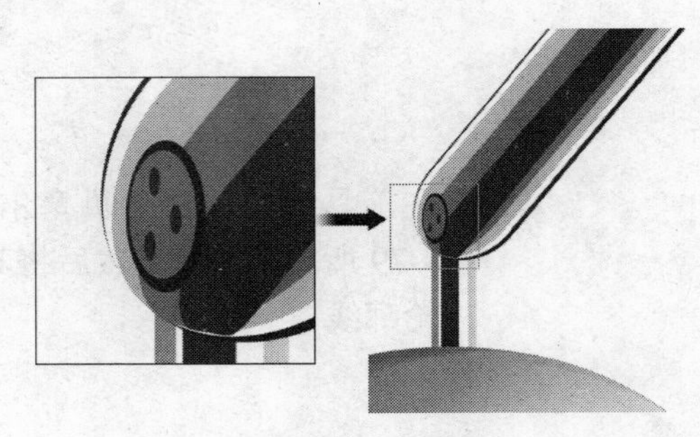

图 8-83　绘制椭圆

图 8-84　绘制圆角矩形

3. 显示屏的绘制

1 在对象管理器中单击“新建图层”按钮，创建一个新图层，并将该图层命名为“显示屏”。

2 单击“矩形工具”按钮，绘制一个矩形。选择该矩形，在属性栏中的 4 个“边角圆滑度”参数栏中均输入 10，效果如图 8-84 所示。

3 将该矩形填充为灰色，并取消其轮廓线。然后为其添加封套，编辑其外形，将其放置于如图 8-85 所示的位置。

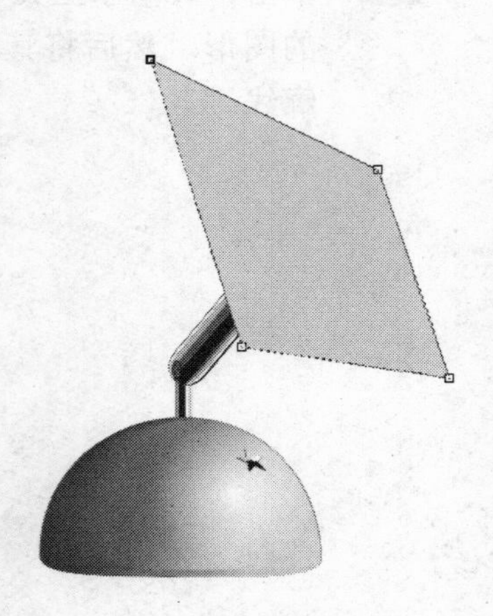

图 8-85　编辑矩形

4 使用同样的方法绘制并编辑另一个矩形，将其放置于 8.86 所示的位置。然后将其填充为发蓝的深灰色。

图 8-86　绘制矩形

图 8-87　调和图形

5 使用“交互式调和”工具调和两个图形，如图 8-87 所示。

6 编辑第 3 个矩形，将其填充为由黑色向灰蓝色过渡的渐变色，并将其放置于如图 8-88 所示的位置。

图 8-88　绘制图形

7 复制新绘制的矩形，然后将复制的矩形放置于如图 8-89 所示的位置，再将其填充为由浅灰色向白色过渡的渐变色。

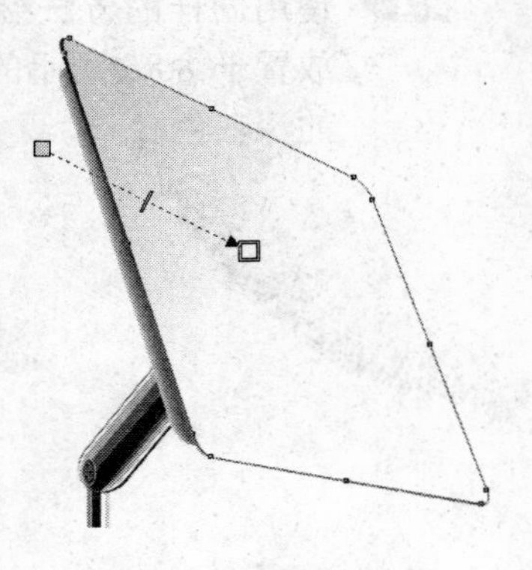

图 8-89 绘制屏幕边缘

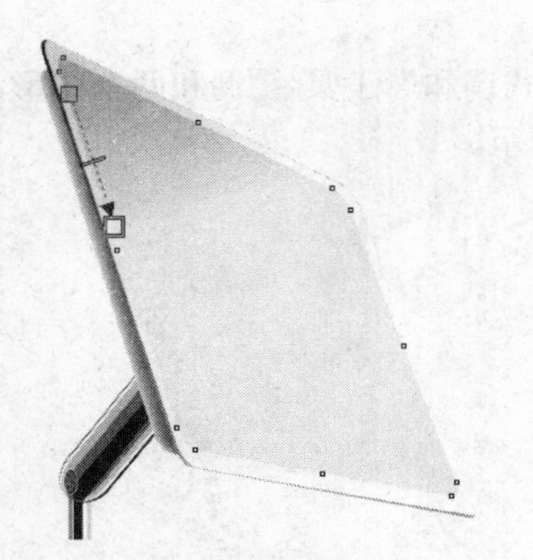

图 8-90 设置矩形

8 编辑如图 8-90 所示的矩形。然后将其填充为由浅灰蓝色向接近白色的浅蓝色过渡的渐变色，并取消其轮廓线。

9 复制该矩形。将复制的图形放置于如图 8-91 所示的位置，并将其填充为由深灰蓝色向灰蓝色过渡的渐变色。

图 8-91 渐变填充图形

10 单击“交互式调和”工具调和两个矩形，如图 8-92 所示。

图 8-92　调和矩形

11 复制顶层的矩形。将复制的矩形填充为由浅灰色向白色过渡的渐变色，然后使其与原矩形沿中心点对齐，如图 8-93 所示。

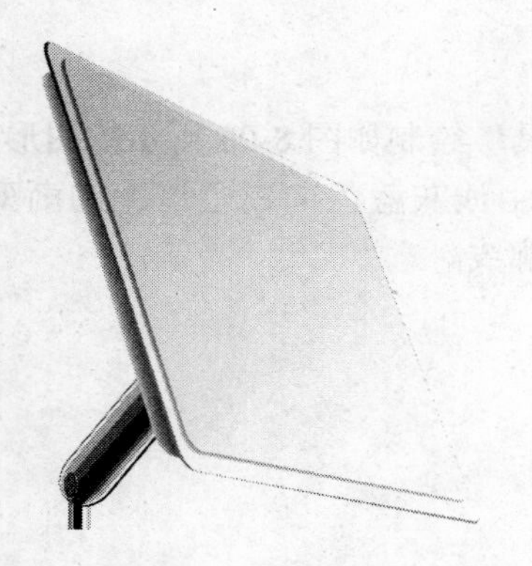

图 8-93　对齐矩形

12 编辑矩形。然后将其填充为柠檬黄色。然后取消其轮廓线，并放置于如图 8-94 所示的位置。

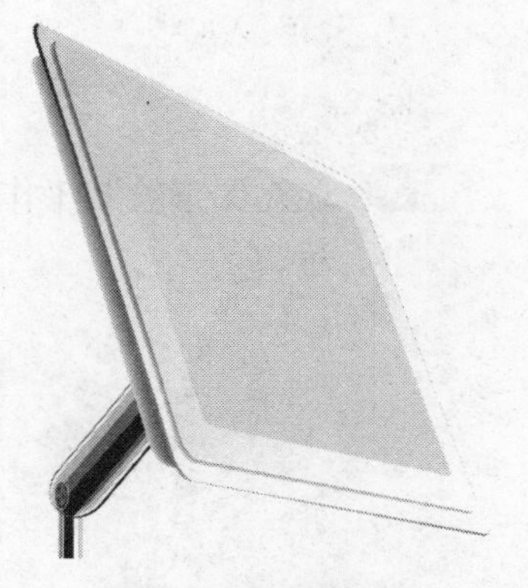

图 8-94　绘制屏幕

注意

将屏幕填充为柠檬黄色，是为了使其能够与其他对象有明显的色彩差异，便于在 Photoshop CS2 中进行选择。

13 单击“贝塞尔工具”绘制如图 8-95 所示的图形。然后将其填充为由深灰蓝色向灰蓝色过渡的渐变色，并取消其轮廓线。

图 8-95　绘制暗部的边

14 单击“贝塞尔工具”绘制如图 8-96 所示的图形。然后将其填充为由浅灰蓝色向白色过渡的渐变色，并取消其轮廓线。

图 8-96　绘制亮部的边

15 现在图形绘制工作就完成了，效果如图 8-97 所示。

图 8-97　绘制完成后的图形

16 选择所有“底座”图层的图形，将图形导出为 PSD 格式的文件，并将文件命名为“底座”。选择所有“连接轴”图层的图形，将图形导出为 PSD 格式的文件，并将文件命名为“连接轴”。选择“显示屏”图层的图形，将图形导出为 PSD 格式的文件，并将文件命名为“显示屏”。

8.2.2　在 Photoshop CS2 中编辑图形

接下来在 Photoshop CS2 中编辑图形，添加背景和文字，使其成为一个完整的效果图。

1 启动 Photoshop CS2。选择“文件”/“新建”命令，打开“新建”对话框。在“名称”文本框中输入“液晶显示器效果图”，在“宽度”参数栏内均输入 2350，在“高度”参数栏中输入 1650，设置单位为“像素”，在“分辨率”参数栏中输入 150，在“颜色模式”下拉列表框中选择 RGB 选项，设置背景颜色为白色。单击“好”按钮，退出该对话框，创建一个新的文件。

2 从本书附带的光盘中打开“Sura-8/底座.psd”文件。按 Ctrl+A 组合键，全选图片，然后按 Ctrl+C 组合键，复制图片。切换到“液晶显示器效果图.psd”文件，按 Ctrl+V 组合键，将复制的图片粘贴到该文件中。图层调板中会增加“图层 1”图层，将“图层 1”图层移动至如图 8-98 所示的位置。

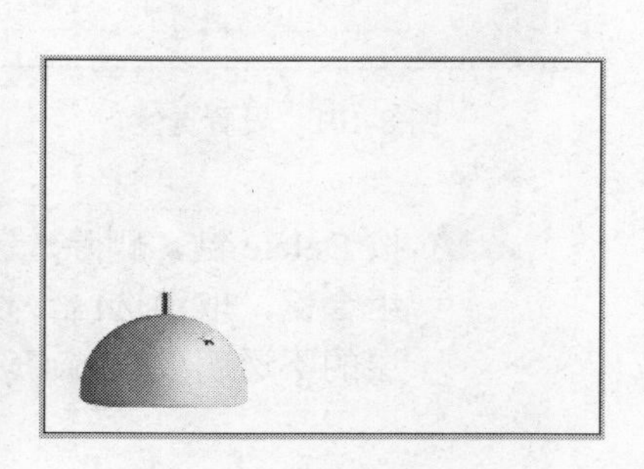

图 8-98　粘贴图层

3 复制“图层 1”图层，在图层调板中会出现“图层 1 副本”图层。选择“图层 1 副本”图层，将其移动至“图层 1”图层的下方，选择“编辑”/“变换”/“垂直翻转”命令，将“图层 1 副本”图层垂直翻转。在工具箱中单击“移动”按钮，将“图层 2 副本”图层的内容移动至如图 8-99 所示的位置。

图 8-99　移动图层的内容

4 在工具箱中激活“以快速蒙版模式编辑”按钮，进入快速蒙版编辑模式。在工具箱中的“油漆桶工具”按钮下的下拉按钮组中选择“渐变工具”按钮，在如图 8-100 所示的位置，创建一个选区。

图 8-100　创建选区

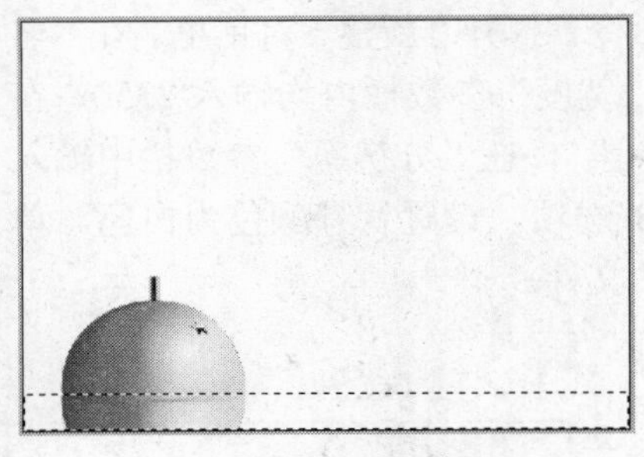

图 8-101　设置选区

5 在工具箱中激活“以标准模式编辑”按钮，进入标准编辑模式，出现如图 8-101 所示的选区。

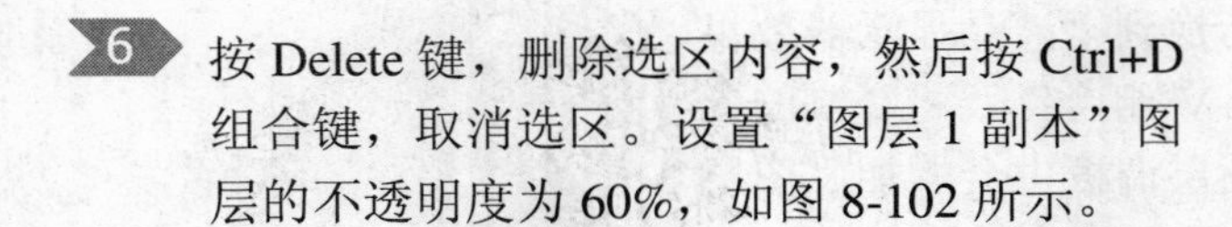

6 按 Delete 键，删除选区内容，然后按 Ctrl+D 组合键，取消选区。设置“图层 1 副本”图层的不透明度为 60%，如图 8-102 所示。

图 8-102　设置阴影

图 8-103　移到图层位置

7 打开文件“Sura-8/连接轴.psd”和“Sura-8/显示屏.psd”，分别将其内容全选、复制并粘贴到“液晶显示器效果图.psd”文件中，图层调板中会增加“图层 2”图层和“图层 3”图层。图 8-103 所示调整这两个图层内容的位置。

8 从本书附带的光盘中打开“Sura-4/显示屏.tif”文件，如图 8-104 所示。

图 8-104　“显示屏.tif”文件

9 按 Ctrl+A 组合键，全选图片。然后按 Ctrl+C 组合键，复制图片。切换到“显示器效果图.psd”文件，按 Ctrl+V 组合键，将复制的图片粘贴到该文件中。图层调板中会增加“图层 4”图层。按 Ctrl+T 键，在图形外围会出现一个选框。按住 Ctrl 键移动图层四角的图柄，将其调整为如图 8-105 所示的形态。

图 8-105　移动图形外围编辑框的节点

10 隐藏“图层 4”图层。选择“图层 3”图层（显示器图像）。在工具箱中单击“魔术棒”按钮，单击黄色的显示屏区域。显示并选择“图层 4”图层，按 Ctrl+Shift+I 组合键，反选选区。然后按 Delete 键，删除选区内容，效果如图 8-106 所示。

图 8-106　删除选区内容

11 将“图层 4”图层和“图层 3”图层合并为一个图层。合并后的图层为“图层 3”图层。

12 将“图层 3”图层和“图层 2”图层各复制 2 次，将复制的图层分别放置于“图层 3”图层和“图层 2”图层的下层。然后分别旋转并移动这两个复制的图层，并设置其不透明度均设置为 25%，如图 8-107 所示。

图 8-107　设置图层的不透明度

13 在背景图层创建如图 8-108 所示的选区。

图 8-108　创建选区

14 将该选区填充为由浅灰色向白色过渡的渐变色，如图 8-109 所示。

图 8-109　渐变填充

15 在工具箱中单击“设置前景色”色块，打开“拾色器”对话框，将前景色设置为黑色。在工具箱中单击“横排文字”工具 T，在选项栏中会出现文字的属性设置。在“字体”下拉列表框中选择 PosterBodoni BT 选项，在“字体尺寸”下拉列表框中输入 48。然后在如图 8-110 所示的位置输入文字“STAR”，这时在图层调板中会出现“STAR”图层。

图 8-110　输入文字

16 在图层调板顶层创建一个新图层。在工具箱中单击“多边形工具”按钮，在属性栏中单击“几何选项”按钮，在弹出的面板中选择“星形”复选框，在“缩进边依据”参数栏中输入 50。然后在如图 8-111 所示的位置绘制一个五角星。

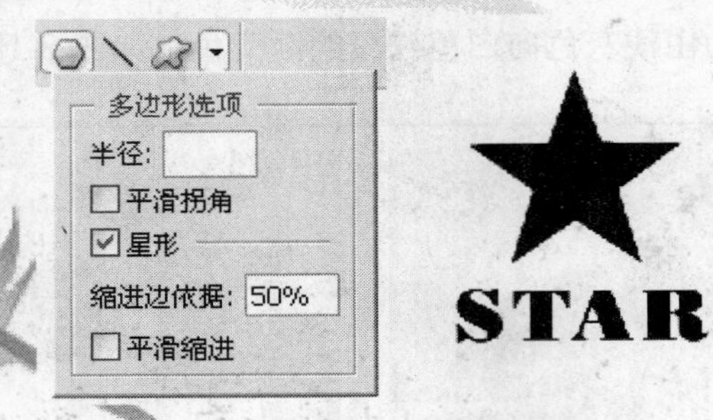

图 8-111　绘制五角星

17 现在本例就全部完成了，效果如图 8-112 所示。如果在设置过程中遇到了什么问题，可以打开本书附带光盘中的文件“Sura-8/液晶显示器效果图.psd”。这是本例完成后的文件。

图 8-112　液晶显示器效果图